Friedrich R. Kreißl, Otto Krätz

Feuer und Flamme
Schall und Rauch

Spaß am Experimentieren

Georg Schwedt
Experimente mit Supermarktprodukten
Eine chemische Warenkunde
2001, ISBN 3-527-30462-2

Georg Schwedt
Chemische Experimente in Schlössern, Klöstern und Museen
Aus Hexenküche und Zauberlabor
2002, ISBN 3-527-30669-2

Herbert W. Roesky, Klaus Möckel
Chemische Kabinettstücke
Spektakuläre Experimente und geistreiche Zitate
1996, ISBN 3-527-29426-0

Friedrich R. Kreißl, Otto Krätz

Feuer und Flamme
Schall und Rauch

Schauexperimente
und
Chemiehistorisches

WILEY-VCH

WILEY-VCH GmbH & Co. KGaA

Prof. Dr. F. R. Kreißl
Anorganisch-chemisches Institut
der Techn. Universität München
Lichtenbergstraße 4
85747 Garching

Prof. Dr. O. Krätz
Deutsches Museum
Postfach 26 91 92
80306 München

Bibliografische Information Der Deutschen Bibliothek
Die Deutsche Bibliothek verzeichnet diese Publikation in der Deutschen Nationalbibliografie; detaillierte bibliografische Daten sind im Internet über <http://dnb.ddb.de> abrufbar.
ISBN 3-527-30791-5

Gedruckt auf säurefreiem Papier

Satz: TypoDesign Hecker GmbH, Leimen
Druck und Bindung: Ebner & Spiegel GmbH, Ulm
Umschlaggestaltung: HIMMELFARB, Schwetzingen. www.himmelfarb.de

Printed in the Federal Republic of Germany.

Dieses Buch ist Ernst Otto Fischer zum 80. Geburtstag gewidmet

Marco Bragadino zum Geleit

Als *Marco Bragadino* alias Mamugná im August 1590 in der Residenzstadt Landshut seinen prunkvollen Einzug hielt, setzte man zu Hofe alle Hoffnungen in den Magier. Einen drohenden „Generalanstand“ (Staatsbankrott) sollte er auf dem Wege der *Transsubstantiation* beheben. Wilhelm der V., der Fromme, hatte das Herzogtum Bayern von seinem Vater mit 600000 Gulden Schulden übernommen und fügte weitere hinzu. Bragadino aber lebte in Saus und Braus, die Goldherstellung gelang ihm freilich nicht, und am 26. April 1591 wurde er auf dem Münchner Weinmarkt (dem heutigen Marienplatz) als Betrüger enthauptet [1]. Soweit zur historischen Episode, die dem vorliegenden Buch seinen Namen gab. Ähnliche „unerhörte(n) Geschicht, So begangen hat ein Alchimist“ [2] hat es viele gegeben in der Chymistenzeit der Renaissance des 16. Jahrhunderts.

Seither sind aus Alchimisten Chemiker geworden, aus Probierkünstlern Wissenschaftler. Geblieben aber ist vielen von uns die Freude am Beobachten, Probieren und Gestalten. Chemie ist intellektuelles Handwerk, das die Hände genauso braucht wie den Kopf. Letzterer darf nicht zu hoch hinaus, muß aber frei genug für den originellen Einfall sein. Frei auch für den Zufall, den ihm das Experiment oft genug schon beschert hat.

Chemie ist die Wissenschaft der fünf Sinne. Die Beobachtung des chemischen Experiments öffnete Generationen von Chemikern den Zugang zu ihrer Wissenschaft. Denn beim Anschauen kommt auch das Begreifen.

Es ist gut, daß das vorliegende Buch unsere jahrzehntelange Institutstradition der *Experimentalvorlesung* beschreibend zusammenfaßt. Ich habe es nie geschafft, aufs Papier zu bringen, was schreibenswert ist, und danke deshalb Fritz Kreißl und Otto Krätz für die Mühe, der sie sich unterzogen haben. Es macht Freude, die vielen Experimente säuberlich aufgelistet wiederzufinden, die in der Erstsemestervorlesung immer wieder zu Begeisterung, bei öffentlichen Vorführungen oft zum Staunen führen. Viele dieser Versuche haben einen historischen Kontext, den zu beschreiben es Otto Krätz vorzüglich gelungen ist. Man denke nur an den „*Bellenden Hund*“. Er wäre der königlichen Familie der Wittelsbacher am 9. April 1853 beinahe zum Verhängnis geworden [3]. Kein

Geringerer als der frisch nach München berufene Justus von Liebig war es gewesen, dem dieser Versuch bei einer Vorführung für die königliche Familie außer Kontrolle geriet (statt Stickstoffmonoxid reagierte das oxidationskräftigere Stickstoffdioxid mit dem Schwefelkohlenstoff). Tatsächlich haben seit Liebig öffentliche Experimentalvorlesungen in München Tradition [4]. Selbst der Bayerische Komödiant Karl Valentin hatte sich anstecken lassen von der Sinnesfreude der Chemie, die er in seinen unverwechselbar hintersinnigen Satz faßte: „Alles was kracht stinkt, aber nicht alles was stinkt kracht auch." „Ja, es riecht nicht alles gut, was kracht."

Das Buch *Feuer und Flamme – Schall und Rauch* widmen die Autoren „ihrem" Münchner Nobelpeisträger (1973) Ernst Otto Fischer anläßlich seines 80. Geburtstags. E. O. Fischer, geboren am 10. November 1918 in München-Solln, steht wissenschaftlich für eine Ära der Chemie, die einen Paradigmenwechsel insofern herbeiführte, als man die Kluft zwischen den klassischen Disziplinen der anorganischen und organischen Chemie zu überwinden lernte. Fischer promovierte bei Walter Hieber im Jahr 1952 mit einer Arbeit aus der Metallcarbonyl-Chemie, jener Domäne der modernen Komplexchemie, mit der sich der Pionier Hieber seit dem Jahre 1934 an der Technischen Hochschule München und vorher bereits in Heidelberg und Stuttgart einen stattlichen Namen gemacht hatte. In dieser Tradition befaßte sich Fischer mit den sogenannten metallorganischen Verbindungen, deren Besonderheit darin besteht, daß die chemische Bindung an Metallatome eine unmittelbare Auswirkung auf die chemische Reaktivität organischer Verbindungen hat. Fischers Habilitation erfolgte in zwei Jahren (1952 – 1954), und bereits ein Jahr später wurde Fischer mit der spektakulären Synthese von Dibenzolchrom auf einen Schlag weltberühmt (*Zeitschrift für Naturforscher*, **1955**, *106*, 665–668). Gemeinsam mit seinem nicht viel jüngeren Schüler Walter Hafner, einem begnadeten Synthesechemiker, konnte er damals zeigen, daß das Prinzip der μ-Bindung aromatischer Ligandensysteme an Metallzentren verallgemeinerungsfähig ist. Fortan verzeichnet die Geschichte der noch jungen metallorganischen Chemie Entwicklungssprünge, zu denen gänzlich neuartige Struktur- und Reaktivitätserkenntnisse ebenso gehören wie die Entdeckung der Übergangsmetallcarben- (1964) und der Übergangsmetallcarbin-Komplexe (1973).

Dem vorliegenden Buch mit seinen vielfach erprobten Demonstrationsversuchen und den erfrischenden historischen Ausflügen wünsche ich eine weite Verbreitung in unseren Schulen und Hochschulen. Möge es insbesondere dazu beitragen, bei jungen Menschen die Lust am (chemischen) Experimentieren sowie an der Geschichte der Chemie zu wecken und womöglich den Zugang zum Chemiestudium eröffnen!

Prof. Dr. Drs. h. c. Wolfgang A. Herrmann
Lehrstuhl für Anorganische Chemie
Präsident der Technischen Universität München
München

Literatur

[1] I. Striedinger: *Der Goldmacher Marco Bragadino*, Theodor Ackermann, München 1928 (nach Unterlagen über Bragadino, Briefwechsel im Bayerischen Hauptstaatsarchiv München).

[2] Aus Thesaurus Pictuarum, Bd. 24 („Einzüge"), Landesbibliothek Darmstadt; gemeint ist Georg Honauer (hingerichtet 1597 in Stuttgart), ein „vermeinter Alchimist und Goldmacher" am Hofe Herzogs Friedrich I. von Württemberg.

[3] Justus von Liebig in einem Brief an Friedrich Wöhler, 18.4.1853; *vgl.* Dr. H. v. Deckend, *J. v. Liebig*, Verlag Chemie, Weinheim, **1953,** S. 70: „... Als ich mich nach der furchtbaren Explosion in dem Raum, wo die Zuschauer saßen, umschaute und das Blut von dem Angesicht der Königin Therese und des Prinzen Luitpold rinnen sah, war mein Entsetzen unbeschreiblich, ich war halbtodt ..."

[4] O. Krätz, C. Priesner (Hrsg.), *Liebigs Experimentalvorlesung*, Verlag Chemie, Weinheim, **1983**.

Danksagung

Wir haben dankbar auf die experimentellen Erfahrungen von Walter Hieber und Ernst Otto Fischer, ehemals Direktoren des Anorganisch-chemischen Instituts der Technischen Hochschule München, zurückgegriffen. Als hilfreich und inspirierend haben sich auch die Beiträge im *Journal of Chemical Education*, in den Büchern *Historische chemische und physikalische Versuche* sowie *So interessant ist Chemie* (beide im Aulis-Verlag erschienen), in der Reihe *Chemical Demonstrations, A Handbook for Teachers of Chemistry* (The University of Wisconsin Press) sowie Anregungen und Ratschlage unserer Kollegen von beiden Münchner Hochschulen erwiesen. Wir würden uns sehr freuen, Verbesserungsvorschläge und neue Versuchsideen von unseren Lesern zu erhalten. Diese werden wir gerne in spätere Auflagen übernehmen.

Besonderen Dank schulden wir Frau Sabine Kinder für zahlreiche Anregungen und Ergänzungen sowie für ihr liebevolles Korrigieren des historischen Teils. Ebenfalls gilt besonderer Dank Frau Ingrid Werner, Herrn Andreas Bayer vom Anorganisch-chemischen Institut der Technischen Universität München sowie den Studierenden für das gymnasiale Lehramt – Isabel Haslinger, Andreas Hutter, Magdalena Kallink, Susanne Nöbauer, Melanie Reichl und Markus Woski – für ihre geduldige und mühevolle Überprüfung der Versuchsanleitungen durch das Experiment im Labor. Autoren und Verlag weisen abschließend ausdrücklich darauf hin, daß alle Angaben zu den Versuchen nach bestem Wissen und Gewissen erfolgen. Eine Verantwortung für jedes aus diesem Buch hergeleitete Experiment und für seine möglichen Folgen wird nicht übernommen. In diesem Zusammenhang wird dringend geraten, sich über die jeweils geltenden gesetzlichen Verordnungen und Richtlinien zu informieren.

F. R. Kreißl, O. Krätz
München im Januar 1999

Inhaltsverzeichnis

Teil 1

Historisches, Wissenswertes und Amüsantes zu den großen europäischen Experimentalvorlesungen

Von Otto Krätz

1
Von der Verantwortung des Vortragenden gegenüber Hörern und Wissenschaft

„Mein Reich ist weit wie das Universum;
mein Durst ist grenzenlos. Ich schreite immer fort,
befreie den Geist und wäge die Welten
ohne Haß, ohne Furcht, ohne Mitleid,
ohne Liebe, ohne Gott.
Man nennt mich Wissenschaft."

Gustave Flaubert, Die Versuchung des heiligen Antonius, 1874

Nicht wenige Naturwissenschaftler werden von den Worten Gustave Flauberts (1821–1880) über die ohne Mitleid, ohne Gott voranschreitende Wissenschaft verstört sein. Im Rahmen der in diesem Buch behandelten Thematik – Nutz und Frommen der großen chemischen Experimentalvorlesung – sei die Frage gestellt, wie er zu dieser Auffassung gekommen sein mag. Welcher akademische Lehrer stand ihm vor Augen, als er die doch eher herben Zeilen verfaßte?

Flaubert selbst hatte in seiner Jugend Jura studiert. Daß er die Juristerei für weltenwägend und geistbefreiend hielt, darf man nach der Lektüre seiner Werke getrost bezweifeln. Aus einigen Formulierungen in seinem eigenartigsten Werk, der „Versuchung des heiligen Antonius", und zwar in der dritten, endgültigen Fassung von 1874, können wir schließen, daß sich sein Ausspruch in erster Linie auf die Naturwissenschaft bezog. Verstand Flaubert aber überhaupt etwas von ihr? In welchen Vorlesungen mag er sein Bild von der furcht- und mitleidlosen Wissenschaft gewonnen haben?

Diese Frage ist deshalb so spannend, weil damals wie auch heute jeder, der naturwissenschaftliche und insbesondere chemische Vorlesungen für ein breiteres Publikum hält, die Verantwortung dafür trägt, welches Bild, aber auch welche Faszination der Hörer mitnimmt – oder auch nicht! –, wenn er die Vorlesung verläßt.

Bei aufmerksamer Lektüre der rund viertausend Seiten des „Journal. Mémoires De La Vie Littéraire" von Edmond und Jules de Goncourt erfährt man, daß Flaubert ab dem Winter 1862/63 als Teilnehmer der Diners „Chez Magny" reichlich Gelegenheit hatte, einen der wichtigsten Chemiker des 19. Jahrhunderts aus der Nähe kennenzulernen. Zweimal im Monat trafen sich in diesem Restaurant in der Rue Contrescarpe-Dauphin in Paris die Brüder Goncourt mit Schriftstellern, Journalisten, Malern und Wissenschaftlern. Zu letzteren zählte der vielleicht bedeutendste Chemiker Frankreichs im 19. Jahrhundert, Marcelin Pierre Eugène Berthelot (1827–1907), Professor für

Chemie an der Ecole Supérieure und am Collège de France. Berthelot war später, nach dem Zusammenbruch des Zweiten Kaiserreichs, in der Dritten Republik auch politisch erfolgreich. So wurde er 1876 Generalinspekteur des höheren Unterrichtswesens, 1881 Senator, 1886/87 Minister für öffentlichen Unterricht und 1895/96 Außenminister Frankreichs. Von ihm und seinen naturwissenschaftlich tätigen Mitarbeitern stammen etwa 1800 Aufsätze und zwanzig Bücher über Thermochemie, Salpetergewinnung, Explosivstoffe, organische Synthesen, Pflanzenchemie, Gärung, Assimilation, Geschichte der Alchimie und vieles mehr.

Flaubert selbst hat wohl nie eine große Experimentalvorlesung der Chemie gesehen, aber er erlebte ja häufig einen der bedeutendsten Chemiker seiner Epoche. Zwar erwähnt er diesen – Berthelot – nicht in seinen Schriften, doch aus den Tagebüchern der Brüder Goncourt wissen wir, daß sie sich oft getroffen haben.

Vielleicht hat es zu Flauberts Vorstellung von der eher kalten Naturwissenschaft beigetragen, daß es ihm schwerfiel, bei dem profunden Denker Berthelot überhaupt zu Wort zu kommen. Beide waren reichlich egozentrische Persönlichkeiten und rissen gern mit einer ihre Umgebung nicht immer erfreuenden Ausdauer die Unterhaltung an sich, um das einmal ergriffene Wort so schnell nicht wieder abzugeben. Berthelot, den die Goncourt sehr schätzten, neigte dazu, auch in privater Gesellschaft permanent zu dozieren. Er führte also nicht so sehr dialogisierende Gespräche, sondern hielt beständig privatissime Vorlesungen über alles, was ihn naturwissenschaftlich bewegte. Flaubert muß zahlreiche solcher Monologe gehört und vielleicht auch erlitten haben, wenn man an die eher negative Rolle denkt, die die Chemie in seinem letzten, nachgelassenen Werk „Bouvard und Pécuchet" spielt.

Am 24. April 1865 beschrieben die Brüder Goncourt eine „Chez Magny" geführte Diskussion, eine „grande causerie", über die Abstraktion von Raum und Zeit, in der Flaubert seinen Freund Ernest Feydeau und den großen Pariser Städteplaner Baron Haussmann veralberte, wohingegen sich Berthelot einer im ersten Augenblick überraschenden chemischen Träumerei hingab: „Jeder Körper, jede Bewegung üben eine chemische Wirkung (‚action chimique') auf organische Körper aus, mit denen sie sich eine Sekunde in Kontakt befunden haben; vielleicht, daß alles, seitdem diese Welt besteht, in einer Photographie konserviert worden ist. Dies ist möglicherweise die einzige Marke, die wir auf unserem Weg in die Ewigkeit hinterlassen. Warum sollte die Wissenschaft mit ihren Fortschritten, mit ihrer Magie nicht eines Tages in der Lage sein, das Portrait Alexanders des Großen auf einem Felsen wiederzufinden, auf den einst sein Schatten fiel." Wie man sieht, hat der „grenzenlose Durst" der Wissenschaft Berthelot zu wahrhaft kühnen Phantasien verführt.

Wir wollen einen Augenblick bei seiner Träumerei verweilen. Bei dieser phantastischen und in der Form naturgemäß bis heute unerfüllten Hoffnung Berthelots stand ein 15 Jahre zuvor erfolgtes chemisch-physikalisches Experiment Pate, das die meisten Zeitgenossen zwar selbst nie gesehen hatten, über das aber jeder Gebildete in wissenschaftlichen Journalen und auch in Tageszeitungen gelesen hatte. 1850 war es in Harvard am astronomischen Laboratorium der Universität Cambridge erstmals gelungen, den Sternenhimmel zu photographieren. Für uns heute ist dies eher selbstverständlich, doch damals steckte die Photographie noch in ihren Anfängen. Vor jeder Daguerreotypie mußte die Platte in einem aufwendigen chemischen Verfahren präpariert und unmittelbar nach der Aufnahme entwickelt werden. Jede Photographie war ein aufwendiges chemisches Experiment. Jeder Photograph trug ein Mini-Laboratorium mit sich herum und bedurfte nicht unbeträchtlicher chemischer Kenntnisse und Fertigkeiten.

Nach dem Gelingen der ersten Sternphotographien stellten sich die Astronomen von Harvard die erkenntnistheoretische Frage, was sie denn eigentlich festgehalten hatten. Diese Frage wurde auch in der nicht-naturwissenschaftlichen Öffentlichkeit heftig diskutiert. Für unser Problem der öffentlichen Darstellung der Naturwissenschaften im allgemeinen und der Chemie im besonderen ist es von großer Wichtigkeit, daß ausgerechnet ein wissenschaftlicher Laie, der Maler Eugène Delacroix (1798–1863), von diesem Ereignis so beeindruckt und vielleicht auch beunruhigt war, daß er es am 13. August 1850 in einer langen Tagebucheintragung festhielt: „Ich lese … in der Zeitung, daß man in Cambridge photographische Experimente machte, um die Sonne, den Mond und selbst die Sterne festzuhalten. Man hat vom Stern Alpha, in der Leier, eine Wiedergabe von der Größe eines Stecknadelkopfes erhalten. Der Bericht, der dieses Ergebnis feststellt, macht eine ebenso richtige, wie drollige Bemerkung. Da nämlich das Licht des daguerreotypierten Sternes zwanzig Jahre braucht, um den Raum zu durchqueren, der ihn von der Erde trennt, ergibt sich, daß der Strahl, der auf die Platte gebannt wurde, seine himmlische Sphäre verließ, lange bevor Daguerre das Verfahren entdeckte, mit dessen Hilfe man sich dieses Strahles nun bemächtigt hat."

Offenbar hatte dieses astronomisch-chemische Experiment im Bewußtsein des Malers Delacroix etwas verändert, das Empfinden für das Problem der Zeit in ihm geweckt. Gewissermaßen längst Vergangenes photographieren zu können, war etwas grundlegend Neues. Daß man sich dabei überdies eines Verfahrens bedient hatte, das erst zwei Jahrzehnte nach dem festgehaltenen Ereignis erfunden worden war, das war geradezu beunruhigend neu.

Dieses Beispiel belegt, wie bedeutsam das Begreifen naturwissenschaftlicher Erkenntnisse für das Lebensgefühl einer breiteren Öffentlichkeit war und ist, und unterstreicht damit auch die Bedeutung großer, von vielen Teilnehmern besuchter Experimentalvorlesungen für das Verständnis und das Ansehen der jeweiligen Naturwissenschaft. Dieser Verantwortung – man denke an die Wirkung Berthelots auf Flaubert – sollte sich jeder Vortragende bewußt sein!

Kernstück der folgenden Darlegungen ist die von Professor Fritz Kreißl alljährlich an der Technischen Universität München gehaltene „Marco-Bragadino-Faschingsvorlesung". Die von Politik und Wirtschaft geforderte Beschränkung der Studienzeiten, Etatkürzungen und der überproportionale Zuwachs des Lehrstoffes haben dazu geführt, daß die traditionelle große Experimentalvorlesung für Studienanfänger der Chemie an den meisten Hochschulen mit weniger Aufwand oder gar nicht mehr gehalten wird. Auch die sogenannten Experimentalvorlesungen für Hörer aller Stände, die im 18. und 19. Jahrhundert so beliebt waren, sind heutzutage leider völlig aus der Mode gekommen.

Entgegen dieser Entwicklung entstand an der Technischen Universität München dank Fritz Kreißl der Brauch einer den alten Schaueffekten verpflichteten Faschingsvorlesung, die er dem Andenken eines in München hingerichteten Goldmachers und Alchimisten widmete. Die dort gezeigten Experimente wurden von Fritz Kreißl für dieses Buch zusammengestellt und vor der Publikation von verschiedenen Bearbeitern mehrfach auf ihr Gelingen hin nachgearbeitet und überprüft.

Doch zunächst sei die Entwicklung der großen chemischen Experimentalvorlesung im Laufe der letzten dreieinhalb Jahrhunderte skizziert. An ihrem Beginn steht der altehrwürdige „Jardin du Roi" in Paris, ohne den die vielen wissenschaftlichen Gesellschaften in London, allen voran die Royal Institution, nicht denkbar wären. Durch die andersgeartete Struktur der vielen Universitäten im alten Deutschland mit seiner Kleinstaaterei vermochte sich hierzulande keine Tradition zentraler Bildungsstätten wie in Frankreich oder England herauszubilden. Da in Deutschland Vortragende den Hörsaal meist selbst anmieten und Experimentiergeräte selbst erwerben mußten, Professorenwitwen jedoch alle Gerätschaften zur Aufbesserung ihrer kärglichen Altersversorgung wieder zu verkaufen pflegten und damit häufig in alle Winde zerstreuten, riß im 18. Jahrhundert die Tradition großer Experimentalvorlesungen hierzulande immer wieder ab. Daher begnüge ich mich mit nur einem Beispiel, dem Wirken von Georg Christoph Lichtenberg in Göttingen. Darüber hinaus beschäftigen sich zwei Kapitel mit dem größten Vortragenden der deutschen Chemiegeschichte, Justus von Liebig. Schließlich wenden wir uns der Vorlesung Egon Wibergs zu – einmal, weil dieser am Lehrstuhl der Münchener Ludwig-Maximilians-Universität einer der Nachfolger Liebigs war, aber auch, weil wir beide, Fritz Kreißl und ich, unser Studium einst in München betrieben haben.

Literatur

[1] Gustave Flaubert, *Die Versuchung des heiligen Antonius.* Aus dem Französischen von Barbara und Robert Picht. Mit einem Nachwort von Michel Foucault. insel taschenbuch 432, Insel Verlag, Frankfurt/Main, 1966.

[2] Edmond et Jules de Goncourt, *Mémoires de la Vie littéraire.* 3 Bde. Edition Robert Laffont, S. A., Paris, 1956.

[3] J. R. Partington, *A History of Chemistry.* Volume four, Macmillan & Co. Ltd., London, 1963.

[4] Eugène Delacroix, *Dem Auge ein Fest. Aus dem Journal 1847–1863.* Hrsg. Kuno Mittelstädt. Nach der französischen Neuausgabe von 1980 revidiert, erweitert und mit einem Nachwort versehen von Günter Busch.

2
Der Jardin du Roi in Paris,
die Wiege der großen chemischen Experimentalvorlesung

„... devant l'amphithéâtre de Monsieur de Buffon ou au Jardin des semis ..., il fait bon flaner au Jardin du roi; tout, en cette fin du XVIII siècle, y respire la douceur de vivre."

Jean-Baptiste Hilaire, Aquarelliste

Die Entwicklung der chemischen Experimentierkunst vor Publikum ist untrennbar mit der Geschichte einer berühmten, noch heute blühenden Institution verbunden, deren Name und Programm mit Chemie zunächst scheinbar gar nichts zu tun haben, dem Jardin du Roi, dem heutigen Muséum National d'Histoire Naturelle, am Ufer der Seine in Paris.

1572 hatte der Dichter, Historiker, Botaniker und Alchimist Jacques Gohory (oder Gohorri, gest. 1576), als Naturforscher ein Gefolgsmann von Paracelsus, einen frühen botanischen Garten angelegt, der nach seinem Tod wohl in Verfall geriet. Die Idee des botanischen Gartens wurde Jahre später wieder aufgegriffen: 1626 erließ König Ludwig XIII. ein Edikt zur Gründung eines „Jardin du Roi", doch erst am 23. Februar 1633 erwarb er die „Clos Coypeaux" an der Grande Rue de Faubourg. Das Areal wurde nach dem Vorbild des botanischen Gartens von Montpellier neu gestaltet. Die Idee der Gründung war von den beiden Leibärzten Ludwigs XIII., Jean Heruard und Guy de La Brosse, ausgegangen, auf die auch der parallel gebräuchliche Name „Jardin Royal de Paris, pour la Démonstration des Plantes Médicinales" zurückgeht. Wie diese Bezeichnung deutlich zeigt, handelte es sich um eine Einrichtung mit pharmazeutischer Zielsetzung. In dem Garten sollten ausschließlich Heilpflanzen gezogen werden. Durch die Entdeckungsreisen jener Epoche waren viele neue Medizinalpflanzen aus überseeischen Ländern nach Frankreich gekommen, die man kultivieren und erforschen wollte. Frankreich bemühte sich damals, wie auch später, sehr um den Aufbau eines Kolonialreiches „outre mer" und wurde darin erst im 18. und 19. Jahrhundert von Großbritannien überflügelt.

Guy de La Brosse (?–1641) verfaßte eine kurze Beschreibung des Gartens, die er durch Frédéric Scalberge (1542–1640) mit einer aquarellierten, äußerst genauen Miniatur schmücken ließ. Auf dieser sommerlichen Darstellung ist die schachbrettartige Anlage der Beete und der Baumschulen im strengen französischen Gartenstil erkennbar. Für unser Thema aber ist das große, schloßähnliche Gebäude mit neun Fensterachsen und seitlich angebauten Türmen mit Nebengebäuden und einer Kapelle besonders inter-

Abb. 1 Aquarell von Frédéric Scalberge, das den Jardin du Roi um 1636 zeigt. Das Aquarell illustriert eine Beschreibung des Gartens von Guy de La Brosse (aus L. Vezin, Les artistes au Jardin des Plantes, Editions Herrscher, 1990), mit freundlicher Genehmigung der Bibliothèque nationale de France).

essant, das die Zeichnung im Hintergrund abschließt. Der Gebäudekomplex wird von ungewöhnlich zahlreichen Schornsteinen überragt. Aus fünfen dieser mächtigen Schlote steigen gewaltige Rauchfahnen empor, die sich über den Dächern zu einer die Zeichnung krönenden Wolke vereinigen. Diese auffälligen Rauchfahnen suggerieren, daß trotz der auf der Miniatur dargestellten sommerlichen Jahreszeit im Inneren des Gebäudes an vielen Herden und Öfen Feuer unterhalten wurden, und man aus den im Jardin gezogenen Heilpflanzen Extrakte und somit Medizinen herstellte. Der Jardin war also nicht nur ein Garten, sondern gleichzeitig eine Produktionsstätte für aus Pflanzen gewonnene Medizinen.

Aus dem Hauptgebäude des Jardin, in der Beschreibung schlicht „la Maison" genannt, sollte sich bald die große Keimzelle der chemischen Experimentierkunst in Europa entwickeln. La Brosse leitete als Superintendant selbst bis 1635 den Garten. Stolz verglich er sein Werk mit den schönsten europäischen Parkanlagen in Florenz und Leiden, die aus seiner Sicht seiner Schöpfung nur das höhere Alter voraushatten. Offenbar übertrug man schon bei der Gründung dem Jardin du Roi die Aufgabe, lehrend und anregend auf die Apotheker des Königreichs zu wirken, die sich dort in Kursen aus- und weiterbilden lassen konnten. Pharmazie war damals ein eher handwerklicher Lehrberuf. Die wenigsten Pharmazeuten hatten eine akademische Ausbildung vorzuweisen.

Allmählich nahm der Jardin du Roi Organisationsformen ähnlich einer Hochschule an, und es entstanden spezifische neue Amtsbezeichnungen wie „garde et démonstrateur du cabinet du Roi". Das Wort „Cabinet" – eigentlich „Cabinet d'Histoire Naturelle" – deutet darauf hin, daß die Aufgaben der neuen Institution schon sehr früh ausgeweitet wurden. Bald nach der Gründung stellte man auch Professoren an, wobei der „Professeur" im Rang stets höher stand als der „Démonstrateur". Auf Vorschlag von Guy de La Brosse wurde sein Neffe Guy-Crescent Fagon als sein Nachfolger zum Intendanten berufen. Dieser baute den Garten, der der unmittelbaren Kontrolle des Finanzministers Ludwigs XIV., Jean-Baptiste Colbert, Marquis de Seignelay (1619–1683), unterstellt war, zu einer Stätte höchster Wissenschaftlichkeit aus, nicht zuletzt durch Berufung bedeutender Demonstratoren und Professoren.

Daß sich die naturwissenschaftliche Zielsetzung bald über die botanisch-pharmazeutische Aufgabe hinaus zu entwickeln begann, kann man einem Kupferstich von Sébastien Le Clerc entnehmen, der nach 1667 entstanden ist und als Frontispiz die „Mémoires de l'Académie des Sciences" schmückt. Höchst barock wird ein Besuch König Ludwigs XIV. im „Salle de mathématiques du Jardin du Roi" dargestellt. Der König im Zentrum des Stichs ist an seiner bombastischen Kleidung mit gigantischem Federhut und an seinem gespreizten Gehabe leicht zu erkennen. Um ihn herum bewegen sich flink allerlei würdige, aber unterwürfige Herren mit Perücke und Talar, wohl der Intendant und die Professoren, die devot wissenschaftliche Objekte vorweisen, mit denen der Saal auch sonst im Stile einer Kunst- und Wunderkammer reichlich geschmückt ist. Über der linken Schulter des Königs erhebt sich drohend ein an einer Fenstersäule befestigtes menschliches Skelett – vielleicht als ein auch für allmächtige gekrönte Häupter gedachtes Memento mori; vielleicht hing es aber auch tatsächlich dort. Durch die geöffneten Fenster gewahrt man im wohlangelegten Garten mit seinen streng rechtwinkligen Heilkräuterrabatten einen riesigen Quadranten für astronomische Beobachtungen. Im Saal sind zwei weitere astronomische Objekte sichtbar, eine wunderschöne Armillarsphäre und ein reichlich langes und dünnes Linsenfernrohr. Zwei Tierskelette rahmen die beiden Fenster ein. Auch erkennt man ein kleines, ausgestopftes Walroß. Destillationsapparaturen, Kolben und sonstige chemische Geräte füllen die Wandregale. Huldvoll blickt der König auf ein gerahmtes Gemälde. Auf dem Boden liegt als Vertreterin der Karto-

Abb. 2 Kupferstich von Sébastien Le Clerc, der den Besuch des Sonnenkönigs, Ludwigs XIV., im Jardin du Roi darstellt (nach 1667). Im salle de mathématiques wird den hohen Herren allerlei astronomisches Gerät sowie Tier- und Menschenskelette präsentiert. Der Blick des Betrachters geht über die Gesellschaft hinweg in die schöne, streng geometrisch komponierte Gartenanlage (Cop. Bibliothèque central M.N.H.N. Paris).

graphie eine halbaufgerollte Landkarte. Luftpumpe und Hohlspiegel repräsentieren die Physik.

Nach den ikonographischen Spielregeln jener Zeit wurde damit gezeigt, daß sich der Jardin zu einer auf die Naturwissenschaften spezialisierten Hochschule gemausert hatte, die allerdings ihren Schwerpunkt in der medizinischen und pharmazeutischen Forschung sah.

Der eigentliche Garten selbst wuchs ebenfalls sehr schnell. 1641 zählte man erst sechzehnhundertvierzig verschiedene Pflanzen, 1665 waren es schon über viertausend. Ihre

„Portraits" wurden von eigens dafür angestellten Hofmalern festgehalten, die unter anderem die heute legendären „Vélins du roi" schufen – illuminierte Blumenzeichnungen auf Pergament – und damit die bis zum heutigen Tag anhaltende Tradition des Jardin als Quelle künstlerischer Inspiration begründeten.

Unter der Intendanz des bedeutenden Arztes Charles-François de Cisternay Du Fay (1698–1739) erhielt der Jardin ein neues, großes Gewächshaus und – dies ist für das Folgende äußerst wichtig – ein Amphitheater für Vorlesungen und Vortragsveranstaltungen. 1788 errichtete der Architekt Verniquiet im Auftrag Buffons den heute noch stehenden Nachfolgebau dieses Amphitheaters. Angesichts der wissenschaftlichen Ausweitung wurde der einstige „Herbier" (Herbar) offiziell in „Cabinet d'Histoire Naturelle" umbenannt, wobei hier erstmalig der spätere, endgültige Name des Jardin aufscheint. 1734 pflanzte Bernard de Jussieu (1699–1777) jene Libanon-Zeder in den Garten, die noch heute gedeiht und zum Wahrzeichen und Siegelsignet der „Amis du Muséum National d'Histoire Naturelle et du Jardin des Plantes" wurde. Der Legende nach hatte Jussieu diesen Baum heimlich, als Schößling in einen Hut gepflanzt, von England nach Paris geschmuggelt.

Der nächste Nachfolger von La Brosse war einer der größten Gelehrten des alten Frankreich, für dessen Amtszeit man im nachhinein die bezeichnende Formulierung „la glorieuse dictature de Buffon" fand. George Louis Marie Leclerc, Comte de Buffon (1707–1788), hatte 1739 mit raffinierten Intrigen seine Ernennung erkämpft und entwickelte sich zu einem der brillantesten Naturwissenschaftler seiner Epoche. Er stammte aus Montbard in Burgund, wo er auf einer felsigen Anhöhe mit weitläufigem Park und wundervollem Fernblick ein Schloß sein eigen nannte. Auch besaß er ein Hochofenwerk mit Eisenhammer und Schmiede, in dem Raseneisenerz verarbeitet wurde. Dieses Werk, in dem einst über vierhundert Arbeiter tätig waren, ist noch heute sehr gut erhalten. Seinerzeit stand es Modell für den Artikel „Forges" in Band IV (1755) der Enzyklopädie von Diderot und d'Alembert. Ein Vergleich des burgundischen Originals mit Plänen und Darstellung dieser Anlage in der Enzyklopädie ergibt ein unerwartetes Höchstmaß an Übereinstimmung. Buffon verfaßte eine sechsunddreißigbändige „Histoire de la Nature", die noch heute als sprachliches Meisterwerk gilt und zur klassischen französischen Literatur zählt. Der wohlhabende Großgrundbesitzer und Industrielle sowie vielseitige Biologe, Mathematiker, Physiker und Chemiker hatte als erster die Konstanz der Arten geleugnet und die Grundzüge einer völlig neuen Deszendenztheorie dargelegt. Er war der wohl bedeutendste der Intendanten des Jardin.

Als erster Demonstrator für Chemie wurde 1648 der Schotte William Davisson berufen. Er hatte in Aberdeen studiert, in Montpellier den Doktorgrad der Medizin erworben und war 1644 von König Ludwig XIII. zu einem seiner Leibärzte bestellt worden. In Paris hielt er als Privatmann Vorlesungen in Chemie und Pharmazie, die später in den Jardin integriert wurden.

1643 gab G. Sauvageon in Paris ein Lehrbuch mit dem Titel „Traicte Chymique contenant les préperations, usages, facultez et doses des plus célèbres et usitez médicaments chymiques …“ heraus, das für die Lehrgänge am Jardin bestimmt war und mit dessen Hilfe man die dort gehaltenen Vorlesungen rekonstruieren kann. Bemerkenswert ist, daß in diesem Werk die metallhaltigen Medizinen des Paracelsus verteidigt werden, was zeigt, daß man im Jardin nicht bei rein pflanzlichen Medikamenten stehengeblieben war.

Davissons Nachfolger wurde 1647 – nach anderen Quellen 1651 – Nicolas Le Févre (1615–1669), den Antoine Vallot (1594–1671), erster Leibarzt König Ludwigs XIV. und Superintendant des Jardin du Roi, als Demonstrator berief. Der weitgereiste englische Schriftsteller John Evelyn (1620–1706) schrieb in seinem erst 1870 herausgegebenen „Diary“: „I frequented a course of Chemistrie, the famous Mr. Le Febure operating upon the most of the nobler processes.“ 1660 gab Le Févre sein Amt am Jardin auf – er war Protestant und fühlte sich im katholischen Paris nicht sonderlich wohl – und trat in London als „chymist“ in die Dienste König Charles' II.

Le Févres Nachfolger als Demonstrator wurde 1661 der vom Leibarzt Vallot berufene Basler Christoph Glaser (1628–1672), der in Paris eine Apotheke geführt hatte. Sowohl Vallot als auch Glaser wurden von der medizinischen Fakultät der Sorbonne, wo es keine Vorlesungen der „pharmazeutischen Chemie“ gab, wegen der Gefährlichkeit der Paracelsischen Antimon-Präparate heftigst angegriffen. Einer der Medizin-Professoren verstieg sich zu der Behauptung „Die Chemie ist das Falschgeld unseres Berufes“ und gab satirische Briefe gegen Glaser heraus, der noch das große Pech hatte, in die berüchtigte Giftmordaffäre der Marquise de Brinvilliers verwickelt zu werden. Diese hatte zusammen mit ihrem Liebhaber Sainte Croix aus Rachsucht und Geldgier 1666 ihren Vater, 1670 ihre beiden Brüder sowie ihre Schwester vergiftet. 1672 starb Sainte Croix in seinem alchimistischen Laboratorium, das sich als eine Art Gifthölle erwies. Bei der notariellen Inventarisierung seiner Hinterlassenschaft fanden sich belastende Dokumente, so daß er und die Marquise als Mörder überführt wurden. Unglückseligerweise hatten sie das von ihnen benutzte Gift als nach einer „recette de Glaser“ hergestellt bezeichnet, und wahrscheinlich handelte es sich dabei um Arsenikbutter, die Glaser als einer der ersten durch trockene Destillation von Arsen zusammen mit Quecksilbersublimat gewonnen hatte. Die Marquise wurde am 17. Juli 1676 in Paris enthauptet, wohingegen Glaser nach kurzer Haft wieder freigekommen war. So unangenehm das alles für ihn gewesen sein mag, dem Absatz seines Lehrbuches „Traité de la Chymie“, Paris 1663, und den Vorlesungen am Jardin tat diese Reklame nur gut. Das Werk erlebte eine Unzahl von französischen, englischen und deutschen Auflagen.

Es kam in jenen Zeiten und auch später durchaus vor, daß gute Vortragende, die private Vorlesungen in ihren eigenen Wohnungen oder angemieteten Sälen hielten, den Professoren und Demonstratoren des Jardin die Schau stahlen. Ein berühmtes Beispiel sind die Vorlesungen von Nicolas Lemery (1645–1715). Lemery war von Haus aus Pharmazeut und ein Schüler Glasers. Er scheint der erste gewesen zu sein, der für Hörer aller Stände vorgetragen hat. Unter seinem Publikum befanden sich auch Damen – offenbar war dieser private Vorlesungsbetrieb ein früher Schauplatz weiblicher akademischer Emanzipation – und Studenten anderer Pariser Hochschulen. Sein Sohn Louis Lemery

(1677–1743), der die Kunst des chemischen Schauexperimentierens von seinem Vater erlernt hatte, hielt schon seit 1708 Chemievorlesungen am Jardin du Roi, erhielt aber erst 1731 sein Patent als Démonstrateur.

Fast alle in der ersten Hälfte des 18. Jahrhunderts bedeutenden Chemiker Frankreichs, beispielsweise Etienne François Geoffroy (1672–1731), hielten zumindest zeitweilig Vorlesungen am Jardin. Unter den großen Vorlesenden muß man Guillaume François Rouelle (1703–1770) besonders herausstellen. Er war ein Pharmazeut ländlicher Herkunft, der jahrzehntelang – von 1742 bis 1768 – als Démonstrateur am Jardin wirkte. Seine Kleidung und die Art des Vortrages wurden von den Zeitgenossen zwar als etwas exzentrisch empfunden, dabei war er aber hochgeschätzt. Auch übte er jenen feierlichen Stil des Auftritts zu Beginn der Vorlesung, wie ihn später – wenn auch mit einer anderen Kleidermode – Justus von Liebig pflegen sollte. Rouelle betrat den Hörsaal stets „comme il faut" nach der letzten höfischen Mode mit bunter Weste und elegantem Überrock, auf dem Kopf die gepuderte Perücke und unter dem wohlabgewinkelten Arm den Dreispitz. Diesen aber auch wirklich auf dem Kopfe zu tragen, hätte die modische Frisur der Perücke zerstört. Regelmäßig geriet er beim Lesen und Experimentieren dermaßen in Rage, daß er vor Publikum eine Art Striptease hinlegte, Perücke, Rock und Weste weit von sich warf, um nur noch in Hemdsärmeln – begeistert und begeisternd, aber völlig derangiert – zu experimentieren. Dabei assistierte sein jüngerer Bruder Hilaire, der ihm auch als Démonstrateur nachfolgen sollte. Unter Rouelle erreichten die chemischen Experimentalvorlesungen am Jardin gewissermaßen Weltformat; es gab in anderen Ländern nichts wirklich Vergleichbares. Und wenn irgendwo vor Publikum experimentiert wurde, dann hatte zweifellos der Jardin du Roi direkt oder indirekt Pate gestanden. Kein Geringerer als Antoine Laurent Lavoisier (1743–1794, geköpft) war Schüler Rouelles. Das allein würde schon rechtfertigen, daß wir uns noch heute an ihn erinnern!

Ein weiterer Höhepunkt der Experimentierkunst am Jardin wurde durch das nächste berühmte Doppelgestirn erreicht. Pierre Joseph Macquer (1718–1784), von Haus aus Arzt, hatte zusammen mit Antoine Baumé (1728–1804) ein pharmazeutisches Privatlaboratorium betrieben, in dem Präparate für den Verkauf hergestellt, aber auch öffentliche Vorlesungen abgehalten wurden. Diese Vorlesungen hatten einen beträchtlichen Erfolg, denn Macquer war ein blendender Chemiedidaktiker, was er auch durch die Abfassung eines berühmten Chemie-Dictionnaires unter Beweis stellte, und Baumé war ein glänzender Démonstrator. Der Jardin du Roi reagierte auf diese Herausforderung, indem man das Doppelgestirn integrierte. 1771 ernannte man Macquer zum Professeur und Baumé zum Démonstrateur. Damit erlebte der Jardin du Roi einen abermaligen Höhepunkt der chemischen Experimentierkunst. Baumé legte später dar, daß er Macquer 25 Jahre lang als Démonstrateur gedient habe, sie zusammen sechzehn große Kurse abgehalten und in jedem 2000 Experimente vor Publikum unternommen hätten. Er selbst habe, so fügte er hinzu, 10000 chemische Experimente öffentlich ausgeführt.

Abb. 3 Gabriel de Saint-Aubin (1724–1780) schuf 1779 dieses köstliche Blatt, das eine öffentliche Experimentalvorlesung im „Collège Royal de pharmacie …" vorstellt. Auf den ersten Blick wird der Betrachter kaum etwas erkennen. Aber genau darin liegt der Realismus dieser kolorierten Zeichnung, die heute im Musée Carnavalet in Paris aufbewahrt wird. Durch die bei den vorgeführten chemischen Experimenten entwickelten Nebel und Dämpfe geraten der Experimentator und seine beiden Gehilfen nahezu völlig außer Sicht. Gut zu erkennen sind dagegen die beiden Büsten von wissenschaftlichen Celebritäten sowie gläserne chemische Gerätschaften auf dem Gesims und der Schürze des gewaltigen Abzugs, der den gesamten Raum überspannt, – und das Publikum im Vordergrund. Als zweite von links erkennt man eine elegante Dame im eng taillierten Kleid. Bei der Figur rechts außen handelt es sich, wie man an dem keck auf die Perücke gesetzten Käppchen erkennen kann, um einen Abbé.

Wie anregend Vorlesungen vor einem breiteren Publikum tatsächlich waren, läßt sich mit einer ebenso hübschen wie bemerkenswerten Anekdote belegen. Der hier vorgestellte kurze Abriß der Geschichte des Jardin erweckt vielleicht den falschen Eindruck, daß nur im chemischen Bereich öffentliche Vorlesungen angeboten worden seien; tatsächlich gab es diese aber in allen im Jardin vertretenen Fächern, auch in der Mineralogie. Vorlesungen über Mineralogie hielt in den letzten Jahrzehnten des 18. Jahrhunderts ein Günstling Buffons, der Arzt Louis Jean-Marie Daubenton (1716–1799), der wie sein Gönner aus Montbard stammte. Unter den Hörern war eines Tages Abbé Rene-Just Haüy (1743–1822). Er wirkte als Lehrer am Collège Cardinal Lemoine und war ehrenhalber Domherr von Notre-Dame. In Mineralogie- und Geologie-Vorlesungen ist es noch heute üblich, daß nicht nur Mineralien und Gesteine vorgezeigt werden, sondern daß am Ende der Stunde das Publikum zum Vortragstisch kommen darf, um die Objekte aus der Nähe zu betrachten und auch in die Hand zu nehmen. Haüy, der in Porträtkupfern stets als freundlich lächelnder, aber schwächlicher Mann dargestellt ist, ließ unachtsam ein großes Stück wohlkristallisierten Kalkspat zu Boden fallen. Der Spatkristall zerbrach, und Haüy beobachtete, daß auch die Bruchstücke kristallin aufgebaut waren. In den Publikationen des Muséum wird dieser ebenso folgenreiche wie drollige Zwischenfall mit den Worten „Sa maladresse le mit donc sur la voie de sa découverte majeure“ geschildert. Haüys Postulierung der „cristaux élémentaires et intégraux“ war eine der ganz großen Entdeckungen des ausgehenden 18. Jahrhunderts und verschaffte ihm einen Sitz in der botanischen Sektion der Akademie der Wissenschaften – von Haus aus war er Botaniker – und im Conseil des Mines.

Die Französische Revolution war auch in der Geschichte des Jardin die große Zäsur. Nach der Ausrufung der Republik und der Enthauptung des Königs erfolgte die erste Umbenennung. Aus dem Jardin du Roi wurde der Jardin National des Plantes. Doch die Revolution war noch lange nicht vorüber. Die Sansculotten bemächtigten sich der Schlösser und Parkanlagen der Aristokraten. König Ludwig XVI., seine herzoglichen Brüder und viele Mitglieder des Hochadels hatten nicht unbeträchtliche Tiermenagerien mit seltenen, exotischen Exemplaren besessen. Einige der Tiere wanderten in jakobinische Kochtöpfe oder wurden an sansculottischen Piken gebraten. Doch bald brach sich die Erkenntnis Bahn, daß dies eine eher unwürdige Lösung sei, und man verbrachte eine Vielzahl von Tieren in den Jardin. Dieser wandelte sich so auch zum zoologischen Garten und zugleich von einer botanischen und chemisch-pharmazeutischen zu einer zoologischen Forschungsstätte. Sie blühte gerade in späteren Zeiten und heute ganz besonders, wie beispielsweise das Wirken des Jesuitenpaters Pierre Teilhard de Chardin (1881–1955) und des Professors Théodore Monod (geb. 1902) zeigen.

Mit dieser Ausweitung der Aufgaben war eine abermalige Umbenennung fällig. Am „10. Juin 1793, l'an second de la république Françoise“, erschien ein „Décret de la Convention nationale“, in dem mitgeteilt wurde, daß auf Vorschlag des „comité d'instruction publique“ der Name abermals geändert werde: „L'établissement sera nommé à l'avenir, *Muséum d'histoire naturelle*“. Offenbar hatte man in der Eile das schöne Wort

„national“ vergessen, das aber bald wieder eingefügt wurde. Bei diesem Namen sollte es bis heute bleiben. Die zoologische Ausweitung der Aufgaben führte zu mancherlei inneren Kämpfen und auch dazu, daß die Leitung des Muséum manchmal in den Händen eines Chemikers, dann wieder in denen eines Biologen lag. In der jüngeren Vergangenheit trat die Chemie gegenüber der Biologie deutlich in den Hintergrund.

Nach der Umgründung bot das Muséum eine Vielzahl von zoologischen Vorlesungen an, die von prominenten Biologen gehalten wurden und zuweilen erstaunliche kulturelle Wirkungen nach sich zogen. So besuchte der Schriftsteller Honoré de Balzac (1799–1850) während seines Jurastudiums 1816/18 die Vorlesungen von Etienne Geoffroy Saint-Hilaire (1772–1844), dessen Lehre, alles organische Leben gehe auf eine einzige Grundstruktur zurück, ihn faszinierte. Balzac erlebte Geoffroy Saint-Hilaires ewigwährenden Streit mit dem Zoologen und Paläontologen Georges de Cuvier (1769–1832) um dessen Katastrophentheorie, die eine unentwegte Abfolge von Untergängen und Neuschöpfungen postulierte. Im umfangreichen, ziemlich „zoologisch“ akzentuierten Vorwort zu seiner vielbändigen „Comédie humaine“ bekannte Balzac 1842, daß ihm der Impuls zu diesem gigantischen Vorhaben aus den Vorlesungen des Muséum erwachsen sei. Wie Cuvier und Geoffroy Saint-Hilaire die verschiedenen Tierarten erforscht und beschrieben hatten, so wollte er Menschentypen darstellen.

Die entscheidende Voraussetzung für die Balzacsche „Comédie humaine“ war also die Existenz des Muséum. Diese wiederum war Alexander von Humboldt (1769–1859) zu verdanken, der schon von 1799 bis 1804 seine berühmte Reise nach Mittel- und Südamerika als Abgesandter des Muséum unternommen hatte. Als nämlich 1814 und dann nochmals nach den „Hundert Tagen“ Napoleons 1815 die alliierten Truppen in Paris einrückten und sich preußische Soldaten im Siegesrausch daranmachten, im Jardin die seltenen Bäume umzuhacken, um die exotischen Tiere zu braten, erreichte Humboldt mit seinem sprichwörtlichen diplomatischen Geschick und seinen nahezu immer funktionierenden guten Beziehungen die Schonung des Muséum. Am Rande sei erwähnt, daß Balzac in seinem Roman „César Birotteau“ Humboldts Lehrer, den Chemiker Louis Nicolas Vauquelin (1763–1829), als äußerst sympathisch, wenn auch etwas vertrottelt darstellte.

Alexander von Humboldt spielte auch im Leben des berühmten Chemikers Justus von Liebig eine große, wenn nicht entscheidende Rolle. Schon bei dessen erstem Paris-Aufenthalt hatte Humboldt ihn sehr gefördert, und auf seine Fürsprache hin bekam Liebig die erste Anstellung als junger Professor der Chemie in Gießen, wo er nach dem Pariser Vorbild die Tradition der großen chemischen Experimentalvorlesung in Deutschland begründete und mit größtem Erfolg an eine Vielzahl von akademischen Schülern weitergab.

Von den Chemikern am Muséum seien noch drei erwähnt. Nachdem er sich 1832 von seiner Professur an der Sorbonne zurückgezogen hatte, wurde Louis Joseph Gay-Lussac (1778–1850), ein sehr enger Freund Humboldts und Liebigs, Professor für Chemie am Muséum. 1836 wählte man einen herausragenden chemischen Forscher zum „Directeur" des Muséum, Michel Eugène Chevreul (1786–1889!!), dem man 1830 die Professur für Chemie übertragen hatte. Er leitete achtundzwanzig Jahre lang die Geschicke des Muséum. Chevreul lebte in seinem Laboratorium und pflegte seine Familie nur sonntags zu besuchen. Nach dem Diner zog er sich stets wieder ins Muséum zurück. Spötter sahen darin eine gute Methode, mehr als hundert Jahre alt zu werden. Seine Forschungen über die physiologische Wirkung von Farbkontrasten auf das menschliche Auge spielen noch heute, beispielsweise für die Kreationen der Modeschöpfer, eine große Rolle und bildeten die wesentliche Basis für den französischen Impressionismus, insbesondere den Pointillismus. Chevreul war dieser Einfluß einerlei, er war Chemiker und nur Chemiker und kümmerte sich nicht um bildende Kunst. 1838 wurde unter seiner Direktion eine Professur für angewandte Physik geschaffen, die Antoine Becquerel übertragen wurde. Diesem folgte sein bedeutenderer Sohn Henri (1852–1908), der 1896 am Muséum die Radioaktivität entdeckte, was ihm 1903 den Nobelpreis für Physik einbrachte. Die große Feier, die das Muséum 1886 zu Chevreuls hundertstem Geburtstag veranstaltete, symbolisierte einen Orientierungswandel des einstigen Jardin weg von der Chemie und hin zur Biologie: Man feierte nicht mehr im alten Amphitheater Buffons, sondern in der neuerbauten, riesigen „nouvelle galerie de zoologie".

Unter der Direktion von Edmond Frémy (1814–1894), ab 1874 Nachfolger Chevreuls als Direktor, erblühte am Muséum noch einmal die chemische Lehre. 1864 schon hatte Frémy ein „laboratoire public" eröffnet, in dem mit großem Aufwand Chemiekurse für ein breiteres Publikum veranstaltet wurden, die bis 1892 über 1400 Teilnehmer besuchten. Frémy hatte als letzter Chemiker die Position des Direktors inne. Danach trat die Chemie im Laufe der Jahrzehnte mehr und mehr in den Hintergrund. Im Gegensatz zu der im nächsten Kapitel zu besprechenden Royal Institution finden heute im Muséum so gut wie keine chemischen Vorlesungen mehr statt, obwohl es immer noch ein Laboratorium für physikalische Chemie gibt.

Am Ende dieser Betrachtungen sei eine Empfehlung ausgesprochen: Bei einem Besuch in Paris sollte man die Sammlungen des Muséum, dessen zoologischen Garten und den Jardin des Plantes unbedingt aufsuchen. Noch immer wächst Jussieus Libanon-Zeder. Noch immer steht das alte Amphitheater. Die aus dem vorigen Jahrhundert stammenden Denkmäler einstiger Geistesgrößen des Muséum verleihen dem Jardin des Plantes ein eigenes Gepräge. Der zoologische Garten ist immer noch (fast) so klein wie damals, als Heinrich Heine sich über ihn lustig machte, aber wohlbestückt. Und wer Alexander von Humboldts Angaben zur Breite südamerikanischer Ströme nachprüfen möchte – er pflegte sie stets in Mehrfachen der Breite der Seine beim Muséum anzugeben –, der sollte den Mut aufbringen, die Uferstraße zu überqueren, um auf den Fluß zu sehen. Aber aufgepaßt: Seit den Zeiten Ludwigs XIII. hat der Verkehr ein wenig zugenommen!

Literatur

[1] Denis Guedj, *La Révolution des Savants.* Découvertes Gallimard 48, Paris, 1988.

[2] Le Amis du Muséum National d'Histoire Naturelle, *Le Muséum A 2000 Ans.* Bulletin d'Information de la Societé des Amis du Muséum National d'Histoire Naturelle et du Jardin des Plantes, Paris, 1993.

[3] Yves Laissus, Jean-Jacques Petter, *Les animaux du Muséum. 1793–1993.* Muséum National d'Histoire Naturelle, Imprimerie Nationale Edition, Paris, 1993.

[4] Yves Laissus, *Le Muséum National d'Histoire Naturelle.* Découvertes Gallimard 249, Paris, 1995.

[5] Louis Vezin, *Les Artistes au Jardin des Plantes.* Edition Herrscher, Paris, 1990.

[6] Musée d'Histoire Naturelle n° 8: *Statues Et Savants Du Jardin Des Plantes.* Editions du Muséum, Paris, 1992.

[7] Christoph Glaser, *Neu-eröffnete Chymische Artzney- und Werck-Schul.* Herausgegeben und mit einem Nachwort versehen von Hans-Joachim Poeckern. Erschienen als Bd. 12 in: Dokumente zur Geschichte der Naturwissenschaft, Medizin und Technik, Hrsg. Ernst H. Berninger, Gerd Giesler und Otto Krätz.

[8] Arthur Donovan, *Antoine Lavoisier. Science, Administration, and Revolution.* Blackwell, Oxford UK, 1993.

[9] J. R. Partington, *A History of Chemistry.* Volume II and III. Macmillan, London, 1969.

[10] Otto Krätz, *Alexander von Humboldt. Wissenschaftler, Weltbürger, Revolutionär.* Callwey, München, 1997.

[11] Bukatsch, Krätz, Probeck, Schwankner: *So interessant ist Chemie.* Aulis Verlag Deubner, Köln, 1987.

3
Öffentliche Experimentalvorlesungen für Chemie
im London des 18. und 19. Jahrhunderts

„… Learning … for the Instruction of Youth and forming their Minds for the Service of their God and Country, as well as an universal Benevolence to Mankind in general; there are divers philosophical Lectures read in several Parts of the City and Suburbs …"

W. Maitland, 1772

Die überaus feierlichen Darlegungen W. Maitlands in seiner Beschreibung Londons von 1772 verschleiern mit ihrer Berufung auf „God and Country" die nicht ganz so erhabene Realität jener Jahre.

Abb. 4 Das Wappen der Royal Institution zeigt die „Sonne der Erkenntnis" über dem „Meer des Unwissens", umgeben von Pallas Athene und einer fackelschwingenden Dame, die wohl die „Wahrheit" oder die „entschleierte Natur" symbolisieren soll.

Im Gegensatz zu den wissenschaftlichen Akademien Kontinentaleuropas begnügte sich die 1660 in London gegründete Royal Society mit regelmäßigen „Meetings" für ihre Mitglieder und entwickelte keine besonderen Aktivitäten in Richtung von Experimentalvorlesungen, und schon gar nicht veranstaltete sie öffentliche Vorträge. Alles, was man im Laufe der Zeit mit typisch englischem Pragmatismus bot, war die Unterstützung privater Vorlesungen. Zwar hatte man ein Auge auf deren wissenschaftliche Inhalte, aber an finanziellen Risiken und Unkosten wollte man sich auf keinen Fall beteiligen. Bei genauer Betrachtung ist daher festzustellen, daß diese „Unterstützung" in aller Regel

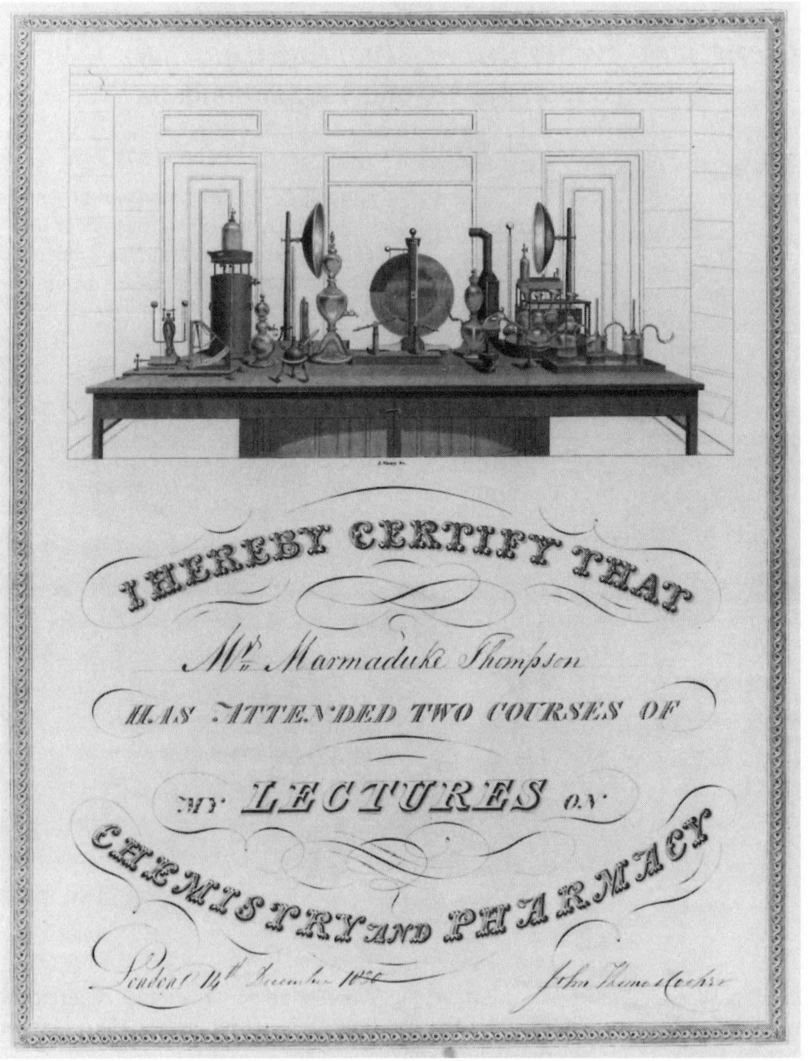

Abb. 5 Noch im vorigen Jahrhundert gab es in Großbritannien private Veranstalter öffentlicher Vorlesungszyklen für Chemie, wie dieses graphisch eindrucksvoll gestaltete Zeugnis für einen Teilnehmer aus dem Jahre 1830 beweist. In der Mitte des Experimentiertisches steht eine große Elektrisiermaschine, mit der das aus dickem Glas gefertigte Eudiometer ganz links außen gezündet werden konnte, ebenso wie das Wasserstoff-Feuerzeug halblinks neben dem großen Gasometer. Auf dem Dreifuß links im Vordergrund erkennt man einen kugelförmigen Papinschen Topf mit Sicherheitsventil, Manometer und Thermometer sowie rechts dahinter einen Kippschen Apparat. Rechts im Vordergrund ist eine Apparatur zur Darstellung von Säuren mit einer Retorte und drei Woodschen Flaschen aufgebaut. Schwerer zu deuten sind die beiden großen, an Stativen befestigten Kugelkalotten, die sicherlich physikalischen Zwecken dienten – entweder zu akustischen Experimenten oder zur Messung der Wärmestrahlung.

eher verbaler Art war und sich letztlich darauf beschränkte, private Initiativen nicht zu behindern. Zum Teil waren die gleichsam als Privatunternehmer Vortragenden Fellows der Royal Society, denen man zuweilen gestattete, größere Instrumente wie wertvolle Elektrisiermaschinen und kostbare Luftpumpen für ihre Lesungen bei der Royal Society auszuleihen.

Da es also keine gemeinsame, die Aktivitäten zusammenfassende Organisation gab, ist ist es schwierig, die Situation des naturwissenschaftlichen Vortragswesens im ausgehenden 17. und im 18. Jahrhundert zu beschreiben. So mußte und muß jede historische Analyse Stückwerk bleiben. Britische Historiker haben viel Fleiß und Scharfsinn darauf verwandt, die Spuren des frühen Vorlesungswesens in London anhand der Anzeigen in den damaligen Zeitungen nachzuzeichnen. Die Vortragenden warben in den ersten Jahrzehnten des 18. Jahrhunderts im Daily Courant und ab 1731 im Daily Advertiser (Auflagenhöhe immerhin 2500 Exemplare) oder in dessen Konkurrenzblatt, dem Public Advertiser. Die Namen der beiden Organe belegen, daß der Hauptteil der Mitteilungen aus Anzeigen und nicht aus redaktionell gestalteten Texten bestand, wenn es auch den Vortragenden zuweilen gelang, die Herausgeber zu beschreibenden Artikeln zu bewegen, die die eingerückten Anzeigen freundlich illustrierten.

Leider sind diese Inserate keine eindeutige Quelle. Wenn in einem Jahr keine Anzeigen für chemische Experimentalvorlesungen erschienen, bedeutet das nicht zwangsläufig, daß tatsächlich keine stattfanden. Es konnten auch mit anderer Werbung, beispielsweise mit nicht überlieferten Plakaten, ausreichend Hörer eingefangen worden sein. Außerdem ist nicht unbedingt gesagt, daß sich auf eine Anzeige hin genügend Hörer meldeten und die angekündigten Vorlesungen wirklich stattfanden.

Es ist nicht zu leugnen: Eine durch Zeitungsanzeigen angekündigte private Experimentalvorlesung ist eine Art Show, die sich auch damals mühsam gegen andere Unterhaltungsdarbietungen durchsetzen mußte. Ein Blick auf die sonstigen Inserate dieser Blätter in jenen Jahren lehrt, daß es nicht eben leicht gewesen sein kann, gegenüber tanzenden Bären, diversen Weltwundern, öffentlichen Zurschaustellungen von Hermaphroditen und sonstigen Mißgeburten, intelligenten Hunden, allerlei Religiösem und bevorstehenden Weltuntergängen zu überleben, ganz zu schweigen von den recht erfolgreichen öffentlichen medizinischen Vorlesungen und den öffentlichen Zusammenkünften der 1754 gegründeten Society for the Encouragement of Arts, Manufactures and Commerce, bei denen aber nicht experimentiert wurde. So waren die Vortragenden gezwungen, auf jedes halbwegs vorteilhafte Detail hinzuweisen, das die Zuschauer zufriedenstellen konnte. Bei Vorlesungen im Winter hieß es beispielsweise häufig. „The room is made very warm!"

Entsprechend vielfältig waren auch die Örtlichkeiten der Vorlesungen. Manche Vortragenden waren so erfolgreich und wohlhabend, daß sie in ihren eigenen oder angemieteten Wohnungen lasen und über einen gesonderten „experiment room" verfügten. Andere, vielleicht weniger erfolgreich oder öfter die Städte wechselnd, unterrichteten in den Hinterzimmern von allerlei Gaststätten und Tavernen. So muß man sich – vielleicht etwas widerstrebend – daran gewöhnen, in der profanen Bear Tavern in Westminster oder dem Gasthaus Crown and Magpie zu Whitechapel bedeutende Stätten der Popularisierung von Chemie und anderen Naturwissenschaften im London des 18. Jahrhunderts zu sehen. Viele lasen auch in Coffee houses. Alan Q. Morton und Jane A. Wess haben in ihrem exzellenten Werk „Public & Private Science. The King George III Collection" für die merkwürdige Symbiose von Naturwissenschaft und Hinterzimmern eine hübsche Formulierung gewählt: „ As the patrons of the coffee houses both read the newspaper advertisements and formed part of the lecture audiences, the newspapers, the lectures, and the coffee houses together formed a niche in the cultural life of that period."

Anzeigen für chemische Experimentalvorlesungen tauchten erstmals 1696 auf, und ab 1705 wurden Chemievorträge von James Robertson und George Wilson regelmäßig angeboten. In den Inseraten wurde herausgestellt, daß „knowledge was presumed to come from the experience of seeing some operations carried out", und stets auf die Anzahl der Experimente hingewiesen. Wilson zeigte 1706 hundert Versuche an, wohingegen es 1712 Bright in seinem „Compleat Course of Chymistry" auf nahezu 200 brachte. Thomas Desagluiers bot 1715 in seinem „Course on Experimental Philosophy", der naturgemäß neben etwas Chemie in erster Linie Physik umfaßte, dreihundert Experimente an.

An dieser etwas unklaren Situation der öffentlichen chemischen Experimentalvorlesungen sollte sich bis zum Ende des 18. Jahrhunderts im wesentlichen nichts ändern. So unbefriedigend er uns vorkommen mag, so hatte dieser Vorlesungsbetrieb doch demokratische Züge, die herausgestellt zu werden verdienen. Wer ein paar Shilling für einen Vortrag oder ein bis zweieinhalb Guineas für einen ganzen Kurs aufbringen konnte, durfte teilnehmen. Den Vortragenden ging es um die Zahl der Hörer, sie fragten nicht nach Vorbildung oder sozialer Herkunft.

Die offenbar zu allen Zeiten problematischen Beziehungen zwischen Wissenschaftsbetrieb und politischem, sozialem und religiösem Establishment lassen sich besonders gut anhand der Geschichte der Londoner Wissenschaftsinstitutionen während der ersten Hälfte des vorigen Jahrhunderts darlegen. In dieser Zeit wurde ein heißer Kampf um die Frage ausgetragen, ob Wissenschaft – und insbesondere Naturwissenschaft – ein Instrument staatlicher Macht sein und unter der Kontrolle ausgebildeter Fachleute stehen solle, ob die Weitergabe an nicht befugte Bevölkerungskreise nach Möglichkeit verhindert werden solle – sozusagen ein aristokratisch-elitärer Ansatz der Wissenschaft und ihrer Verbreitung –, oder ob Naturwissenschaft ein Mittel allgemeiner Emanzipation und demokratischer Reformen sei. Tatsächlich gab es im Vereinigten Königreich eine aristokratische Schicht, die in den Naturwissenschaften einen Angriff auf die Macht des Königs und seiner Regierung und ein Kampfinstrument gegen den Einfluß der anglikanischen Kirche und ihrer Bischöfe sah.

Forschend reine Wissenschaft zu treiben, ist eine Sache, darüber vorzutragen oder ihre Visualisierung zu kommerzialisieren, eine andere. Sir William (eig. Friedrich Wilhelm) Herschel (1738–1822) hatte in Slough bei Windsor, am Ufer der Themse, das mit dreizehn Metern längste und größte Linsenteleskop seiner Zeit gebaut. Mit diesem gigantischen Fernrohr gelangen ihm bemerkenswerte Entdeckungen, die umgehend popularisiert wurden. Zwar konnte man sich als Amateur der Astronomie in den Vortragskursen der New Society of Astronomy über Herschels Erfolge unterrichten, doch diese Vorträge waren nicht annähernd so erfolgreich wie die Veranstaltungen der Gebrüder William und Deane Walker, die im Opernhaus am Strand ihr „Eidouranion" zeigten. Das Opernorchester umrahmte diese Darbietung aus dem Graben mit feierlicher Musik. Beim Eidouranion handelte es sich um ein scheinbar sich selbst bewegendes, riesiges Planetarium mit einer Höhe von 6,6 und einem Durchmesser von 6 Metern. In Wilkinsons „Theatrum Illustrata...", 1825, findet sich eine Abbildung, die uns zeigt, daß die Gebrüder ihr Eidouranion äußerst theatralisch vorführten und das Publikum – in der Mehrzahl jüngere Frauen – vor Begeisterung aus dem Häuschen geriet. Wir wissen, daß dies den Tatsachen entsprach, denn ein später als Chemiker weltberühmter Buchbinderlehrling, Michael Faraday, hielt die Vorträge der beiden Walkers für die besten Londons. Chemiehistoriker, die Faradays Vortragsstil rühmen, sollten dieses – ja eher befremdliche – „planetarische" Vorbild nicht außer acht lassen.

Wir sind uns heute nicht mehr so bewußt, daß die Vermittlung von Naturwissenschaft eine wichtige Rolle im politischen Leben spielte und spielt, sondern bemerken es allenfalls bei den harten und in aller Regel höchst bedenklichen Programmkämpfen der politischen Beiräte unserer Fernsehanstalten. So wurden Anfang des vorigen Jahrhunderts während der Passionswoche im Londoner Italienischen Opernhaus und im King's Theatre – offenbar ebenfalls unter Musikbegleitung – Bibelstellen mit astronomischem Hintergrund feierlich verlesen und ausführlich naturwissenschaftlich erläutert. Dies wiederum führte zu Gegenveranstaltungen der „Nationalen Gewerkschaft der arbeitenden Klassen", in denen eine ausgesprochen materialistische Kosmologie vorgetragen wurde. Wie man schon an diesen Beispielen sehen kann, wurden im damaligen London auf dem Feld der Wissenschaft und insbesondere im Bereich wissenschaftlicher Vorträge politische und soziale Kämpfe über Bedeutung und Ziele der Naturwissenschaft ausgetragen, deren Hintergründe nicht immer leicht zu durchschauen sind.

Da gab es immer noch die „Grand Old Lady", die Royal Society, die bis 1820 von Sir Joseph Banks (1743–1820) geführt wurde und die offenbar den Anforderungen der neuen Zeit nicht mehr voll gewachsen war. So entstanden in ihrem Umfeld von Banks geförderte neue Gesellschaften wie die Linnéan Society und die Horticultural Society. In letzterer hielt seit 1804 alle vierzehn Tage der berühmte Botaniker Robert Brown (1773–1858) seine Vorträge.

Zwar gilt die Royal Society – und insbesondere die Männer, die sie seit ihrer Gründung gestalteten – als durchaus konservativ. Doch gingen die Anfechtungen durch soziale Unruhen auch an ihr nicht völlig vorüber. Das Trauma der Französischen Revolution und die Destabilisierung Europas durch die Kriege des revolutionären Frankreich lenkten den Blick der „Old Lady" auf die gravierenden sozialen Probleme im eigenen Land, die bedingt durch die technische Revolution gerade in London drohten. So rief die „Gesellschaft zur Verbesserung der Lebensumstände der Armen“, die von einer Gruppe wohlhabender, aber ängstlicher, konservativer Grundbesitzer gegründet worden war, unter der Schirmherrschaft von Sir Joseph Banks 1799 die Royal Institution ins Leben. Diese wurde bald darauf zum Mekka der großen öffentlichen Experimentalvorlesung in Großbritannien und blieb es bis in die Gegenwart.

Gerade angesichts des unruhigen politischen Hintergrundes jener Zeit muß hervorgehoben werden, daß der eigentliche, der „naturwissenschaftliche“ Gründer der Royal Institution Benjamin Thompson, Graf von Rumford (1753–1814), war, dessen komplizierter Lebensweg die politische, soziale, militärische und naturwissenschaftliche Spannung jener Epoche exemplarisch widerspiegelt. Rumford war Amerikaner und englischer Untertan und spielte während des amerikanischen Unabhängigkeitskrieges eine zwiespältige, in der Geschichtsschreibung kontrovers diskutierte Rolle. Von 1778 bis 1783 stand er als Offizier in englischen Diensten und ging dann nach Bayern. Heute gilt es als sicher, daß er als eine Art Agent und Edelspion der britischen Regierung nach Bayern kam, um den Kurfürsten Max IV. Joseph (1756–1825) und dessen Minister zu einer antifranzösischen Politik zu bewegen. Rumford war eine höchst elegante Erscheinung und ein schneidiger Reiter. Qualität und Kaufpreis seiner Pferde sind noch heute Gegenstand bayerischer Legenden. In Bayern entfaltete er eine bemerkenswerte Umtriebigkeit: Er bekleidete das Amt eines Staatsrates und beschäftigte sich intensiv mit der Armenfürsorge. So entwickelte er eine ebenso preiswerte wie nahrhafte, in Papinschen Dampfkesseln zu kochende Suppe, die als „Rumford-Suppe“ in die Geschichte einging. In unserem Zusammenhang ist wichtig, daß er sich als Politiker antifranzösisch, das heißt antirevolutionär und für die soziale Problematik engagierte. 1794 gelang ihm beim Bohren von Kanonen für die bayerische Armee – Rumford war auch deren Generalinspekteur – seine berühmteste naturwissenschaftliche Beobachtung, daß Arbeit in Gestalt von mechanischer Reibung beliebig in Wärme umgesetzt werden kann. In München lernte er auch den Vorlesungsbetrieb der Bayerischen Akademie der Wissenschaften und deren große Experimentalvorlesungen für Hörer aller Stände kennen. Offenbar war dies eine entscheidende Anregung für die Gründung der Royal Institution mit ihren in mancher Hinsicht profanen, naturwissenschaftlich-sozialen Zielsetzungen.

Der Krieg mit Frankreich führte zu einer Steigerung der Mieten und der Lebensmittelpreise und damit zu einer Bedrohung der sozialen Stabilität des Vereinigten Königreichs. Die Royal Institution sollte durch eine „vernünftige Chemie“ zu einer landwirtschaftlichen Erneuerung und der Verbreitung nützlicher Kenntnisse in allen Gesellschaftsschichten beitragen. Man muß hervorheben, daß sie dabei so gut wie keine staatliche Unterstützung genoß. Daher war ihre Geschichte von beträchtlichen finanziellen Problemen und heftigen Debatten über Ziele und Möglichkeiten der Einnahmenerhöhung durch spezielle Vorlesungsangebote begleitet. Sitz der Royal Institution waren die Baulichkeiten der „Gesellschaft zur Verbesserung der Lebensumstände der Armen“, die natürlich keineswegs in einem Armenviertel Londons, sondern in der Albemarle Street im noblen Stadtteil Mayfair lagen. Die spannenden politischen Auseinander-

Abb. 6 Diese Karikatur von James Gilray (1801) zeigt eine berühmte Vorlesung an der Royal Institution. Oben rechts beobachtet der hakennasige Graf Rumford, wie der vortragende Professor für Naturphilosophie, Thomas Young (1773–1829), dem Geschäftsführer der Royal Institution, Sir John Hippesley, eine ordentliche Dosis Lachgas verabfolgt, was dessen Kontrolle über die Nerven seines Unterleibs drastisch mindert. Young gab seine Vorlesung auch in gedruckter Form heraus – *A course of lectures on natural philosophy and mechanical arts*, London 1807. Er entdeckte unter anderem Interferenzerscheinungen und wurde so zum Mitbegründer der Wellentheorie des Lichtes. Den Karikaturisten störte das blasierte, wenn auch teilweise mitschreibende, gehobene Publikum.

setzungen innerhalb der Royal Institution lassen sich aus den langanhaltenden Kämpfen um die räumliche Gestaltung ihres Auditoriums erahnen. Man verwendete erstaunlichen Scharfsinn auf die Planung und Anlage der Treppen, um eine möglichst weitgehende Trennung der „besseren" Kreise vom ärmeren Publikum zu erreichen. Dies gelang nach einiger Zeit weniger durch die Architektur als durch ein gezieltes, auf den Bildungshorizont des jeweiligen Publikums zugeschnittenes Vortragsangebot.

Die Geschichte der Royal Institution beherrschten in ihren ersten Jahrzehnten zwei bis heute berühmte Forscher: Sir Humphry Davy (1778–1829) und Michael Faraday (1791–1867). Von 1801 bis 1812 leitete Davy das Laboratorium der Royal Institution, wo ihm bemerkenswerte Entdeckungen, beispielsweise die Darstellung der Alkali- und Erdalkali-Metalle, gelangen. Davy hielt vor einem großen und wohlhabenden Publikum Vorträge über Naturphilosophie, aber auch über Chemie. Die Tätigkeit an der Royal

Institution ermöglichte ihm eine ansehnliche wissenschaftliche Karriere. 1802 ernannte man ihn zum Professor. 1803 wurde er zum Fellow der Royal Society gewählt, als deren Sekretär er von 1807 bis 1812 wirkte. Nach seiner Eheschließung mit einer Aristokratin zog sich Davy ab 1812 mehr ins Privatleben zurück und unternahm als Privatgelehrter weite Reisen durch ganz Europa. Von 1820 bis 1827 war er Präsident der Royal Society.

Michael Faraday prägte den Vorlesungsstil der Royal Institution bis heute. Als Buchbinderlehrling hatte er sich autodidaktisch fortgebildet und Vorlesungen Davys in der Royal Institution gehört. Dabei saß er stets auf der Galerie links von der großen Uhr. Dieser Platz wird heute noch in Ehren gehalten. Seine ausgearbeiteten Vorlesungsmitschriften schickte er Davy zu und ließ sich ihm vor einer ebenfalls noch heute berühmten Säule im Vestibül vorstellen. Zunächst arbeitete er nur als Laborgehilfe Davys, wurde aber bald dessen beste „wissenschaftliche Entdeckung“. Von 1813 bis 1815 begleitete Faraday Davy auf dessen Reisen. Im Laboratorium der Royal Institution gelangen ihm epochemachende Entdeckungen wie die Faradayschen Gesetze der Elektrolyse. 1824 wurde er zum Fellow der Royal Society gewählt, und im Jahr darauf bestellte man ihn zum Leiter des Laboratoriums der Royal Institution. Mit seinem Namen ist deren Goldene Epoche des Vorlesungswesens verbunden. Er galt als exzellenter Vortragender, als didaktisches Naturtalent schlechthin. 1827 ernannte man ihn zum Professor für Chemie. 1865, zwei Jahre vor seinem Tod, ließen seine geistigen Kräfte, insbesondere sein Gedächtnis, so stark nach, daß er zum Rücktritt von der Leitung des Laboratoriums gezwungen war.

In Faradays Amtszeit kristallisierte sich in den Vorlesungen eine strenge Trennung der sozialen Schichten heraus. Er führte 1825 die Freitagabend-Vorträge ein, zu denen sich die intellektuelle und gesellschaftliche Elite Londons einfand, um seine Vorlesungen, aber auch die von Gastrednern zu hören. Nicht ohne Bosheit wurden die Eigenheiten gerade dieser Veranstaltungen von britischen Historikern so gesehen: „Geologische und naturhistorische Beispiele, elektrische Experimente oder neue mechanische Erfindungen wurden den Anwesenden hier, in sicherer und keimfreier Umgebung, vorgeführt.“

Nicht so sicher und auch nicht annähernd so keimfrei waren Faradays legendäre, wegen ihres eher symbolischen Eintrittspreises sogenannten „Penny-Vorlesungen“, die in Großsälen Londons vor, so wird überliefert, bis zu 2.000 Hörern abgehalten wurden – für den Vortragenden, der ja damals noch kein Mikrophon zur Verfügung hatte, auch stimmlich eine grandiose Leistung. Faraday rundete das Vortragsprogramm durch spezielle Vorlesungen für Kinder ab. Bis heute berühmt, in viele Sprachen übersetzt und immer wieder aufgelegt wurde seine „Naturgeschichte einer Kerze“, ein Klassiker eingängiger Vortragskunst im Bereich der Chemie. 1828 forderte man Faraday auf, spezielle berufsbildende Kurse anzubieten und Kenntnisse über bestimmte chemische Verfahren wie die Säuregewinnung zu vermitteln, die angehenden Technikern von Nutzen sein sollten.

Zu allen Zeiten mußte sich die Royal Institution gegenüber Konkurrenten behaupten. Schon 1805 wurde die in ihrem Programm ähnliche London Institution gegründet,

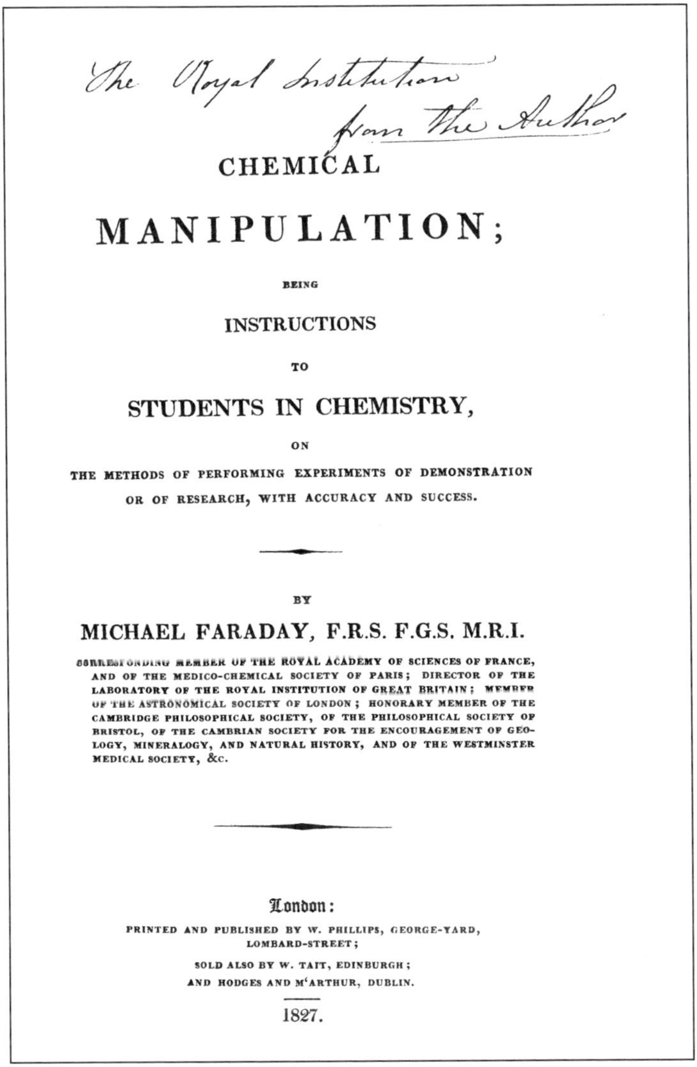

The Royal Institution
from the Author

CHEMICAL

MANIPULATION;

BEING

INSTRUCTIONS

TO

STUDENTS IN CHEMISTRY,

ON

THE METHODS OF PERFORMING EXPERIMENTS OF DEMONSTRATION OR OF RESEARCH, WITH ACCURACY AND SUCCESS.

BY

MICHAEL FARADAY, F.R.S. F.G.S. M.R.I.

CORRESPONDING MEMBER OF THE ROYAL ACADEMY OF SCIENCES OF FRANCE, AND OF THE MEDICO-CHEMICAL SOCIETY OF PARIS; DIRECTOR OF THE LABORATORY OF THE ROYAL INSTITUTION OF GREAT BRITAIN; MEMBER OF THE ASTRONOMICAL SOCIETY OF LONDON; HONORARY MEMBER OF THE CAMBRIDGE PHILOSOPHICAL SOCIETY, OF THE PHILOSOPHICAL SOCIETY OF BRISTOL, OF THE CAMBRIAN SOCIETY FOR THE ENCOURAGEMENT OF GEOLOGY, MINERALOGY, AND NATURAL HISTORY, AND OF THE WESTMINSTER MEDICAL SOCIETY, &c.

London:

PRINTED AND PUBLISHED BY W. PHILLIPS, GEORGE-YARD, LOMBARD-STREET;

SOLD ALSO BY W. TAIT, EDINBURGH;
AND HODGES AND M'ARTHUR, DUBLIN.

1827.

Abb. 7 Titelblatt der *Chemical Manipulation* von Michael Faraday mit seiner handschriftlichen Widmung „The Royal Institution from the Author".

für die der Chemiker William Pepys 1819 ein modernes Laboratorium entwarf und baute. Die Bausumme belief sich auf einige tausend Pfund, mehrere Millionen Mark in heutigem Geldeswert. 1810 wurde die Surrey Institution an der Blackfriars Bridge ins Leben gerufen – auch bei deren frühen Veranstaltungen war der junge Faraday unter den Hörern gewesen –, „mit einer exzellenten Bibliothek und einem noch nobleren Laboratorium". 1808 folgte die Russell Institution in Bloomsbury und 1909 die City Philosophical Society in der Dorset Street, um nur einige von den vielen kleineren zu nennen. Die zahlreichen Gesellschaften, die andere Naturwissenschaften als Chemie favorisierten, bleiben dabei unerwähnt.

Voraussetzung für ein erfolgreiches Experimentieren vor Publikum waren aber auch die vielen, ausgezeichneten Instrumentenbauer Londons wie John Newman. 1829 übernahm Faraday zusätzlich die Aufgabe eines Chemiedozenten an der Königlichen Militärakademie in Woolwich. Diese nahm den Instrumentenbauer James Marsh (1790–1846), den späteren Entdecker der „Marshschen Probe" auf Arsen (1836), als Vorlesungsassistenten Faradays in ihre Dienste. Marsh benötigte für die Vorbereitung jeder Vorlesung in Woolwich zwei Tage und erhielt dafür dreißig Shilling die Woche.

1832 wurde in der Adelaide Street die National Gallery of Practical Science gegründet, in der William Maugham über Chemie las. In den späten dreißiger Jahren des 18. Jahrhunderts folgte die Royal Polytechnic Institution, berühmt durch ihre Tauchglocke, die von dem genialen Ingenieur Isambard Kingdom Brunel (1806–1859) beim Bau des Themse-Tunnels verwendet worden war. Die Vorlesungen über Chemie und Naturphilosophie wurden von Georg Bachoffner gehalten. Der Chemiker William Leithead eröffnete im Regent's Park eine Abteilung des „Coliseums", und zwar für „Natürliche Magie", die sich besonders mit Elektrizität auseinandersetzte. Da elektrischer Strom damals noch nicht mit Dynamomaschinen gewonnen wurde, sondern aus chemischen Batterien stammte, sah man die Elektrizitätslehre so gut wie immer als einen Teil der Chemie an.

Die Auseinandersetzungen um die Rolle der Naturwissenschaften im öffentlichen Leben fanden ihren Höhepunkt in Großbritannien mit der sogenannten „Reformdebatte", die der großen Reformbill von 1832 vorausging. Henry Peter Brougham, später Baron Brougham and Vaux (1778–1868), zeitweilig Lordkanzler, einer der prominentesten Politiker Großbritanniens, Freund und Förderer des Physikers Brewster, Gründer der Universität London und Parteigänger der utilitaristischen Philosophical Radicals, hatte 1826 seine kämpferische Society for the Diffusion of Useful Knowledge in die Reformdebatte geschickt, um das Credo „of the greatest good of the greatest number" zu verkünden. Brougham und die Utilitaristen lehrten ihren Glauben an praktische Anwendbarkeit der Vernunft, die Unbesiegbarkeit der Ratio und die Notwendigkeit einer rationalistischen Askese. Zumindest im Vereinigten Königreich war jedem Politiker bewußt: Wissen wie auch die Möglichkeit seiner Vermittlung an weite Bevölkerungsschichten sind politische Macht. Der britische Wissenschaftsbetrieb ließ es bei Vorträgen nicht bewenden: Zu populären Vorlesungen gehörte das Buch für alle. So hatte Brougham die Herausgabe der ebenso berühmten wie preiswerten „Penny Cyclopaedia" initiiert.

Die englische Reformdebatte, eines der großen politischen Ereignisse Europas in der ersten Hälfte des vorigen Jahrhunderts, strahlte auch auf den Kontinent aus. Man darf vermuten, daß ihr kämpferischer Hintergrund zumindest teilweise die Basis für die 1827/28 gehaltenen Kosmos-Vorlesungen Alexander von Humboldts bildete. Die Teilnahme an einer öffentlichen naturwissenschaftlichen Vorlesung war nicht nur der Versuch, Wissen zu erwerben, sondern gleichzeitig eine politische Demonstration für einen freien Zugang zur Wissenschaft, der auch im damaligen Preußen nicht ohne aristokratischen Widerspruch blieb.

Doch kehren wir zum öffentlichen Vorlesungsbetrieb in England zurück. Noch heute finden in der Royal Institution Experimentalvorlesungen statt, die man als chemiebegeisterter London-Tourist keinesfalls versäumen sollte. Noch immer lebt etwas vom alten Geist der Zeit Rumfords, Davys und Faradays. Der Lecturer, meist in einen hervorragend geschnittenen, dunklen Maßanzug gekleidet und noch heute bar jeglicher Schutzkleidung, erläutert seine Darbietungen in einem sonoren, für kontinentale Ohren ein wenig hochnäsig klingenden Oxford-Englisch, wobei er selbst bei gefährlichsten Experimenten wie der elektrolytischen Darstellung von Erdalkali-Metallen im Pfundmaßstab britischem Understatement gemäß nie die Stimme hebt. Bis jetzt hat die Royal Institution dem Zeitalter elektronischer Medien erfolgreich widerstanden!

Literatur

[1] Alan Q. Morton, Jane A. Wess, *Public & Private Science. The King George III Collection.* Oxford University Press in association with the Science Museum, Oxford University Press, USA, 1993.

[2] Kulturstiftung Ruhr Essen, *Metropole London. Macht und Glanz einer Weltstadt.* Verlag Aurel Bongers, Recklinghausen, 1992. Hier insbesondere: Ivan Morus, Simon Schaffner und Jim Secord, *Das London der Wissenschaft*, S. 129–142.

[3] Michael Faraday, *Naturgeschichte einer Kerze.* Mit einer Einleitung und Biographie von Peter Buck. Bd. 3 der Reihe reprinta historica didacta. franzbecker-didaktischer dienst, Bad Salzdetfurth, 1979.

[4] Michael Faraday, *Chemical Manipulation.* With a Foreword by Sir George Porter. F. R. S. The Royal Institution London, England. Nachdruck durch Applied Science Publishers, London, 1974.

[5] Eberhard Schmauderer (Hrsg.), *Der Chemiker im Wandel der Zeiten. Skizzen zur geschichtlichen Entwicklung des Berufsbildes.* Verlag Chemie, Weinheim, 1973.

[6] Bukatsch, Krätz, Probeck, Schwankner: *So interessant ist Chemie.* Aulis Verlag Deubner, Köln, 1987.

[7] J. R. Partington, *A History of Chemistry.* Volume III. Macmillan, London, 1962.

[8] Hans Joachim Netzer, *Albert von Sachsen-Coburg und Gotha. Ein deutscher Prinz in England.* Verlag C. H. Beck, München, 1988.

4
Lichtenbergs Göttinger Experimentalvorlesungen
über „Physik“ für Studenten und reisende Kavaliere

„Es ist fast unmöglich, die Fackel der Wahrheit durch ein Gedränge zu tragen, ohne jemandem den Bart zu sengen.“

Georg Christoph Lichtenberg

Zu einem erfolgreichen Vortragenden gehört eine freche Zunge: „In Schwaben solls sehr schöne Mädchen geben, vermutlich, weil die Akademie der Wissenschaften sich noch nicht mit der Verbesserung derselben abgibt.“ Solche Sprüche hören Studenten allemal gern. Auch die folgende Betrachtung über westfälischen Pumpernickel dürfte die Hörer entzückt haben: „Was muß das für ein Gott sein, der Mädchen-Fleisch aus diesen Sägespänen macht.“

Georg Christoph Lichtenberg (1742–1799), Sohn eines protestantischen Geistlichen mit deutlich physikotheologischen Neigungen, der seine Sonntagspredigten zur Erbauung der Gemeinde mit astronomischen Betrachtungen abzurunden pflegte, wurde 1770 Professor für Philosophie an der Universität Göttingen, wo er in erster Linie „Physik“ unterrichtete. Damals verstand man unter Physik annähernd das, was wir heute Naturwissenschaft nennen, das heißt, Chemie und Physik wurden zusammen gelehrt. Reine Chemie galt als Hilfswissenschaft für Medizin und wurde deshalb meist mit stark physiologischer Akzentuierung gelesen. Da die Kenntnisse der Physiologie im 18. Jahrhundert allerdings noch recht dürftig waren, wurden vom Katheder herab meist recht theoretische Betrachtungen verkündet und wenige bis gar keine Versuche vorgeführt.

Lichtenberg war klein und verkrüppelt, und er litt darunter: „…heißen sie mich den kleinen Professor, als wenn ich etwas dazu könnte, daß ich nicht größer bin.“ Was ihm an körperlicher Größe fehlte, ersetzte er mühelos durch seine lose Zunge, die entschieden beweglicher war als die der Zeitgenossen. Die Lektüre seiner Briefe und Aufzeichnungen bereitet noch heute größtes Vergnügen. Allerdings darf man mit gutem Grund vermuten, daß im Amt schon etwas ermüdete Kollegen seine flotten Sprüche nicht ganz so goutierten wie die Nachwelt. So schrieb er über einen älteren Kollegen: „Er hing noch auf der dortigen Universität, wie ein schöner Kronleuchter, auf dem aber seit zwanzig Jahren kein Licht mehr gebrannt hatte.“

Kollegenschelte war eines seiner Hauptanliegen: „Lauter Stolz, Besoldungsvermehrung und Büchergeschwätz; keiner verwendet etwas auf Versuche.“ Zwar fühlte er sich selbst „an die Universitätsgaleere angeschmiedet“, aber große Hofgesellschaften schüchterten ihn begreiflicherweise ein: „In Gotha selbst: nichts als Tafel bei Hof, Gala-Visiten, am Assemblée-Pfahl gestanden, mit Herzensangst und Verlegenheit beim Essen, Verlegenheit beim Trinken, Verlegenheit beim Sitzen und Stehn. Keine Ecke hinter der Kommode, nichts, nichts in der Welt."

So war es doch die Universität, wo er sich zu Hause fühlte. Aber gerade, weil er klein und verkrüppelt war, entwickelte er sich zu einem Erotomanen. Frauenjäger brauchen Geld, viel Geld, und als Lichtenberg später endlich im Stand der Ehe lebte und seine Nachkommenschaft überhandnahm, brauchte er noch mehr Geld. Ein Professor dieser Zeit verfügte zwar über ein nicht unbedeutendes Grundeinkommen, aber es waren letztlich doch die Hörgeldgebühren, die den finanziellen Erfolg einer Hochschullaufbahn bestimmten. So mußte Lichtenberg lesen, lesen und lesen! Ich „habe mich so mit Collegiis überladen, daß ich Dienstags 7 Stunden und alle übrigen Tage 6 lese. Die da reich werden wollen, fallen in Versuchung und Stricke viel törichter Lüste ..." Doch sollten wir ihn nicht allzusehr bedauern. Die Lektüre seiner Schriften legt durchaus die Vermutung nahe, daß die Vorlesung die große Bühne seines Lebens schlechthin war.

Bei der Würdigung von Lichtenbergs Leistungen als Hochschullehrer müssen wir uns daran erinnern, daß eine Vorlesung damals durchaus privatwirtschaftlichen Charakter hatte, und ein vor Hörern experimentierender Professor so etwas wie ein freier Unternehmer war. Die Universität stellte in der Regel nicht einmal den Hörsaal zur Verfügung. Die Professoren mußten die notwendigen Räumlichkeiten anmieten. So galt es, das richtige Verhältnis zwischen der zu zahlenden Miete und der Zahl der unterzubringenden Studenten zu finden. Lichtenberg mietete im Wohnhaus seines Verlegers und Freundes Johann Christian Dieterich (1722–1800) einen Saal, der genügend Raum für hundert Hörer und die vorzubereitenden Versuche bot. Allerdings herrschte durch die Zahl der Studenten meist eine so feuchte Luft, daß Elektrisiermaschinen nicht mehr funktionierten und auch sonstige elektrische Experimente häufig mißlangen.

Lichtenberg war zumindest in Deutschland der große Meister des naturwissenschaftlichen Schauexperimentes seiner Epoche. Um genügend Hörer zu bekommen, mußte man auch außerhalb des Hörsaales, in freier Natur, im Großen experimentieren. Nur so brachte man sich bei den Studenten ins Gespräch. Ein beliebtes physikalisch-chemisches Experiment im letzten Drittel des 18. Jahrhunderts war die Entzündung der Dämpfe brennbarer Flüssigkeiten durch elektrische Funken. Üblicherweise führte man so etwas im Hörsaal vor. Andererseits konnte man dies aber auch mit einem Experiment zur elektrischen Leitfähigkeit einer größeren Wassermenge kombinieren. Auch das hätte man mit einer Wasserschale im Hörsaal vorzeigen können. Doch läßt sich alles zusammen auch zu einem großen Freiluftereignis ausbauen. 9. Juli 1778: „Gestern traktierte ich von dem Leidenschen Versuch und ließ den Schlag unter einem sehr großen Zulauf (zu erg.: von Hörern) durch einen Teich in meinem Garten gehen, und mit dem Feuer, das durch das Wasser gelaufen war, zündete ich noch Terpentin-Öl. Die Versuche kosten mich indessen immer etwas."

Elektrizität war das ganz große Thema dieser Jahre. Mit besonderer Ausdauer untersuchte man das elektrische Feld der Erde. Mit Drachen oder auch nur mit einer langen Stange brachte man am oberen Ende zugespitzte Kupferdrähte in einige Entfernung von der Erdoberfläche und verband sie mit dem einen Pol eines geerdeten Holunderkugel- oder Goldblättchen-Elektrometers. Lichtenbergs Gehilfe baute einen riesigen Drachen, und ganz Göttingen hatte etwas zum Staunen. Doch zum Drachensteigen braucht man Wind: „Am Sonnabend wollte ich wieder den Drachen fliegen lassen, und es fanden sich gegen 200 Studenten ein, was das Merkwürdigste ist, nicht nah vor der Stadt, sondern ganz weit weg. Auch waren Professoren darunter. Der Wind aber legte sich ganz, ehe ich noch hinaus kam." Doch zuviel Wind kann schaden. Aus dem folgenden Zitat lernt man – und dies gilt heute wie ehedem –, daß vor großem Publikum ein Experiment durchaus mißlingen darf, wenn es nur dramatisch genug wirkt. 27. August 1778: „Gestern war ich mit dem Drachen auf der Masch (Anm.: der damalige große Exerzierplatz Göttingens); der Wind war heftig und der Drache über 1000, wo nicht 1100 Fuß hoch; er schien sich in den Wolken zu verlieren. Der Wind feucht, und daher die Elektrizität schwach. Allein der Tag ist merkwürdig wegen einer seltsamen Wendung, die die ganze Affaire nahm. Beim ersten Anziehen, da der Drache mit Gewalt zu einem Pfosten hingeschleppt wurde, wickelte ein Pursche (Anm.: damalige Bezeichnung für einen Studenten) den Draht um eine Hand, und das vielleicht etwas ungeschickt, so daß, als der Drache etwa eine halbe Stunde oben war, der Draht durch einen Windstoß abbrach, ganz nahe bei uns. Der Drache also flog fort unter den seltsamsten Wendungen, und zwar nach der Stadt zu, und fiel in der Stadt nieder. Dieses konnten wir deutlich sehen. Ein großer Teil des Drahts wurde auf der Masch gefunden und lag über den Stadtgraben und die Bäume auf dem Wall in die Stadt hinein. Ich war in nicht geringer Verlegenheit wegen des Schadens und des Schreckens, den der Drachen selbst möchte verursacht haben, wenn er gerade auf ein Fenster geflogen wäre. In einer halben Stunde hatte ich Nachricht, und zwar, daß er sich auf des reichen Gumprechts Hause niedergelassen hätte; er lag neben dem Schornsteine, und unten standen über 200 Jungens und Pursche, und alles rief: *Des Professor Lichtenbergs Drache.* Höchst sonderbar war allerdings hierbei, daß, wenn er noch einen Schwung von 15 Schritten genommen hätte, welches für einen Drachen von solcher Größe so viel ist als für mich ein pas frisé (d. h. eine Haaresbreite), so wäre er gerade in *meine* Fenster geflogen. Weil nun Gumprecht an der Seite des Dachs gar keine Dachfenster hat, so mußte ein Schornsteinfeger zum Schornstein heraus klettern, ihn zu holen, und als ihn dieser in die Straße werfen wollte, greift ihn der Wind wieder und hätte ihn fast noch alsdann in meine Fenster geführt, die gerade in der Richtung des Windes lagen. Hier fiel er nieder unter einem entsetzlichen Freudengeschrei. Lustig soll es gewesen sein, den Witz anzuhören, der dabei fiel; einige sagten: *Er weiß doch sein Haus zu finden*, und das war nicht übel, andere schrien: *Der Drache bringt Gumprecht Geld* und dieses soll sogar Büttner dem Gumprecht zugerufen haben. Andere, die am gröbern Witz, der etwas kratzt, Vergnügen finden, schrien: *Gumprecht, der Messias kommt*, usw. Ich hörte und sah davon nichts, sondern saß indessen auf dem

Schützenhofe und regalierte mich in der Gesellschaft des Dr. Habernickel und einiger meiner besten Zuhörer bei einer Pfeife Taback und einem Glas Bier."

Merkwürdigerweise ging dieses Experiment nicht in die Annalen der Luftfahrt ein, obwohl es sich um einen – wenn auch unbemannten – Flugversuch mit einem Gerät schwerer als Luft, nämlich einem Drachen mit Schleppseil, handelte.

Lichtenberg wußte durch geschickte Kombination kleinerer Experimente, so unter Einbeziehung einer lebenden Katze, eine maximale Wirkung bei seinen Hörern zu erzielen. 2. März 1780: „Bei kleinen Versuchen bediene ich mich meiner Katze mit großem Vorteil, ich lege sie auf einen Tisch und reibe sie etwas, alsdann bringe ich den Teller eines kleinen Elektrophors auf sie, dieser gibt oft 3/4 Zoll lange Funken, ich feuere die Elektrische Pistole damit ab, zünde Spiritus vini und lade Flaschen damit. Man kann die Teller wohl 8 mal aufsetzen, ehe man nötig hat, die Katze wieder zu streichen." Wahrscheinlich wird heutigen Lesern nicht ganz verständlich, was Lichtenberg hier vorführte. Alessandro Volta (1745–1827) hatte, auf einer Entdeckung von Johan Carl Wilcke (1762) fußend, den bereits von seinen Zeitgenossen nach ihm benannten Elektrophor erfunden. Dessen Hauptkonstruktionsteil besteht aus einem nichtleitenden Harzkuchen, den man bei trockener Luft mit einem Katzenschwanz peitscht. Bringt man auf den dabei elektrostatisch aufgeladenen Harzkuchen einen Blechteller und erdet ihn gleichzeitig mit der Hand, so kann man in diesem eine Gegenladung induzieren. Werden die Hand und damit die Erdung wieder weggenommen, läßt sich mit der elektrischen Ladung des Blechtellers ein Funken über eine Funkenstrecke jagen. Bringt man in diese Funkenstrecke brennbare Gasgemische, so kann man Feuer oder Explosionen erzeugen. Um die Dramatik dieses Versuches zu erhöhen, ersetzte Lichtenberg den Harzkuchen des Elektrophors durch das Fell einer lebenden Katze.

Bei der ebenfalls von Volta erfundenen „elektrischen Pistole" oder „Bombarda electrica", wie er sie auch nannte, handelt es sich um ein Lieblingsexperimentiergerät jener Jahre. Man demonstrierte mit seiner Hilfe die Explosionsfähigkeit von Gasgemischen, welche man in eine Art Blechbüchse einbrachte, die in einem kurzen, engen Rohr endete und in die eine Funkenstrecke eingebaut war. Volta und seine Zeitgenossen entwickelten so die Zündkerze für die späteren Motoren unserer Automobile! Wenn man nun im Inneren der Pistole mit Hilfe eines Elektrophors oder einer Elektrisiermaschine einen Funken überspringen läßt, explodiert das Gasgemisch – oder auch nicht. Die Pistole verschließt man mit einem Lederball, den man höchst publikumswirksam unter die Zuschauer schießt. Volta war es gelungen, durch Einbringen eines 1:1-Gemisches von reinem Sauerstoff und warmem Ätherdampf dieses Experiment einem Höhepunkt zuzuführen und eine Pistole dermaßen zu sprengen, daß er einige Wochen taub blieb. Da es damals noch keine käuflichen Druckflaschen für Gase gab, mußte man diese selbst herstellen und dann druckfrei (!!!) in die Pistole überführen. Volta war auf die Idee gekommen, seine Bombarda electrica mit Hirsekörnern oder Sand zu füllen und in die Flasche rinnen zu lassen, in der er das gewünschte Gas unter normalem Druck aufbewahrte.

Bringt man die Mündung der Pistole unmittelbar senkrecht auf den Flaschenhals, dann drückt der in die Flasche laufende Sand das Gas in die Pistole.

Im 18. Jahrhundert war es üblich, daß hohe Herren die Professoren gewissermaßen in ihren Laboratorien und Hörsälen überfielen und der Überfallene – für den der Besuch selbstverständlich eine große Ehre war – sich gezwungen sah, aus dem Stegreif privatissime eine große Experimentalvorlesung zu veranstalten. 22. März 1781: „Am vergangenen Montag hatte ich eine Abhaltung von einer ganz eigenen und unerwarteten Art, der Herzog von Weimar besuchte mich. Ein Kriegsrat, der ihn meldete, sagte mir zwar, er würde nur eine halbe Stunde bleiben, allein er blieb zwei geschlagene Stunden, und hierüber und die nötigen Präparationen habe ich alles müssen liegen lassen. Meine Versuche haben ihm außerordentlich gefallen, und meine Maschine (d. h. die Elektrisiermaschine) ging an diesem Abend so, wie ich sie selbst noch nie gesehen habe."

Lichtenberg verbesserte ein noch heute gern gezeigtes Experiment des niederländischen Arztes und Naturforschers Jan Ingenhousz (1730–1799), der das Abbrennen von Eisendraht in reinem Sauerstoff entdeckt hatte. 20. Mai 1782: „Glauben Sie wohl, daß man in dephlogistierter Luft (d. h. Sauerstoff) Uhrfedern anstecken kann, daß sie abbrennen wie ein Bindfaden, und das mit einem Licht, das förmlich blendend ist." Dieser Versuch sollte noch Furore machen. Am 29. September 1783 schrieb Lichtenberg an einen Freund: „Am Sonnabend Abend habe ich einer sehr illustren Gesellschaft ein Kollegium gelesen. Dem alten Grafen von Hardenberg – der mir ein sehr kluger Kopf zu sein scheint – 2) seiner Gemahlin 3) seiner Tochter und ihrem Gemahl 4) der Gräfin Reventlow 5) und 6) zweenen Grafen von Moltke, und den 7ten raten Sie wohl nicht, dem berühmten Herrn Göthe (sic !), nunmehr Herrn Geheimden (sic !) Rat von Göthe aus Weimar, der noch 2 junge Leute bei sich hatte. Ich konnte es nicht abschlagen, es kostet mich aber in der Tat etwas. Indessen macht die Sache Aufsehen, denn ich erkläre jedesmal alles nach dem Verstand der Gesellschaft und ihren Fähigkeiten; daß ich der dephlogistierten Luft nicht geschont habe, werden ew. Wohlgeboren daraus sehen, daß ich 36 Quartier (d. h. über hundert Liter!) verbraucht habe." Vermutlich fiel Goethe bei dieser Vorlesung erstmals die Blendwirkung hellen Lichtes im Auge, und zwar in der Komplementärfarbe, auf. Diese Beobachtung sollte später in seiner Farbenlehre – die im übrigen von Lichtenberg nicht sonderlich geschätzt wurde – noch eine große Rolle spielen.

Nicht nur Experimente mit Sauerstoff waren bedeutsam, auch dessen Bereitung, die Darstellung von „dephlogistierter Luft", war ein spannendes Schauexperiment: „Der Körper, der sie durchaus am reinsten und *reichlichsten* gibt, ist der *reine krystallisierte Salpetor*, vermittelst des Feuers. Man nimmt eine kleine gläserne, *wohl lorizierte* (d. h. verschlossene) Retorte von etwa einem halben Quartier und drüber und tut 6,8 pp Unzen Salpeters hinein und bringt sie alsdenn in einem tragbaren Ofen, worin man zu destillieren pflegt, oder auch in einer in einem Feuerherd angebrachten Kasserole, anfangs über ein *sehr* gelindes Kohlenfeuer."

Lichtenberg scheute sich keineswegs, Demonstrationen aus dem damaligen Jahrmarktsmilieu in seine Vorlesung zu übernehmen. 28. August 1782: „Phosphor in Nel-

Fortgesetzte Magie,
oder, die
Zauberkräfte der Natur,
so auf den Nutzen und die Belustigung
angewandt worden,
von
Johann Samuel Halle,
Professoren des Königlich=Preußischen Corps des Cadets zu
Berlin.

Mit 6 Quartplatten.

Zweyter Band.

WIEN,
gedruckt bey Johann Thomas Edlen von Trattnern,
kaiserl. königl. Hofbuchdr. und Buchhändl.
1789.

Abb. 8 Die Kenntnis vieler alter Schauexperimente verdanken wir Büchern in der Tradition der „natürlichen Magie“. Auf diesem Titelblatt wird als „Stein der Weisen“ das Leuchten von weißem Phosphor im Dunkeln als quasi „chinesisches“ Experiment vorgeführt.

kenöl z. E. (zum Exempel) aufgelöst, kann man sich ganz damit überschmieren, wie ich, wenigstens mit meinen Händen, alle halbe Jahr einmal tue (d. h. jeweils einmal im Semester). In Paris verfertigt man sogar daraus eine *leuchtende* Pomade pour les Dames, weil die Damen da Besuch im Dunkeln annehmen, welches hier zu Lande, soviel ich weiß, unerhört ist."

Daneben gab es immer wieder auch Ärger. Nicht alle Studenten waren ehrlich: „Gestern im Saal die Loupe zu Branders Waage gestohlen." (4. Juli 1791). Manchmal spurte auch der Assistent nicht so recht: „Seyde zerbricht über den Luftarten 2 Gläser und bringt die Phosphorluft (d. h. Phosphorwasserstoff) nicht zu Stand." (25. Januar 1792).

Doch es gab auch Erfolge zu berichten. Durch Experimente zum Luftballon, die er zeitgleich mit den Forschungen der Gebrüder Montgolfier und von Professor Charles unternommen hatte, ging Lichtenberg in die Geschichte der Luftfahrt ein. Er war der erste, dem es gelang, besonders winzige Wasserstoffballone zum Fliegen zu bringen. 16. Februar 1784: „Heute habe ich ein Kügelchen zum Steigen gebracht von 4 *Zollen* im Durchmesser. Den Rang im minimo haben die Franzosen verloren. Hätten wir nur mehr reiche Physikliebhaber oder mehr reiche Faullenzer, so sollten sie ihn auch im Großen verlieren." Dieser Wunsch ging indessen nicht in Erfüllung.

Lichtenbergs experimenteller Trick bestand lediglich darin, besonders dünne Geburtshäute von Haustieren aufzutreiben, die den Wasserstoff eine Zeitlang halten konnten. Das folgende Zitat unterrichtet uns über Interessenlage und Stil des großen Experimentators: „Man muß sich also mit den Hebammen dieser Tiere bekannt machen oder, noch besser, mit dem ehrlichen Mann, dem die Kühe in die Hände fallen, wenn sie während der Geburt sterben. Eine artige junge Dame, mit der ich bekannt wurde, weil sie die Physik und ich die junge Dame liebe, schlug mir vor, wir wollten eine trächtige Kuh in Compagnie kaufen; ich sollte das Amnium mit dem Kalbe behalten, sie wollte das Fleisch und die Haut nehmen. Und wer soll die Hörner kriegen, fragte ich. Da wollen wir drum losen, sagte sie, und das mit einer Miene, daß ich nicht für 20.000 Taler mit ihr vorm Altar um die Hörner losen wollte."

Zwar hegte Lichtenberg gegenüber den Aristokraten unter seinen Hörern beträchtliche Vorurteile. Auf der anderen Seite war er mächtig stolz darauf, daß einmal gleich drei englische Prinzen gleichzeitig von ihm unterrichtet wurden. So schmeichelte es ihm durchaus, wenn er als eine naturwissenschaftliche Berühmtheit regelrecht besichtigt wurde. Die folgende Darlegung schildert eindringlich das zwanglose Flair einer „Privatissime-Vorlesung" jener Zeit: „Am Montag wurde ich in meiner Schreibstube von einigen fremden Kavalieren überfallen, die sogar eine Dame im Amazonenkostüm (d. h. im Reitdreß) mitbrachten, welches für mich in meinem zerrissenen Schlafrock das Allerabscheulichste ist, was mir begegnen kann ... Es waren vortreffliche Leute. Gestern brachten sie die Zeit von 6 bis 10 Uhr Abends bei mir auf Zwieback, Kirschen, süßen Wein, Stinkluft (d. h. Schwefelwasserstoff), elektrische Stöße, dephlogistierte Luft, geschmolzenen Stahl p. p. zu."

So stiegen Lichtenbergs Ruhm und das Ansehen seiner Vorlesungen. Er fand dies einerseits lästig, aber er gab auch gerne damit an. 7. Juli 1783: „Es ist unglaublich, was ich überlaufen werde ... Die fremden Professoren schwärmen jetzt wie die Schnepfen, und ob ich mich gleich gar nicht auf den Anstand stelle, so kommen sie mir doch immer in den Schuß." Zuweilen hatte er mehr als hundert Hörer. Einer der Studenten meinte etwas übertreibend, „endlich würden bei mir (d. h. Lichtenberg) noch Pursche für ihre künftigen Kinder belegen".

Für den kranken Lichtenberg wurden die Vorlesungen im Laufe der Jahre zu einer ungeheuren Strapaze. 16. Mai 1792: „Vier Tage Ferien wegen Himmelfahrt. Ich fürchte nun fast, daß es auf meine eigne Himmelfahrt los geht. Aller Mut ist weg und die Kräfte sinken." Nach und nach fiel es ihm immer schwerer durchzuhalten. Im Vorbereitungsraum gab es ein Sofa, auf das er sich nach jeder Vorlesung völlig erschöpft niederlegen mußte. Doch die finanzielle Abhängigkeit vom Hörgeld zwang den immer kränklicher werdenden Lichtenberg, bis fast zu seinem Tod nahezu ununterbrochen zu lesen. Dabei wußte er sehr wohl, daß es mit ihm zu Ende ging. Am Neujahrstag 1799 vertraute er seinem Tagebuch die prophetische Feststellung an: „Es geht ans Leben dieses Jahr." Für den 2. Januar hielt er fest: „Colleg angefangen". Doch schon am Tage darauf packte ihn pure Todesangst: „I write this in great anguish. Heaven assist me. Heaven assisted me in reality all well." Die Vorlesung am 5. Januar mußte er wegen Schmerzen in der linken Seite absagen. Doch er rappelte sich wieder auf. Am 22. Januar wandte er sich noch einmal chemischen Problemen zu: „Luftarten angefangen". Am 26. – es war ein Samstag – las er zum letzten Male über Wasserstoff: „Inflammable Luft im Saale". Ob er noch einmal seine berühmten Kleinstluftballone hat steigen lassen, ist nicht überliefert. Am 1. Februar – einem Freitag – hielt er fest: „Sehr schlecht gelesen. Überhaupt mißvergnügt." Auch trennte er sich von Dokumenten aus seiner Jugendzeit: „Darmstädt. Mspte (d. h. Manuskripte) zerrissen". Am Samstag, dem 2. Februar, formulierte er seine letzte chemische Tagebucheintragung: „phosphure de Chaux (d. h. Calciumphosphat) in der Stunde, gut".

Die nächsten Tage brachten noch einmal eine scharfe Kältewelle, der Tauwetter folgte. Die Vorlesung erwähnte er nicht mehr. Die letzte – belanglose – Eintragung schrieb er am Montag, dem 18. Februar 1799, nieder. Eine Woche später trug man ihn zu Grabe.

Literatur

[1] Land Hessen, Ministerium für Wissenschaft und Kunst, Hessische Kulturstiftung, Stadt Darmstadt und Lichtenberg-Gesellschaft (Hrsg.): *Georg Christoph Lichtenberg 1742–1799. Wagnis der Aufklärung.* Carl Hanser Verlag, München, 1992.

[2] Georg Christoph Lichtenberg, *Schriften und Briefe.* 7 Bände, herausgegeben und kommentiert von Wolfgang Promies. 3. Auflage. Carl Hanser Verlag, München, 1991.

[3] Otto Krätz, *Historische chemische und physikalische Versuche, eingebettet in den Hintergrund von drei Jahrhunderten.* Aulis Verlag Deubner, Köln, 1979.

[4] Faujas de Saint-Fond, *Beschreibung der Versuche mit der Luftkugel welche sowohl die HH. von Montgolfier, als andere aus Gelegenheit dieser Erfindung gemacht haben.* Wien 1783. Nachdruck als Bd. 1 in der Reihe „Dokumente zur Geschichte der Naturwissenschaft, Medizin und Technik", herausgegeben von Ernst H. Berninger, Gerd Giesler und Otto Krätz. Physik Verlag, Weinheim, 1983.

5
Justus von Liebig,
der große Lehrer in Deutschland

„Keine unter allen Wissenschaften bietet dem Menschen eine größere Fülle von Gegenständen des Denkens, der Überlegung und von frischer, sich stets erneuernder Erkenntnis dar als wie die Chemie."

Justus v. Liebig

Da die chemischen Experimentalvorlesungen Justus von Liebigs (1803–1873) zumindest für Deutschland *das* große Vorbild waren, soll sein Wirken im Folgenden ausführlicher behandelt werden.

Liebigs Eltern fanden es vernünftig, ihren Sohn möglichst früh Französisch lernen zu lassen. Man lebte ja im Napoleonischen Zeitalter, und allenthalben bekam man es mit französischen Soldaten und Behörden zu tun. Die französische Frau des Darmstädter Hofkochs und Mutter eines Schulkameraden wurde mit dem Unterricht des Sechsjährigen beauftragt. Regelmäßig pilgerte Justus in die Hofküche, wo ihn das geheimnisvolle Brutzeln und Braten tief beeindruckte. Später bekannte er, hier die ersten Anregungen für sein lebenslanges Interesse an der Chemie der Nahrungsmittel erhalten zu haben.

Liebigs Eltern betrieben in Darmstadt eine Drogen- und Materialienhandlung, zu der auch ein kleines chemisches Laboratorium gehörte. Im April 1811 kam er auf das Gymnasium. Offensichtlich waren seine Leistungen nicht die besten, denn noch vor dem Schulabschluß wurde er in Heppenheim zu einem Apotheker in die Lehre gegeben, der Liebigs aber nach nur zehn Monaten überdrüssig wurde. Es kam die Legende auf, der allzu experimentierfreudige Apothekerlehrling habe im Hause seines Lehrherrn eine Explosion verursacht. Äußerungen des alten Liebig lassen sich aber so interpretieren, daß er, der Lehre überdrüssig geworden, die „Platte geputzt" hat. Wieder zu Hause, scheint er mehr oder minder gegammelt zu haben. Vielleicht widmete er sich autodidaktischen Studien, vielleicht half er auch dem Vater im Laboratorium – wir wissen es nicht. Erst Ende 1819 begann er ein Chemiestudium bei Carl Wilhelm Gottlob Kastner (1783–1857) in Bonn und folgte seinem Lehrer bei dessen Berufung nach Erlangen. Hier geriet Liebig in politische Schwierigkeiten und entzog sich der drohenden Verhaftung durch Flucht. Seine Studentenbude wurde von der Polizei durchsucht. Offensichtlich belegte man ihn daraufhin auch in Darmstadt mit Stadtarrest, und er mußte sich zur Verfügung der Behörden halten. Aus den juristischen Akten des romantischen Dichters E. T. A. Hoffmann (1776–1822), der als Richter am Kammergericht in Berlin – übrigens völlig gegen seine Neigungen – mit der Verfolgung sogenannter Demagogen beauftragt war, wissen wir, daß auch Kastner demagogisch-demokratischer Umtriebe verdächtigt wurde. Trotz dieser nicht eben glücklichen Laufbahn bekam Liebig auf Kastners Fürsprache hin ein gutdotiertes Reisestipendium nach Paris. Dies ist äußerst merkwürdig, denn Justus hatte ja weder Lehre noch Schulausbildung und schon gar nicht sein Studium abgeschlossen und sich durch studentisches Demonstrieren und Randalieren bei der Obrigkeit auch nicht gerade beliebt gemacht. Doch das scheint den Großherzog von Hessen nicht gestört zu haben. Kastner schätzte seinen Schüler sehr, denn während Liebig in Frankreich seine Ausbildung vervollkommnete, promovierte er ihn am 21.6.1823 in Erlangen „in absentiam". Möglicherweise war die Basis von Liebigs erstaunlicher, früher Karriere eine noch nicht näher erforschte, aber wahrscheinliche illegitime höhere Abkunft.

In Paris arbeitete Liebig im Laboratorium von Louis Joseph Gay-Lussac, mit dem er sich eng anfreundete. Es sollte sich für seine Laufbahn als außerordentlich günstig erweisen, daß Gay-Lussac zugleich ein naher Freund Alexander von Humboldts war. Nach einer von Liebig kolportierten Legende hat er Humboldt nach seinem Vortrag über die Chemie der Knallsäure in der Académie des Sciences kennengelernt. Einem Brief Humboldts ist zu entnehmen, daß dieser die Darstellung für etwas dramatisiert erachtete, sie aber gelten ließ. Wahrscheinlich waren sich beide schon vor Liebigs Vortrag im Laboratorium von Gay-Lussac begegnet. Der war zu dieser Zeit Professor der Chemie an der Ecole Polytechnique sowie der Physik an der Sorbonne und gleichzeitig Leiter einer staatlichen Schießpulvermanufaktur. Zu den weiteren Lehrern Liebigs gehörte Pierre Louis Dulong (1786–1838), damals Professor für Physik an der Ecole Polytechnique, und Louis Jacques Thénard (1777–1857), der als Professor der Chemie an der Sorbonne wirkte.

Nun trat in Liebigs Leben eine glückliche Wende ein. Humboldt empfahl Großherzog Ludewig I. von Hessen, Liebig auf eine Professur zu berufen. Am 26. Mai 1824, also im Alter von nur 21 Jahren, wurde Liebig außerordentlicher Professor und bereits 1825 Ordinarius an der Universität Gießen, wo er sich in einer aufgelassenen Kaserne ein Laboratorium einrichtete. Entsprechend den französischen Vorbildern an der Sorbonne und am Muséum National d'Histoire Naturelle entwickelte er hier im Laufe der Jahre seine große Experimentalvorlesung, die für den deutschen Hochschulunterricht der Chemie beispielgebend werden sollte.

Wie Liebig seine später so berühmte Vorlesung in den ersten Gießener Jahren gestaltete, wissen wir nicht. Vermutlich hat er sie nach und nach aufgebaut. Erst spät zeichneten seine dann selbst prominent gewordenen Schüler ihre Erinnerungen auf. 1909 beschrieb Jakob Volhard (1834–1910), damals emeritierter ordentlicher Professor für Chemie an der Universität Halle und erster Biograph Liebigs, seinen akademischen Lehrer besonders eindringlich. Folgt man Volhards Urteil, so wurde Liebigs Vortrag ganz wesentlich von seinem persönlichen Stil geprägt: „...Liebigs Vortrag war sehr eigentümlich und ungemein fesselnd; nicht als ob er besonders fließend oder elegant geredet hätte; er sprach im Gegenteil etwas stockend und ohne auf die Korrektheit des Satzbaues sonderlich zu achten, ganz so, als ob er den chemischen Vorgang, den er gerade behandelte, eben selbst zum ersten Mal beobachte, als ob er das Gesetz, das er erläuterte, eben selbst ausdenke. Diese Unmittelbarkeit faszinierte den Zuhörer. Man empfand, wie es in dem Vortragenden arbeitete, und der ernste Eifer, mit dem dieser der Sache nachging, übertrug sich auf den Zuhörer, der dem Vortrag mit, man kann fast sagen, atemloser Spannung folgte. Für das Verständnis war aber auch die intensivste Aufmerksamkeit unerläßlich, denn Liebig ließ nicht selten die Zwischenglieder einer Gedankenfolge aus, um von der Prämisse unmittelbar zu dem Schlusse überzuspringen, dem Hörer überlassend, die vermittelnden Glieder durchzudenken. Manchmal stockte er im Vortrag, seine großen Augen schienen dann ins Leere gerichtet; es war ihm dann bei einem Experiment oder einer Erklärung irgendein neuer Gedanke aufgestiegen, dem er nun nachging; er vergaß dann für einige Augenblicke Ort, Zeit und Gelegenheit und verfolgte den Gedanken, bis ihm plötzlich wieder zu Bewußtsein kam, daß er ein Publikum vor sich habe. Mit seiner Zuhörerschaft suchte er stets Fühlung; die Augen verfolgten den Gesichtsausdruck des Zuhörers, um daraus zu erkennen, ob dieser das Vorgetragene versteht. Traf sein Blick auf einen, dessen Gedanken augenscheinlich nach einer nicht zur Sache gehörenden Richtung abschweiften oder in sanften Schlummer ablenken wollten, so hielt er mit dem Vortrag ein und schwieg still, die Augen scharf auf das betreffende Individuum richtend, das dann, von den Nachbarn angestupft, den puterroten Kopf auf das Vorlesungsheft senkend, seine Aufmerksamkeit wieder zur Sache zurücklenkte. Sehr häufig apostrophierte er die Zuhörer mit ‚Sie sehen', ‚Sie bemerken', ‚Sie verstehen' u. dgl. Im Satzbau hatte er die wohl aus dem Französischen stammende Angewohnheit, das Zeitwort nicht direkt auf das Subjekt zu beziehen, sondern ein Fürwort einzuschieben, also statt der Sauerstoff unterhält die Verbrennung, sagte er wohl, der Sauerstoff, er unterhält die Verbrennung, oder; das Ammoniak, es verbindet sich mit den Säuren usw ..."

Besonders beeindruckte Volhard, daß Liebigs Ausarbeitung dieser Experimentalvorlesung so etwas wie eine Pioniertat war: „Jetzt gibt es Lehrbücher der Experimentalchemie die Menge, kürzere und ausführlichere, mehr die theoretische Seite oder mehr das tatsächliche Material betonend, man hat eine große Auswahl, auch fehlt nicht eine Anleitung zum Experimentieren in Vorlesungen, in der jedes Experiment bis ins kleinste Detail beschrieben ist. Von alledem war damals kaum etwas vorhanden, man hatte nur systematische Handbücher, wie das von *Berzelius* oder *Gmelin*, die für den Vortrag kein unmittelbares Muster bieten. Es galt also erst, den Gang des Vortrages auszudenken und namentlich zu überlegen, wie man dem eben vom Gymnasium kommenden Schüler, der von Chemie noch nie gehört hat, durch Vorführung der Erscheinungen, in denen die wichtigsten chemischen Eigenschaften sich aussprechen, die chemischen Grundbegriffe zu erläutern habe ..."

Bei einer Besichtigung des Liebig-Nachlasses in der Bayerischen Staatsbibliothek in München fällt die Fülle von Mappen auf, in denen kleine Stapel schmaler, langer, ganz offensichtlich mit der Schere aus Abfallpapier geschnittener, von Farben beklecksster und von Säuren zerfressener Notizzettel liegen, auf denen sich Liebig einst seine Stichworte für die jeweilige Vorlesung aufgezeichnet hatte. Entsprechend ihrer unterschiedlichen Herkunft waren die Zettel zu einer Vorlesung aus verschiedenem Papier und auch recht unterschiedlich lang. Gemeinsam ist ihnen eine ähnliche Breite von etwa sieben bis neun Zentimetern, damit sie gut in die linke Handfläche paßten, wie dies auf dem berühmten Altersporträt Liebigs von Wilhelm Trautschold zu sehen ist.

Als der Verfasser dieser Zeilen vor einigen Jahrzehnten die Vorlesungszettel zum ersten Mal sah, waren sie noch bündelweise zu Papierschnecken gerollt und mit dicken Bindfäden zusammengehalten. Diese zusammengeknoteten Papierröllchen lagen auf einem beträchtlichen Haufen beisammen. Inzwischen haben ordnende Bibliothekarshände dem Liebigschen Schlendrian ein Ende bereitet, und wer jetzt die Bayerische Staatsbibliothek besucht, wird die Vorlesungszettel in einer Ordentlichkeit vorfinden, die sie zu Liebigs Zeiten nie gekannt haben. Leider hat es der Chronist verabsäumt, diese Zettelrollen mit ihrer vertrackten und höchst individuellen Liebigschen Knotentechnik im ursprünglichen Zustand zu photographieren, so daß der Leser nur eine sehr ungefähre Vorstellung von der etwas wunderlichen Art der Materialablage erhält. Doch folgen wir weiter Volhards Beschreibung dieser Vorlesungszettel: „Auszuarbeiten pflegte er die Vorlesung nicht, wohl aber durchdachte er vorher den ganzen Gang des Vortrags, die zu behandelnden Kapitel notierte er mit einzelnen Schlagworten auf einem schmalen Zettel, den er in der Vorlesung vor sich liegen hatte ..."

Wenden wir uns nun der Passage zu, in der Volhard die Entstehung von Liebigs Vorlesungsbuch schildert. Darin waren, jeweils mit Zeichnungen, die aufzubauenden Experimente mit ihren Apparaturen festgehalten. Zu jedem Versuch wurden die Ausgangssubstanzen sowie Gefahrenquellen etc. notiert. Auch war verzeichnet, welche Mineralien oder chemischen Produkte in Schaugläsern auf dem Hörsaaltisch auszustellen waren, ferner die vor der Vorlesung vom Assistenten an die Tafel zu schreibenden Tabellen. Nach Volhard handelte es sich hier nicht um eine von Liebig allein angelegte Sammlung von Experimenten, sondern das Vorlesungsbuch entstand mit der Zeit unter den Händen vieler Vorlesungsassistenten. „... Auch der Erläuterung des Vortrages durch Experimente wendete er große Sorgfalt zu; sehr viele der ‚Vorlesungsexperimente', die wir jetzt in allen Lehrbüchern der Experimentalchemie aufgeführt finden, stammen aus dem Liebigschen ‚Vorlesungsbuch', d. h. dem von den Assistenten zusammengestellten Verzeichnis der in den Vorlesungen ausgeführten Experimente, das den Nachfolgern als Anleitung für die Vorbereitung der Vorlesungen diente ..."

Als treuer Chronist sah Volhard auch einige Schattenseiten der Liebigschen Vortragskunst. Da war einmal der hessische Dialekt: „... Wenn er beim Vortrag besonders in Eifer geriet, so pflegte der Dialekt der Vaterstadt sich stark bemerkbar zu machen, indem das ‚en' der Zeitwörter zu ‚e', ‚nicht' zu ‚net', ‚sieben' zu ‚siwwe' wurde u. dgl. m.; für gewöhnlich sprach er ein Schriftdeutsch, und nur der Tonfall verriet dem Eingeweihten alsbald den Landsmann."

Angesichts des weltweiten Ruhmes der Liebigschen Vorlesung waren Mißgeschicke, die sich beim Experimentieren vor Publikum ereigneten, natürlich besonders erwähnenswert. Die folgende Kritik entstammt der Feder von Carl Vogt (1817–1895), einem der interessantesten Schüler Liebigs. Er hatte sich zunächst als Anatom und Physiologe einen Namen gemacht und dann eingehend mit Gletscherkunde beschäftigt. 1847 wurde er als Mediziner und Zoologe nach Gießen berufen. In der Revolution 1848/49 war er zunächst Mitglied des Vorparlaments und wurde dann in die in der Frankfurter Paulskirche tagende Nationalversammlung gewählt. Nachdem diese sich unter Zwang aufgelöst hatte, schloß Vogt sich dem „Rumpfparlament" in Stuttgart an. Als auch dieses unter Waffengewalt auseinandergetrieben worden war, emigrierte er in die Schweiz, wo er 1852 in Genf eine Professur für Geologie und später für Zoologie erhielt. Er durchlief noch eine spannende wissenschaftliche und politische Laufbahn. Die am Genfer See entlangführende „Avenue Vogt" erinnert bis heute an ihn. Er und Liebig waren befreundet, so hatte ihn Liebig vor seiner bevorstehenden Verhaftung gewarnt und ihm daher die Flucht erleichtert.

Bei aller Freundschaft sah Vogt die Liebigsche Vorlesung mit durchaus kritischen Augen. „... Die Vorlesungen waren freilich kein Muster, weder was die Direktive, noch was die Ausführung der zahlreichen Experimente oder die Deduktion der Schlüsse und Folgerungen betraf. Liebig überhastete sich damals noch in allem, er ließ stets die Mittelglieder einer logischen Folgerung aus und sprang von dem Vordersatze gleich mit beiden Füßen in den Schlußsatz hinein. Bei den Versuchen vergriff er sich regelmäßig und ein Experiment gelang nur dann, wenn ihm die Assistenten links und rechts die Instrumente und Reagentien in die Hand gaben. So vortrefflich er im Laboratorium manipulierte, so schlecht gelang es ihm in der Vorlesung; aber trotz dieser Mängel faßte man Feuer für die Sache und ward hingerissen. ‚Meine Herren, hier in diesem Reagenzglas habe ich eine Flüssigkeit. Es ist eine Auflösung von essigsaurem Bleioxyd in Wasser. Sie könnten glauben, es sei Wasser – aber ich könnte Ihnen beweisen, daß es eine Auflösung ist – einstweilen, müssen Sie mir das auf's Wort glauben. Also, dieses Wasser, es ist eine Auflösung von essigsaurem Bleioxyd! – Hier, in diesem Gläschen, sehen Sie, eine gelbe Flüssigkeit!' (Hält das Gläschen vors Auge.) ‚Richtig! eine gelbe Flüssigkeit! Diese gelbe Flüssigkeit, sie ist eine Auflösung von chromsaurem Kali in Wasser.' (Er stellt die beiden Gläser hin, geht an die Tafel und schreibt mit Kreide:)

AcPlO – Essigsaures Bleioxyd
CrO-KaO – Chromsaures Kali

‚Es ist einerlei, ob ich die Atomzahlen hinzusetze, das verstehen Sie noch nicht. Aber Sie verstehen, daß dieses essigsaures Bleioxyd und dieses chromsaures Kali ist. Nun, meine Herren, gieße ich die beiden Flüssigkeiten zusammen.' (Er gießt zusammen, geht an die Tafel und macht einen Kreuzstrich.) ‚Sie sehen, es geschieht eine Zersetzung. Die Essigsäure geht an das Kali, das im Wasser löslich und farblos ist; die Chromsäure geht an das Bleioxyd und bildet chromsaures Bleioxyd, das im Wasser unlöslich ist und einen schönen gelben Niederschlag bildet, der als Farbe, als Chromgelb gebraucht wird.' Er

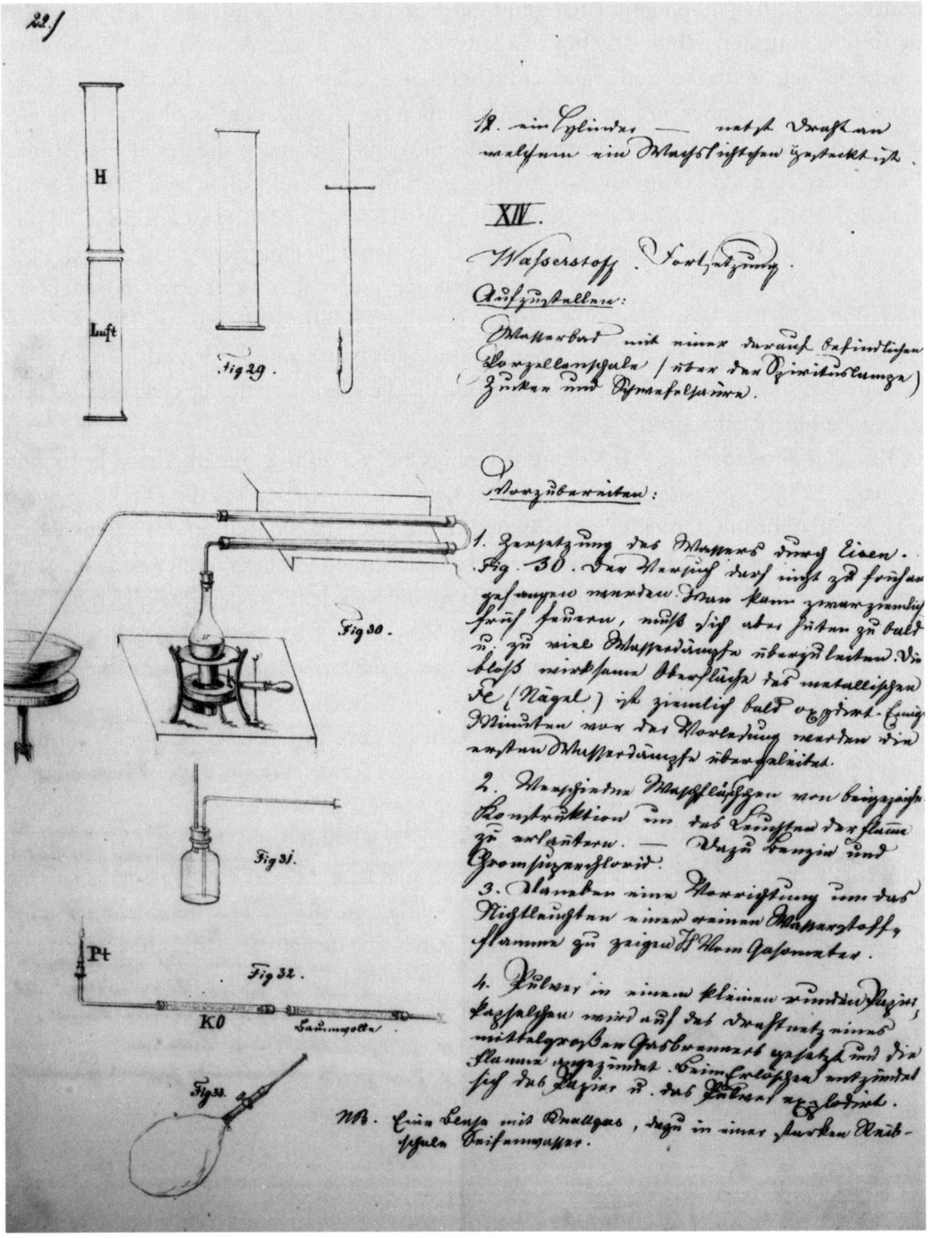

22./

12. ein Cylinder — mit Draht an welchem ein Wachslichtchen gesteckt ist.

XIV.

Wasserstoff. Fortsetzung.

Aufzustellen:

Wasserbad mit einer darauf befindlichen Porzellanschale (über der Spiritusflamme) Zucker und Schwefelsäure.

Vorzubereiten:

1. Zersetzung des Wassers durch Eisen. Fig. 30. Der Versuch darf nicht zu frühe angefangen werden. Man kann zwar ziemlich frisch feuern, muß sich aber hüten zu bald u. zu viel Wasserdämpfe überzuleiten. Die bloß wirksame Oberfläche des metallischen Fe (Nägel) ist ziemlich bald oxydirt. Einige Minuten vor der Vorlesung werden die ersten Wasserdämpfe übergeleitet.

2. Verschiedene Waschfläschchen von beigezeichneter Konstruktion um das Leuchten der Flamme zu erläutern. — Dazu Benzin und Chromsuperchlorid.

3. Ferner eine Vorrichtung um das Nichtleuchten einer reinen Wasserstoffflamme zu zeigen ... Gasometer.

4. Pulver in einem kleinen runden Papierkästchen wird auf das Drahtnetz eines mittelgroßen Gasbrenners gesetzt und die Flamme angezündet. Beim Erlöschen entzündet sich das Papier u. das Pulver explodirt.

NB. Eine Blase mit Knallgas, dazu in einer starken Reibschale Seifenwasser.

Abb. 9 Diese beiden Seiten mit Experimenten zum Thema Wasserstoff stammen aus der für Liebigs Sohn Georg angefertigten Abschrift von Liebigs Vorlesungsbuch. Georg von Liebig mußte nach einer unglücklichen Liebesaffäre 1853 Deutschland verlassen und gelangte als Militärarzt eines britischen Husarenregiments nach Indien. Dort sollte er in Kalkutta eine Professur für Natur-

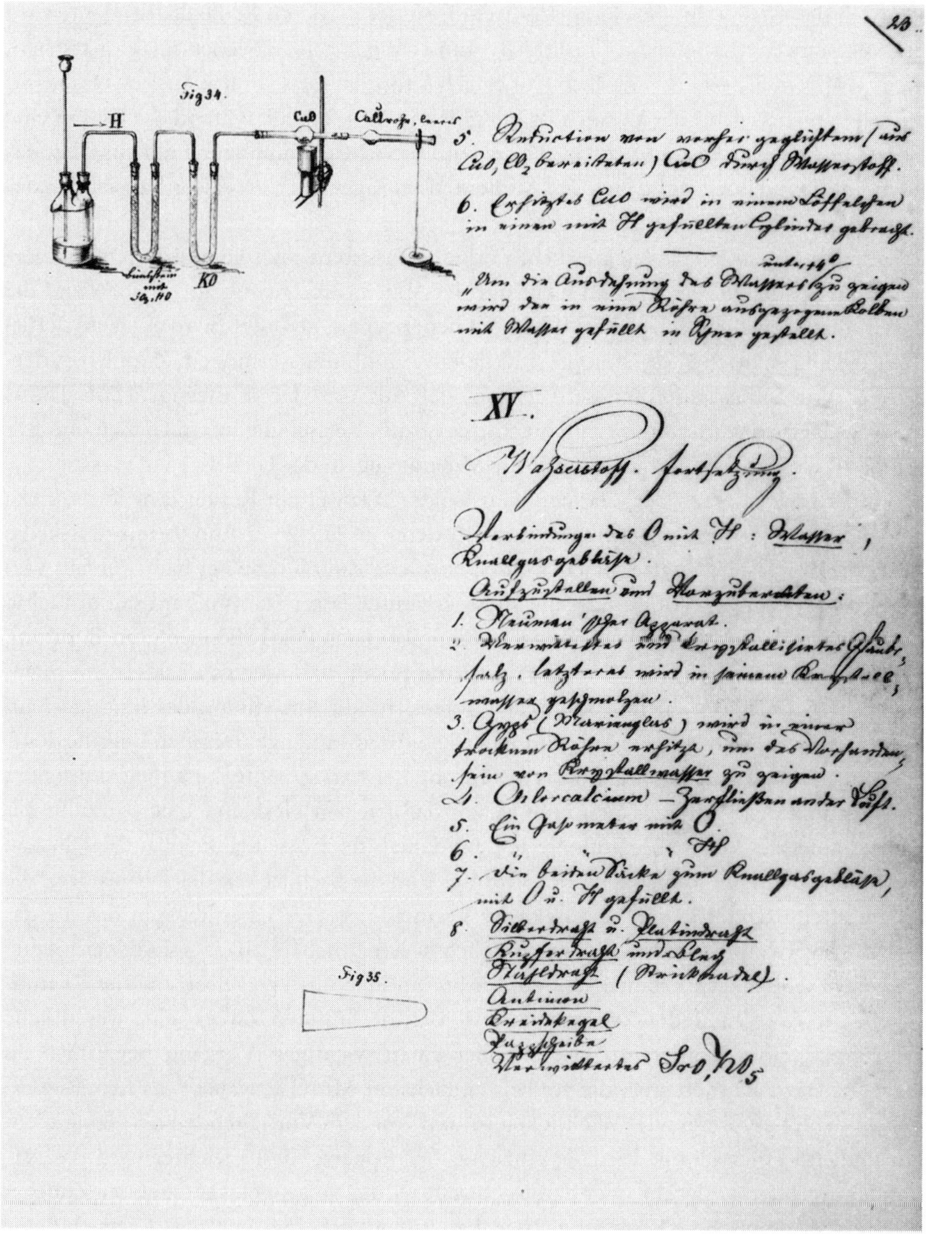

geschichte übernehmen. Um ihn für seine Lehrtätigkeit mit Unterlagen zu versorgen, ließ sein Vater das Vorlesungsbuch abschreiben und abzeichnen und zusammen mit einer Büchse Anisplätzchen nach Indien schicken. Georg von Liebig hat die Abschrift wohl nie benutzt, weil er bald darauf nach Europa zurückkehrte, um schließlich Badearzt in Bad Reichenhall zu werden.

schüttelt das Glas, geht, beständig schüttelnd, an der vorderen Reihe der Studenten auf und ab, stets wiederholend: ‚Chromgelb! Ein schöner gelber Niederschlag! Sie sehen, meine Herren, Sie sehen!' (Endlich hält er sich selbst das Glas vor das Auge.) ‚Das heißt, Sie sehen nichts, denn der Versuch ist mißglückt!' (Er schmeißt wütend das Glas in eine Ecke.) Ettling, der Assistent, zuckt schweigend die Achseln und deutet auf ein Glas, das noch auf dem Tische steht, um den Studenten zu sagen: der Professor hat sich wieder einmal in seinem Eifer vergriffen ..."

Offenkundig ist es kein leichtes Los, Vorlesungsassistent eines komplizierten und nervösen Professors zu sein. Es sind nicht nur die Apparaturen richtig aufzubauen und die vorzuführenden chemischen Reaktionen zu beherrschen, gefordert wird auch ein gerüttelt Maß an praktischer Psychologie und tiefem Einfühlungsvermögen. Zum Trost derzeitiger Vorlesungsassistenten sei verraten, daß aus Carl Jacob Ettling (1806–1856) doch noch etwas wurde. Immerhin brachte er es zum Realschullehrer in Gießen und war seit 1849 gleichzeitig Extraordinarius für Mineralogie an der Gießener Universität.

Volhard widersprach den Darlegungen Vogts: „Daß er ein Reagierrohr in die Ecke geworfen habe, glaube ich gleichwohl nicht, denn im Gießener Auditorium war keine Ecke, die das gestattet hätte, in jeder saßen etwelche Zuhörer. Später hat jedenfalls Liebig diese Hast in der Vorlesung nicht mehr erkennen lassen ..." Volhard sah in Liebig stets das große Vorbild: „... 1864/65 (Anm.: also nach der 1853 erfolgten Berufung Liebigs nach München) habe ich als Privatdozent nochmals Liebigs Vorlesungen regelmäßig besucht, und zwar mit besonderer Rücksicht auf Anordnung des Materials, auf die Art, wie das Wichtigste hervorgehoben, wie die dem Anfänger fremden Begriffe deutlich gemacht wurden, auf Wahl und Ausführung der Experimente, kurz die gesamte Art und Technik des Vortrages. Ich muß sagen, daß ich von Hast und Überstürzung gar nichts bemerkte. Wohl aber imponierte dem damals doch zur Kritik vollauf Befähigten die außerordentliche Einfachheit des Vortrags und die Sachlichkeit der Disposition, die immer streng darauf gerichtet war, unter Vermeidung alles Überflüssigen das für das Verständnis Wichtige so drastisch wie möglich hervorzuheben. Glänzende Experimente, die weiter keinen Zweck haben, als den Zuhörer in Erstaunen zu versetzen oder zu amüsieren, gab es nicht. Jedes Experiment hatte den bestimmten Zweck, eine wesentliche Eigenschaft eines Körpers zu zeigen, oder einen wichtigen Vorgang begreiflich zu machen. Dazu wurden stets die tunlich einfachsten Mittel gewählt, was für das Verständnis von hervorragender Wichtigkeit ist und von dem Vortragenden oft genug nicht hinlänglich berücksichtigt wird. Je einfacher der Apparat, desto leichter wird das verstanden, was darin vorgeht oder darin gemacht wird. Die große Mehrzahl der Zuhörer in einer akademischen Vorlesung über Experimentalchemie hat von Chemie keine Ahnung (Anm.: Dies trifft noch heute meist zu, da die große Vorlesung in der Regel als eine Art Einführung für Studenten im ersten Semester gelesen wird.); es ist daher begreiflich, daß sie die Apparate mit einer Art kindlicher Neugier betrachten; daher nimmt jedes unnötige Stückchen eines Apparates einen Teil der Aufmerksamkeit des Zuhörers in Anspruch, oder es nötigt zu einer von der Hauptsache etwas ablenkenden Erklärung, die wiederum der Hauptsache Abtrag tut. Liebig war allzeit von unerschütterlicher Wahrhaftigkeit, irgendeine Täuschung der Zuhörer, auch anscheinend noch so unschuldig würde er nie vorgenommen oder zugelassen haben ..."

Dieses Glaubensbekenntnis, dem noch heute viele Chemiedidaktiker vorbehaltlos zustimmen, verhinderte aber nicht, daß Liebig zuweilen Hörer abhanden kamen. Zu schlecht waren im Gießener Hörsaal die äußeren Bedingungen, die von Volhard so geschildert werden: „In diesem Auditorium habe ich während meines ersten Studiensemesters, Sommer 1852, die Experimentalchemie bei Liebig gehört. Dasselbe hält nicht entfernt einen Vergleich aus mit den prachtvollen hohen geräumigen Hörsälen, die man jetzt in den chemischen Instituten findet; es war nieder und viel zu klein für die Zahl der Zuhörer, es enthielt etwa 60 Sitzplätze, aber die Zahl der Zuhörer betrug wohl 120. Die vordersten saßen auf Hockern oder sonstigen improvisierten Sitzgelegenheiten und hatten ihre Tintenfässer auf dem Experimentiertisch stehen! In der Hitze des Juli herrschte in dem überfüllten Raume oft eine fast unerträgliche Temperatur, die manchen der Zuhörer von der hintersten Reihe veranlaßte, sich sachte durch das offenstehende Fenster in den Garten hinab zu lassen, um in dem dem Laboratorium gegenüberliegenden Loosschen Felsenkeller innerlich und äußerlich Abkühlung zu suchen."

Wie man der Bemerkung über die Tintenfässer entnehmen kann, gab es in Liebigs Gießener Hörsaal trotz der Experimente zwischen Vortragstisch und Hörern keinen Sicherheitsabstand!

Wie sehr Liebig seine Vorlesung beschäftigte, unterstreicht Volhard durch die Erwähnung der Tatsache, daß er sie gewissermaßen in das sich unmittelbar anschließende Mittagessen hinüberzog und seine Familie mit allerlei Chemischem quälte. „Die Unterhaltung bei Tisch pflegte Liebig zu führen, indem er irgend eine auffallende Erscheinung, ein Experiment, mit dem er sich gerade befaßt hatte, besprach oder einen Gedanken erörterte, der ihn gerade beschäftigte. Er hatte in der Vorlesung den *Leidenfrost*schen Versuch und die Bildung von Eis in der glühenden Platinschale gezeigt, die Vorlesung war von 11 1/2 bis 1 Uhr, also unmittelbar vor Tisch; er ließ die im Eßzimmer bereits versammelte Gesellschaft hinunterrufen in das Auditorium und wiederholte das Experiment. Bei Tisch sprach er nochmals darüber. Hast Du verstanden, fragte er seine junge Nachbarin, worauf ein etwas schüchternes Ja erfolgte. Nun dann erkläre mir den Vorgang. Große Verlegenheit. Liebig läßt aber nicht locker, wenn nötig wird die Erklärung wiederholt." Auch ohne psychologische Kenntnisse ist erklärlich, warum keines von Liebigs Kindern eine wirklich enge Beziehung zur Chemie aufzubauen vermochte.

Kehren wir noch einmal zu den Darlegungen Vogts zurück. Ein Vortragender ist also nicht nur erläuternder Wissenschaftler, sondern auch tragender Darsteller in einem – bezieht man die Assistenten mit ein – Zwei- bis Dreipersonenstück. Nichts und niemand kann die Hörer zwingen, Lesenden und Vorlesung nicht auch als eine Art Show zu sehen und dieses auf sich wirken und in sich weiterwirken zu lassen. In der britischen Literaturgeschichtsschreibung wird schon lange diskutiert, inwieweit die Vorlesungen der

a)

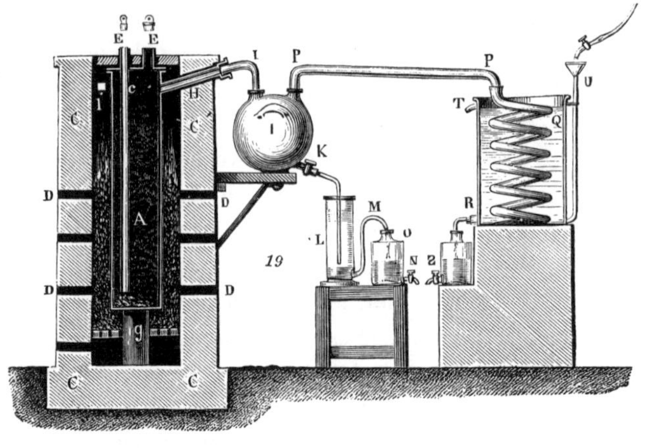

b)

Abb. 10 Chemisches Experimentiergerät und halbtechnische Anlagen, wie sie zur Spätzeit Liebigs und in den Jahrzehnten danach üblich waren. a) Apparatur zur Herstellung von Schwefelkohlenstoff, b) von Ammoniak; c) Apparatur zur Salpetersäurebestimmung; d) Anlage zur Herstellung von künstlichem Mineralwasser.

c)

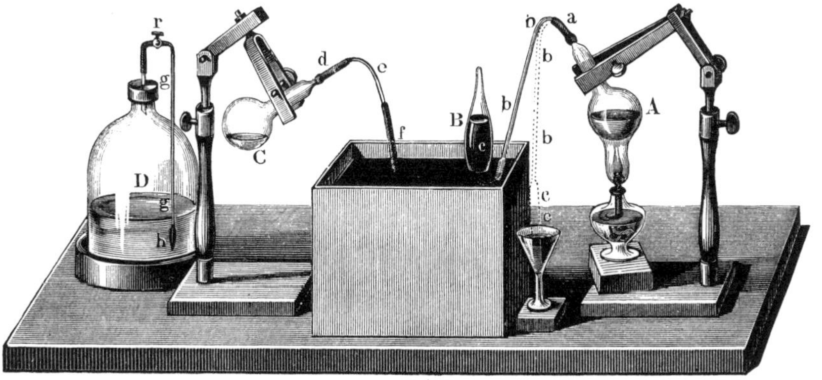
r
g
D
g
h
C
d
e
f
B
c
b
a
b
b
A
b
c
c

21

d)

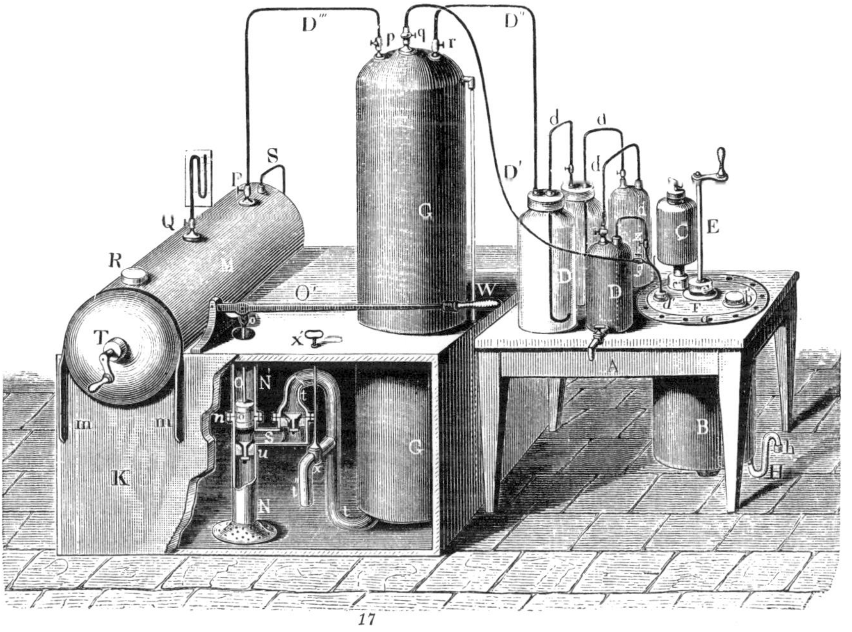
D'''
p
q
r
D''
S
Q
R
M
G
D'
E
C
D
D
O'
W
T
X'
A
N
n
s
u
G
B
m
m
K
t
x
t
N
t
h
H

17

Royal Institution, die die Schriftstellerin Mary Wollstonecraft Shelley (1797–1851) besucht hatte, auf deren Roman „Frankenstein" (1818) einwirkten.

1833/34 studierte der Dichter Georg Büchner (1813–1837) in Gießen. Der angehende Mediziner hat sicher auch Liebigs Vorlesungen besucht. Jedenfalls hat Liebig Büchners Dramenfragment „Woyzeck" beeinflußt: Er war eines der Vorbilder für die nicht sonderlich sympathische Figur des „Doktors", der Woyzeck durch ernährungsphysiologische Versuche in den Wahnsinn treibt und so zum Mörder werden läßt. „Seit langem hat die Büchner-Forschung von Experimenten Liebigs Kenntnis genommen, die denen des Doktors im *Woyzeck* gleichen. Liebig hat in Gießen ernährungsphysiologische Versuche an Soldaten durchgeführt, in denen das Gewicht der Nahrungsmittel in Relation gesetzt wurde zum Gewicht der Exkremente; ferner analysierte er die chemische Zusammensetzung des Urins von Fleisch- und Pflanzenfressern. Büchner hat 1833/34 in Gießen, in unmittelbarer Nähe Liebigs, studiert. Die Kongruenz des Menschenversuchs im *Woyzeck* und der Liebigschen Versuche ist so frappant, daß kaum ein Zweifel bleiben kann, was dem Dichter hier vor Augen stand." So Alfons Glück 1987 in seinem Aufsatz „Der Woyzeck. Tragödie eines Paupers".

Den Zusammenhang zwischen den physiologischen Studien des Doktors und der schließlichen Katastrophe im Drama sieht Glück so: „Der Doktor läßt Woyzeck drei Monate nichts als Erbsen essen und untersucht die Konzentration von ‚Harnstoff, salzsaurem Ammonium und Hyperoxydul' im Urin; die Konzentration des Harnstoffs hat 0,10 erreicht, einen Wert, der den Doktor sichtlich befriedigt. Das ist, wie man an Woyzecks Zustand ablesen kann, der Grad von *Vergiftung*, den der Versuchsmensch gerade noch übersteht. Der Ausbruch der Psychose versetzt dann auch den Doktor in helle Begeisterung."

Tatsächlich verfolgten der Doktor im „Woyzeck" und Liebig selbst letztlich die gleichen wissenschaftlichen Ziele. „Der Zweck ist: *das Fleisch, den kostenintensiven Bestandteil der Armeeverpflegung durch das billige Surrogat Hülsenfrüchte zu ersetzen.*" (A. Glück)

Wiewohl es Querbeziehungen zwischen den Familien Büchner und Liebig gab – dessen späterer Schwiegersohn Carrière und die Brüder des Dichters waren befreundet –, ist es nicht sehr wahrscheinlich, daß Liebig vom „Woyzeck", der im vorigen Jahrhundert weder gedruckt noch aufgeführt wurde, je erfahren hat. Es ist ein interessantes Gedankenexperiment, sich auszumalen, ob Liebig die Vertonung dieses Stoffes durch Alban Berg (1885–1935) gefallen hätte. Das Libretto der 1925 uraufgeführten Oper „Wozzeck" ist sehr nah am Originaltext Büchners. So werden die obengenannten chemischen Substanznamen tatsächlich gesungen – die einzigen chemischen Verbindungen, denen es je vergönnt war, die Opernbühnen zu erobern.

6
Über die Schwierigkeit,
vor Damen und gekrönten Häuptern vorzutragen

„Als ich mich nach der furchtbaren Explosion … umschaute und das Blut von dem Angesicht der Königin Therese … rinnen sah, da war mein Entsetzen unbeschreiblich …"

Justus v. Liebig

Der Revolution von 1848/49 waren die sogenannten „hungrigen Vierziger" vorausgegangen. Häufig vergessen wir heute, daß es in Europa noch in der ersten Hälfte des vorigen Jahrhunderts furchtbare Hungersnöte gab. Der Ausbruch der Kartoffelfäule, einer Pilzkrankheit, führte 1842 zu einer Hungerkatastrophe in Irland und zwang sechs Millionen Iren zur Auswanderung. Dank Gerhart Hauptmanns Drama „Die Weber" sind uns heute noch die Schlesischen Weberaufstände ein Begriff, die die preußische Regierung mit Waffengewalt brutal unterdrückte. In den politischen Karikaturen jener Jahre hieß es, man habe den Hunger der Weber statt mit Brot mit Bajonetten gestillt. Die dem Ausbruch der 48er Unruhen vorausgegangene Agitation war teilweise unter dem Motto „Brot oder Revolution" geführt worden. Tatsächlich fielen die Ernten 1847 und 1848 schlecht aus. Seither ist es unter Historikern umstritten, welcher Stellenwert dem Nahrungsmittelproblem beim Ausbruch der Revolution tatsächlich zukommt. Es läßt sich aber zeigen, daß die damaligen Regierungen der deutschen Staaten ab 1849 erstaunliche Anstrengungen unternahmen, um die Versorgung mit Grundnahrungsmitteln zu verbessern. Zur Minderung des allgemeinen politischen Drucks gestattete man nun auch großzügig die Auswanderung nach Übersee.

Seit 1840 hatte Justus Liebig in mehreren Auflagen sein berühmtes, wenn auch unter Landwirten nicht unumstrittenes Lehrbuch „Die Chemie in ihrer Anwendung auf Agricultur und Landwirtschaft" herausgebracht und sich damit als Theoretiker der Chemie des Ackerbaues und der Nahrungsmittelphysiologie einen Namen gemacht. So schien es König Max II. von Bayern und seiner Regierung 1852 wünschenswert, mit Liebig Berufungsverhandlungen aufzunehmen, wobei man sich von ihm insbesondere eine anregende Wirkung auf die bayerische Landwirtschaft erhoffte.

Um ein Höchstmaß an Erfolg zu erzielen, gründete man 1854 im oberbayerischen Heufeld eine chemische Produktenfabrik, die heutige Südchemie, die sich gezielt der Aufbereitung von Naturdüngern, wie dem Dämpfen von Knochenmehl, zuwandte und darüber hinaus die Produktion von Kunstdünger aufnahm. Der Absatz blieb zunächst weit hinter den Erwartungen zurück, denn die Bauern waren mißtrauisch. Heufeld stellte nun Gehilfen an, die auf den heruntergekommenen Wiesen und Äckern mit Kunstdünger Heufelder Reklameslogans ausstreuten, die durch besseres Wachsen der Halme den Nutzen Heufeldschen Düngers deutlich sichtbar unter Beweis stellten. Liebig war Mitaktionär und Berater dieser Fabrik. Hauptaktionäre waren die Hoffinanziers des Königs.

Schwieriger zu lösen war ein anderes Problem: Den Bauern fehlte schlicht das Kapital, um in Kunstdünger zu investieren. So riefen die Kgl. Hoffinanziers von Eichthal und von Hirsch zusammen mit anderen Industriellen wie von Maffei und mit Liebig – alle auch Gründer von Heufeld – die Bayerische Bodenkredit-Bank ins Leben, um die Landwirte mit dem nötigen Kapital zum Kauf von Kunstdünger zu versorgen.

Wenn wir im Folgenden erfahren, daß an den Vorträgen in Liebigs Münchener Hörsaal ein Teil der politischen Prominenz des damaligen Bayern und die königliche Familie fast vollzählig zu den Hörern zählten – Liebig hatte auch den Vorsitz der Symposienrunde, die Max II. in kulturellen und naturwissenschaftlichen Fragen beriet –, so entsprach dies seiner herausragenden Rolle und der politischen Bedeutung, die man seiner Lehre zumaß. Neben seinen Hochschulvorlesungen arrangierte Liebig im neuen, großen Münchener Hörsaal ab 1853 öffentliche Vorträge. Recht geschickt versuchte er, die junge Königin Marie, die Gattin König Max‘ II. von Bayern und Mutter Ludwigs II., als Aushängeschild zu benutzen: „Ich möchte der Königin sehr gerne einen Cyklus von Vorträgen halten und ihr die neuesten Wunder der Chemie vor Augen bringen, etwa in der Art wie Deine Vorträge vor der Prinzessin von Preußen, hauptsächlich, um die Menschen hier etwas mehr für Naturwissenschaften zu gewinnen. Wenn die Königin die Vorträge besucht, dann folgen die andern auch, sie ist wie ein Magnet, der die Herzen der Menschen an sich zieht. Drei Vorlesungen will ich diesen Winter noch halten, die sie besuchen wird, es ist aber die Frage, ob ich im Stand sein werde, ihr für die Zukunft ein dauerndes Interesse einzuflößen."

Dieser Brief Liebigs vom 27. Januar 1853 an den Chemiker und Pharmazeuten Friedrich Mohr (1806–1879) ist deshalb so interessant, weil mit dem Hinweis auf dessen Vorlesung vor einer preußischen Prinzessin eine weitere Tradition chemischen Schauexperimentierens angesprochen wird. Bei der Prinzessin, der Mohr privatissime Vorlesungen über Chemie, offenbar mit Experimenten, hielt, handelt es sich um Augusta von Weimar (1811–1890), die Gattin des preußischen Kronprinzen Wilhelm, des nachmaligen Kaisers Wilhelm I.

Dieser Sachverhalt ist deshalb so erwähnenswert, weil er auf Bemühungen Johann Wolfgang von Goethes (1749–1832) zurückgeht, der sich als Staatsminister stets bemühte, das Interesse der großherzoglichen Familie von Sachsen-Weimar-Eisenach an Naturwissenschaften wachzuhalten. Der Dichterfürst hat hier völlig uneigennützig gehandelt. Maria Pawlowna (1786–1859), die Gattin des Weimarer Erbprinzen Karl Friedrich, war als Schwester des Zaren eine außerordentlich wohlhabende Frau. Wenn Goethe für die Professorenschaft der Universität Jena, deren damalige Finanzen äußerst ärmlich waren, zusätzliche Forschungsmittel benötigte, begab er sich – er konnte ungemein gewinnend sein – zu Maria Pawlowna, um ihr Geld zu entlocken. Auch das Platin für die Döbereinerschen Feuerzeuge stammte aus dieser großfürstlichen Quelle. Daher bat Goethe den Chemieprofessor Johann Wolfgang Döbereiner (1780–1849) zuweilen, als Dankesgeste vor der großherzoglichen Familie eine Experimentalvorlesung zu halten. Döbereiner muß sich dieser Verpflichtungen mit einigem Geschick entledigt haben, denn Maria Pawlowna kam mit Goethe überein, für ihre damals sechs- bis zehnjährigen Töchter von Jenenser Professoren – darunter wiederum Döbereiner – einen von Goethe speziell zusammengestellten, auf das Fassungsvermögen kleiner Prinzessinnen zugeschnittenen Vorlesungszyklus halten zu lassen. Offenbar haben diese Belehrungen Augusta von Weimar so beeindruckt, daß sie sich später als Gattin des preußischen Kronprinzen wieder Vorlesungen halten ließ.

Zwar war die Prinzenerziehung im 19. Jahrhundert so gut wie immer von militärischen und juristischen Fächern dominiert, doch war der Besuch junger Prinzen in chemischen Vorlesungen nichts Ungewöhnliches. So ließ Prinz Albert (1819–1861), Gemahl der Königin Viktoria von England, seinen Sohn, den Prinzen von Wales und späteren König Edward VII. (1841–1910), an Vorlesungen Faradays in der Royal Institution teilnehmen. Deren erste, die der kleine, intellektuell leider nicht sehr begabte Prinz 1856 besuchen durfte (oder mußte), gehörte zur Reihe der sogenannten „Christmas Lectures" und behandelte die „gewöhnlichen Metalle". Albert begleitete seinen Sohn und dessen jüngeren Bruder Alfred. Der Prinzgemahl – mit dem Titel „Prince Consort" offizieller Berater seiner Gattin – wußte die propagandistische Wirkung dieses Ereignisses auf die bürgerliche Öffentlichkeit durchaus einzuschätzen, und so beauftragte er den Maler Alexander Blaikley (1816–1903), von der Galerie des Hörsaals herab eine Skizze zu zeichnen. Anhand derer schuf Blaikley ein berühmtes Gemälde der Faradayschen Vorlesung, das auch als Lithographie vertrieben wurde. Zwar waren diese Christmas Lectures in erster Linie für Kinder gedacht, doch wie die beiden, mit roten Westen und großen, weißen Hemdkragen in der ersten Reihe sitzenden Prinzen wurden auch die anderen Kinder von ihren Eltern begleitet, so daß mindestens die Hälfte der abgebildeten Zuschauer Erwachsene sind. Darüber hinaus belegt dieses Gemälde eindrucksvoll die charismatische Wirkung Faradays auf seine Hörer.

Augusta und Albert scheinen mit ihrem Interesse an naturwissenschaftlichen Vorlesungen ein Beispiel gegeben zu haben. Ihr gemeinsamer Enkel Prinz Wilhelm (1859–1941) – Albert war der Vater von dessen Mutter, Augusta die Mutter von dessen Vater –, der spätere Deutsche Kaiser Wilhelm II., durfte als Zugeständnis an die bürgerliche Öffentlichkeit in Kassel das Gymnasium besuchen, das er mit einem nicht gerade glänzenden Abitur verließ. Parallel zu der folgenden, obligatorischen Militärausbildung ließ man dem jungen Prinzen 1877/79 ein viersemestriges Kurzstudium mit Vorlesungen aus nahezu allen Bereichen des Universitätsunterrichts zuteil werden. Ob dies angesichts der eher durchschnittlichen Begabung Wilhelms ein pädagogisch guter Einfall war, darf mit Recht bezweifelt werden. Die meisten Vorlesungen wurden privatissime gehalten. Da man den Prinzen aber nicht ganz alleine studieren lassen wollte, wurden drei

Abb. 11 Faradays Vorlesung vor Prinz Albert und dessen Söhnen Edward und Alfred, Gemälde von Alexander Blaikley. Bemerkenswert ist die ausgeschnittene Tischplatte, die es dem Vortragenden gestattete, in den Vortragstisch gewissermaßen hineinzutreten. Faraday weist gerade auf ein Plakat, auf dem Eigenschaften des Goldes aufgezeichnet sind. Auf einem schwarzen Brett stehen erhöht rechteckige Standgläser mit farbigen Lösungen.

gleichaltrige Offiziere als Mitstudenten abkommandiert. Man schickte Wilhelm im Oktober 1877 nach Bonn, dessen kleine, aber exklusive „Prinzen-Universität" – so ihr Spitzname – als „preußisches Oxford" galt. Wilhelm trat sofort der Korporation „Borussia" bei, die in erster Linie Fürsten, Herzögen, Prinzen, Grafen und Baronen vorbehalten war und der schon sein Großvater mütterlicherseits, Prinz Albert, angehört hatte. Ein Studium in Bonn war beim preußischen Adel ausgesprochen in Mode.

Jeweils ein Semester lang hörte Wilhelm Vorlesungen bei zwei Koryphäen der Chemie, August Kekulé (1829–1896) und Rudolph Clausius (1822–1888). Von den Vorlesungen Kekulés über reine Chemie ist offenbar nichts überliefert außer der Tatsache, daß sie dem Prinzen gefallen haben. Als er später seine Erinnerungen „Aus meinem

Leben" verfaßte, fand er Kekulé „ganz nach meinem Geschmack". Als Lehrer habe dieser die seltene Gabe besessen, „in klarer, verständlicher Form und höchst anregend vorzutragen". 1887 führte Wilhelm Kekulés Wahl zum Rektor nach Bonn zurück, wo er an einem Fackelzug für seinen einstigen Lehrer teilnahm. Kekulé hielt eine zündende Ansprache, und der Prinz schrieb später, er habe, mit der „Fackel in der Hand, mit meinen Kommilitonen seiner kernigen, von vaterländischem Geist durchwehten Rede begeistert gelauscht und aus voller Kehle ‚Heil dir im Siegerkranz' und die ‚Wacht am Rhein' mitgesungen".

Dagegen sind wir über die Vorlesung von Clausius – der nach Wilhelm „fein und liebenswürdig, universal gebildet, eine gewinnende Persönlichkeit, voll schlichter Freundlichkeit und von gewandtem Auftreten" war – sehr gut unterrichtet. Clausius las ein Semester lang vierstündig „Experimentalphysik", ein eigenartiges Gemisch aus Physik, physikalischer Chemie und Technik. Offenkundig bemühte er sich, den Prinzen nicht durch „überflüssige" Mathematik zu überfordern. Algebraische Formeln, Differentiale und Integrale wurden konsequent vermieden.

Clausius hatte sich vier kleine Heftchen in blaues, etwas stärkeres Papier eingebunden und offenbar selbst zusammengenäht, und das dermaßen roh und ungeschickt, daß man als gerührter Betrachter – die Vorlesungshefte haben sich in den Sondersammlungen des Deutschen Museums in München erhalten – die Vermutung äußern darf, daß an der Heftung keine weibliche Hand beteiligt war. In diese Hefte schrieb Clausius die Stichworte zu seiner Vorlesung und zwar, wie er es bei privaten Aufzeichnungen gerne tat, in einer von ihm selbst entwickelten Kurzschrift, die aus einem völlig entvokalisierten Deutsch bestand. Den eigenen Namen gab er beispielsweise mit „Clss" und Prinz Wilhelm mit „Prnz Wlhlm" an. Mit einiger Gewöhnung lassen sich seine Aufzeichnungen jedoch leicht lesen.

Die Vorlesung muß Clausius furchtbar aufgeregt haben. Bei aufmerksamer Betrachtung der Umschläge und Heftseiten bemerkt man, daß er sie während des Vortrags ständig in der Hand gehalten haben muß, und zwar so, daß der kürzere Daumen die beiden jeweils aufgeschlagenen Seiten innen festhielt, wohingegen die blauen Rückseiten von Zeige- und Mittelfinger gehalten wurden. Jede Seite bewahrt deutlichst die Spuren jenes reichlich geflossenen Schweißes, den der Anblick des kaiserlichen Hörers Clausius abverlangt hat.

Wilhelm vergaß nie, daß ihm in dieser Vorlesung zum ersten Mal in seinem Leben ein Telephon vorgeführt worden war, und er schrieb später dankbar: „Zum ersten Mal wurden meine technischen Interessen fachmännisch befriedigt." Trotz seines zuweilen recht pittoresken Cäsarentums blieb er zeit seines Lebens ein gläubiger Anhänger des technischen Fortschritts, wie sein nimmermüdes Eintreten für die damals jungen Technischen Hochschulen und die Kaiser-Wilhelm-Gesellschaft belegen.

Prinzliche Studien jener Jahre endeten so gut wie nie mit einer Abschlußprüfung. Es sollten lediglich die Institution „Universitat" vorgestellt und in die Breite, weniger in die Tiefe gehende, nützliche Kenntnisse erworben werden. Wirkliche Fachstudien waren nicht vorgesehen, da auch kein „bürgerlicher Beruf" ergriffen werden sollte. Der Kunsthistoriker Carl Justi, der den Prinzen ein Semester lang dreistündig in mittelalterlicher und moderner italienischer Kunst unterrichtet hatte, kommentierte die Verabschiedung Wilhelms, zu der seine zwölf (!!) akademischen Lehrer geladen und mit dem preußischen Roten Adler-Orden geschmückt worden waren: „Gestern ist der Prinz von der Hochschule weggegessen worden, und an dem selben Tage hat ein Niederfall roter Vögel verschiedener Ordnung stattgefunden."

So kurz Wilhelms Studium auch gewesen war, es zeigte doch Wirkung. Noch als Kaiser ließ er sich im Berliner Stadtschloß von prominenten Hochschullehrern privatissime unterrichten. Wir wissen dies aus den Aufzeichnungen des Physikochemikers und 1901 ersten Chemie-Nobelpreisträgers Jacobus Hendricus van't Hoff (1852–1911). Dessen Vorlesungen über die Theorie der Sprengstoffe sprachen Wilhelm, nunmehr als Deutscher Kaiser und preußischer König oberster Kriegsherr, bei seinen später verhängnisvollen militärischen Neigungen ganz besonders an. Das Thema „Sprengstoff" eignet sich naturgemäß wenig für experimentelle Darbietungen in den geschlossenen Räumen eines Schlosses, doch Wilhelm II. vermißte entsprechende Erläuterungen. Mit Blick aus dem Fenster suchte er van't Hoff zu bewegen, einige vor dem Schloß auf der Spree schwimmende Apfelkähne zu sprengen. Der belustigte van't Hoff – als Niederländer gegenüber dem Kaiserkult immun – vereitelte das mit dem naheliegenden Hinweis, selbst diese schäbigen Kähne hätten Besitzer, die den Totalverlust nicht ohne weiteres hinnehmen würden. Auch zöge ein derart großangelegter Versuch doch wohl zu bedenkende öffentliche Aufregung nach sich.

Im übrigen waren Gala-Vorlesungen für gekrönte Häupter im 18. und 19. Jahrhundert allgemein üblich. Als 1875 der alternde Friedrich Wöhler (1800–1882) seine Erinnerungen an die Stockholmer Laboratoriumszeit bei seinem großen Lehrer Jöns Jacob Berzelius (1779–1848) niederschrieb, gedachte er einer bis Mitternacht dauernden chemischen Abendvorlesung, die Berzelius im Winter 1823/24 der Königin Désirée von Schweden, dem Kronprinzen und dem königlichen Hof gehalten hatte: „Gegen acht Uhr fand sich die hohe Gesellschaft ein, der Kronprinz mit seiner schönen Gemahlin, die Königinmutter mit einem großen Gefolge an Hofdamen und Hofherren ... Drei große Elektrisiermaschinen mit den zugehörigen Apparaten und Spielereien, Apparate, mit Wasserstoffgas und Sauerstoffgas gefüllt, etc. waren aufgestellt, Berzelius in großer Uniform ... erklärte meist in französischer Sprache die Experimente." Bei der Suche nach einer besonders eindrucksvollen Darbietung war Berzelius auf den seltsamen Einfall gekommen, sich ein Modell der Stadt Stockholm aus Sperrholz bauen zu lassen und, mit Knallgas gefüllt, mittels elektrischer Zündung in die Luft zu jagen. Für die Mitglieder des königlichen Hauses war das sicherlich ein bewegender Anblick.

Kehren wir zu Liebig zurück! Ganz offensichtlich war es seine Idee, zwei – eigentlich unterschiedliche – Traditionslinien, nämlich die Vorlesung vor gekrönten Häuptern und die große Vorlesung für allgemeines Publikum, miteinander zu koppeln. Aus einem Brief des Dichters und 1910 ersten deutschen Literatur-Nobelpreisträgers Paul Heyse

(1830–1914) an dessen Eltern vom 10.1.1853 wissen wir, wie Liebig dieses Vorhaben einfädelte: „Vorgestern machte ich ein Diner bei Liebig mit, von 4 Uhr bis 1/2 10 an demselben Tisch, ein guter Wein nach dem andern. Es waren da Kaulbach (Anm.: der Maler Wilhelm v. K., 1805–1874), Kultusminister Zwehl – ein trockener passiver Mensch, der aussieht wie ein Lehrer der Mathematik an einer Kriegsschule... Als man etwas sehr warm geworden, rückte Liebig wie in den Piccolomini's (Anm.: Verschwörerszene in Schillers Drama „Wallenstein“) mit einem großen Blatt heraus, das ein Programm zu 16 wissenschaftlichen Vorlesungen vor gemischtem Publikum im Saal des Laboratoriums enthielt. Acht hatte Liebig für sich in Beschlag genommen, wie denn das Ganze darauf hinausläuft, daß er von sich reden und in der (zu ergänzen: Augsburger) Allgemeinen Zeitung von sich lesen machen will. Ich soll mithalten. Da ich offiziell nicht davon wußte, tat ich ein wenig aus den Wolken gefallen, und verstand mich mit der Zeit zu einem Vortrag. Dönniges (Friedrich Wilhelm v. D., 1814–1872, Historiker und Berater Max' II.) schloß sich aus. Dingelstedt (Franz v. D., 1814–1881, damals Intendant des Münchener Hoftheaters) machte Bedingungen. Die Andern außer Pfeuffer, Kaulbach und Zwehl werden alle dabei sein. Ich schimpfe über diese Narrenpossen und desertierte gern, wenn ich irgend ein praktikables Mauseloch wüßte, und werde doch nicht anders können, als meine Troubadours vom Nagel zu nehmen, an den ich sie mit großer Genugtuung für immer gehängt zu haben glaubte.“

Wie wir aus den Erinnerungen Volhards wissen, gelang Liebigs Plan: „Schon im ersten Jahre seines Münchener Aufenthaltes regte Liebig an, sein schöner geräumiger Hörsaal möge von Freunden und Kollegen zu wissenschaftlich-populären Vorlesungen für ein größeres Publikum benützt werden. Der Gedanke fand allseits Beifall, und von 1853 ab wird durch eine Reihe von Jahren jeden Winter im Liebigschen Hörsaal ein Zyklus solcher Vorlesungen gehalten. Eröffnet wurde deren Reihe durch Liebig am 12. Febr. 1853; er sprach über die Natur der Flamme, über Sauerstoff, Wasserstoff usw., den Vortrag mit vielen Experimenten erläuternd, die selbstverständlich das mit diesen Dingen ganz unbekannte Laienpublikum höchlichst überraschten und geradezu faszinierten.“ Zunächst ging alles gut: „Ein sehr zahlreiches Publikum – in dem großen Hörsaal war kein Plätzchen mehr zum Stehen, geschweige denn zum Sitzen, und der gesamte Stuhlvorrat des Liebigschen Hauses (Anm.: Damals wohnten die ordentlichen Professoren noch in der Belle Etage ihrer Institute.) war zur Aushilfe requiriert – und sehr vornehme Gesellschaft: Prinz und Prinzessin Luitpold (Anm.: Prinz Luitpold war später als Nachfolger des kranken Ludwig II. bzw. dessen ebenfalls kranken Bruders Otto I. Prinzregent von Bayern.) mit ihrem Hof, mehrere Minister, Hof- und Staatsbeamte, Personen aller Stände, ein reicher Damenflor; zu den späteren Vorlesungen kam auch die Königin, ... Prinz Adalbert von Bayern und etwaiger fürstlicher Besuch des Hofes.“

Das Vortragsprogramm war ziemlich bunt: „Liebig hielt noch zwei weitere Vorlesungen am 19. Februar, über Kohlenstoff und Kohlensäure und am 26. Februar über Gase; dazwischen waren Vorträge von Dingelstedt und Kobell eingeschaltet, dann folgten Dönniges und Geibel (der Dichter Emanuel G., 1815–1884), und am 8. März machte Thiersch (Friedrich Wilhelm Th., 1784–1860, Philologe) mit einem Vortrag über die äginätischen Bildwerke der Glyptothek den Schluß."

Daß diese öffentlichen Vorlesungen insbesondere ein weibliches Publikum ansprachen, erregte mancherlei nicht immer geschmackvollen Spott. So ließ M. E. Schleich im „Münchener Punsch" Philippine von Schmachtenberg Amalie von Stutzelhausen berichten: „Denke Dir nur, Liebig errichtet in seinem Laboratorium eine Art Zweiguniversität für Studenten weiblichen Geschlechts. Es lesen daselbst Liebig über Chemie, welche die Erde fruchtbar macht, und Geibel über Poesie, so daß die Damen nicht nur vom Kleidermaß, sondern auch vom Versmaß etwas verstehen; Kobell unterrichtet uns über Mineralogie in seiner beliebten populären Form, z. B. ‚In der Mineralogie, da gibts viel Stoaner, über mein Schatz, da geht mir halt koaner'."

Ob der Schriftsteller und Münchener Professor für Mineralogie Franz von Kobell (1803–1882) wirklich so derbe Vorlesungen hielt, ist nicht überliefert, jedenfalls war er der erfolgreichste bayerische Mundartdichter seiner Epoche, der unzählige Schnaderhüpfl verfaßte und mit der Geschichte vom Brandner Kaspar so etwas wie ein bayerisches Nationalepos schuf. Er hat ebenfalls ein „geologisches Versgedicht" über die Geschichte der Erde geschrieben, allerdings in Hochdeutsch.

Auch Paul Heyse nörgelte. Chemischen Vorlesungen stand er völlig verständnislos gegenüber, und so schrieb er am 19.2.1853 an seine Eltern: „Wäre nur die letzte Woche nicht so nichtssagend gewesen, daß ich was zu erzählen hätte. Sie fing gleich mit dem Nichtssagenden an, mit Bodenstedts (Anm.: Friedrich Martin v. B., 1819–1892, Schriftsteller und Übersetzer) Vortrag über das slawische Volkslied, und schloß nicht besser, mit Liebigs chemischer Schmiererei. Dies ist die größte Afferei, die ich noch erlebt, daß ein paar hundert Weiber, und Männer beiderlei Geschlechts, wöchentlich eine ganze Stunde für Sauerstoff und Stickstoff schwärmen, d. h. wollen, denn der beste Wille schläft zuletzt ein und reibt sich erst wieder die Augen, wenn was Gelbes grün und was Braunes blau wird. Einige Streberinnen schreiben sogar nach, alle Viertelstunde eine Zeile. Ich sehe immer mehr, daß mich mein Instinkt bei Liebig von Anfang an recht berichtet hat."

Heyse tat den Damen aber bitter unrecht. In der Bayerischen Staatsbibliothek hat sich eine Mitschrift von Josephine Stieler, der Gattin des bayerischen Hofmalers Joseph Stieler, erhalten, die die Vorlesung recht gut wiedergibt und belegt, daß die Damen durchaus fähig waren, Liebigs Gedankenflügen zu folgen.

Doch die Chemie ist allemal tückisch: „Noch eine vierte populäre Vorlesung hielt Liebig Anfang April desselben Jahres auf besonderen Wunsch der Königinnen Marie und Therese (Anm.: Gattin Ludwigs I., die mit dem „Oktoberfest") und des Königs Ludwig (d.i. Ludwig I., 1786–1868, in der Revolution 1848 gestürzt). Außer diesen waren zugegen Prinz und Prinzessin Luitpold, die Prinzessinnen Helene und Luise, eine Prinzessin Altenburg und eine Anzahl vom Hof geladener Gäste." (Volhard)

Ausgerechnet vor der illustren Gesellschaft kam es zur Katastrophe: „In dieser Vorlesung gab es einen heillosen Schrecken. Liebig hatte das schöne Experiment der Verbrennung von Schwefelkohlenstoff in Stickoxydgas gemacht; das staunende Entzücken seines Publikums über das prachtvoll aufblitzende hellblaue Licht veranlaßte ihn, das Experiment zu wiederholen. Statt des überraschenden, aber unschuldigen Lichtblitzes gab es eine furchtbare Detonation, die unter heftigem Knall die Flasche zerschmetterte und die Trümmer weit umherschleuderte. Alles war starr. Die Königin Therese blutete aus einer zollangen Wunde auf ihrer Wange. Prinz Luitpold war auch durch einen Glassplitter am Scheitel verwundet, auch einige andere Damen hatten leichte Verletzungen davongetragen. Liebig selbst war an mehreren Stellen verwundet, die größte Gefahr hatte der Zufall von ihm abgewendet: ein mächtiges, scharfes Glasstück steckte fest in dem Deckel seiner goldenen Tabacksdose in der Hosentasche; ohne die schützende Dose hätte der Splitter wohl die Schenkelarterie durchschneiden müssen." (Volhard) Die Augsburger Allgemeine Zeitung hob in ihrem Bericht das vorbildliche Verhalten des Hochadels hervor: „Die Fassung sämtlicher höchster Herrschaften bei diesem unglücklichen Vorfall war bewunderungswürdig. Die Königin Marie war ein Engel der Beruhigung für Alle."

Liebig schrieb am 18. April 1853 seinem Freund Wöhler nach Göttingen: „Als ich mich nach der furchtbaren Explosion in dem Raum, wo die Zuschauer saßen, umschaute und das Blut von dem Angesicht der Königin Therese und des Prinzen Luitpold rinnen sah, da war mein Entsetzen unbeschreiblich; ich war halb tot. Der Unfall hatte zum Glück keine weiteren unangenehmen Folgen. Die Herrschaften benahmen sich edel und hochsinnig. Alle ihre Sorgen schienen sich nur um mich zu konzentrieren. Die Königin schickte mir noch am selben Abend ihren Arzt, und jeden Tag lassen sich die Herrschaften nach meinem Befinden erkundigen. Der alte König Ludwig kam selbst am nächsten Tage, fragte, ob meine Verwundung etwas zu bedeuten habe, und als ich sagte: ‚Nein', da rief er aus: ‚Nun ist alles gut, wenn nur Ihnen nichts geschah, das andere ist nichts'. Der Prinz Luitpold lud mich einige Tage darauf zu Tisch, die Königin Marie zum Tee; heute bin ich bei Herzog Max (Anm.: der Vater von Lisi bzw. Sissi) zur Tafel gebeten, obwohl ich ihn noch nicht besucht habe. Meine Sorge, die mir bleibt, ist, daß die Herrschaften nun nicht wiederkommen, wiewohl der alte König wiederzukommen erklärt hat; ob es aber geschieht, weiß ich nicht."

Zum Chemismus des Unfalles äußerte sich Volhard so: „Wenn in der Tat der Assistent, wie in dem Bericht angegeben, Liebig für den Versuch eine Flasche gereicht hatte, die statt mit Stickoxyd mit Sauerstoff gefüllt war, so erklärt sich die Explosion ohne weiteres; unverständlich aber bleibt, daß Liebig, der so scharf beobachtete, diese Verwechslung nicht bemerkte, denn man kann von einer Flasche mit Stickoxydgas den Stopfen nicht abnehmen, ohne daß ihr ein braunes Gas entsteigt und die zuvor farblose Luft im Halse der Flasche sich braun färbt." Wie man sieht, lohnt es sich, bei der Vorbereitung von Experimentalvorlesungen alle Flaschen ordentlich zu etikettieren!

Liebig scheint den Schrecken bald überwunden zu haben. Jedenfalls freute er sich in einem recht vergnügten Brief an Friedrich Mohr vom 15. Mai 1853, daß die hohen Herrschaften bei der Wiederholung der Vorlesung nicht nur nicht ferngeblieben, sondern ganz im Gegenteil demonstrativ vollzählig wiedergekommen waren. Offenbar war das Kolleg zur ärztlichen Betreuung der Verwundeten abgebrochen worden. „Von der Explosion, die ich in meiner Vorlesung gehabt habe, hast Du wohl schon gehört. Die Wunden sind geheilt und wir sind eminent interessant geworden. Die Königin Marie, welche ein Engel an Schönheit, Lieblichkeit und Herzensgüte ist, bat mich den Tag nach der zweiten Vorlesung, daran die Beteiligten alle beiwohnten – auch die Verwundeten – mit meiner Frau und Agnes (Anm.: die älteste Tochter Liebigs) in das Schloß zu kommen, um sie persönlich kennen zu lernen und sie übergab, als wir kamen, meiner Agnes ein schönes silbernes Teeservice zur Aussteuer; die Gabe empfing durch die Art des Gebens ihren höchsten Wert. Ich habe der Königin eine kleine Welt im Glase zusammengestellt, woran sie und die kleinen liebenswürdigen Prinzen (Anm.: die späteren Könige Ludwig II. und Otto I.) ihre Freude haben; es sind Goldfische, kleine Bachfische, Salamander u. Schnecken darin. Du solltest Deiner hohen Gönnerin (Anm.: Prinzessin Augusta) ein solches Glas machen, es ist wirklich eine Freude und eine Unterhaltung."

Hinter dieser Empfehlung verbirgt sich eine interessante kulturhistorische Leistung Liebigs. Der englische Arzt und Botaniker Nathaniel Bagshaw Ward (1791–1868) hatte durch Zufall beobachtet, daß in einer verkorkten Flasche ein Farn aufgekeimt war. Dies veranlaßte ihn seit 1829, mit rundum geschlossenen Glasgefäßen als Pflanzenbehältern zu experimentieren, woraus 1842 eine berühmte Veröffentlichung, „Growth and Plants in closely glazed Cases", erwuchs. Mit diesem Büchlein begann der jahrzehntelange Siegeszug der „Wardschen Kiste", insbesondere, nachdem deren Möglichkeiten von Shirley Hibberd (1825–1890) weiter ausgebaut worden waren. Hibbert erkannte, daß man selbst in extremst umweltverschmutzten Gegenden Englands mit Hilfe Wardscher Kisten völlig gesunde Zimmerpflanzen ziehen konnte. Diese Erkenntnis brachte er mit großem Erfolg der Middle–Class nahe, so daß sich die „Kiste" in Großbritannien zu einem schnörkelreichen Möbel bürgerlicher Wohnkultur entwickelte.

Die Wardsche Kiste führte zu einer bemerkenswerten Erkenntnis: Wenn Pflanzen innerhalb eines völlig geschlossenen Glasgefäßes gedeihen, und dabei außer einfallendem Sonnenlicht keine Einwirkung von außen stattfindet, so herrscht in dem Gefäß ein biologisches Gleichgewicht. Es wird so viel Sauerstoff produziert, wie verbraucht wird; die absterbenden Pflanzen ernähren die aufkeimenden. Dieser Aspekt war für Liebig bei seinen ernährungsphysiologischen Studien besonders wichtig. Wenn man in einer Wardschen Kiste Aquarium und Terrarium kombiniert, also Wasserpflanzen und -tiere und Landpflanzen und -tiere nebeneinander hält, dann hat man tatsächlich ein im Gleichgewicht befindliches Modell der Natur, eine „kleine Welt im Glase". Liebig pflegte eine Wardsche Kiste, die er bei seinen Englandreisen kennengelernt hatte – seine „Welt im Kleinen" –, auch in den Vorlesungen vorzuweisen. Aquarien und Terrarien waren bis zur Mitte des vorigen Jahrhunderts in Deutschland ziemlich unbekannt. Allgemein nimmt man an, daß Liebig mit diesem Geschenk an die Königin Marie die Mode häuslicher Aquarien hierzulande begründete.

Gerechterweise muß man zugeben, daß auch bei Wardschen Kisten eine ziemliche Kluft zwischen Theorie und Praxis besteht. Es ist nicht ganz leicht, sie mit Tieren und Pflanzen so zu bestücken, daß das biologische Gleichgewicht tatsächlich stabil gehalten wird. In der Praxis bedeutete dies, daß sich Liebigs Assistenten zuweilen bei der Königin Marie zwecks einer von der Theorie nicht vorgesehenen Reinigung der „kleinen Welt im Glase“ einzufinden hatten.

Wie bei den öffentlichen Vorlesungen in London und bei Humboldts Berliner Kosmos-Vorlesung, so kam es auch in München zu religiös motivierten Protesten. Volhard berichtet von einer gegen die Liebigschen Vorträge gerichteten Gründung, es habe „... ein aristokratisches Damenkomitee sich an die Herren Döllinger (Ignaz v. D., 1799–1890, kath. Theologe und Kirchenhistoriker, Beichtvater König Ludwigs II.) und Deutinger (Martin D., 1815–1864, kath. Theologe, damals Professor für Philosophie in München und Universitätsprediger) gewendet, um diese zu veranlassen, vom positiv katholischen Standpunkt aus ein ähnliches Unternehmen wie das Liebigsche zu arrangieren. Den Vortragszyklus begann Döllinger am Osterdienstag im großen Saal des Odeons vor einer Zuhörerschaft von gegen 500 Personen, meist Damen ...“

7
In der Nachfolge Liebigs:
Egon Wibergs große Experimentalvorlesung der anorganischen Chemie an der Ludwig-Maximilians-Universität in München

> „Ohne Kenntnis der Chemie muß der Staatsmann dem eigentlichen Leben im Staate, seiner organischen Entwicklung und Vervollkommnung fremd bleiben, ohne sie kann sein Blick nicht geschärft, sein Geist nicht geweckt werden für das, was dem Lande und der menschlichen Gesellschaft wahrhaft nützlich oder schädlich ist."
>
> *Justus v. Liebig, Chemische Briefe*

Das dieses Kapitel einleitende Credo war für Liebig Programm, und wir wissen, daß er es damit ernst meinte. Er hoffte tatsächlich, das Ansehen der Chemie in der Öffentlichkeit, das Wissen um deren grundsätzliche Bedeutung so zu stärken, daß sie die Wissensgrundlage schlechthin, die Basis jeglicher Welterkenntnis für alle universitären Fächer werden würde. So weltfremd war diese Vorstellung gar nicht, denn schon gegen Ende des 18. Jahrhunderts hatte man an der Universität Ingolstadt die Chemie zum Pflichtfach für Hörer aller Fakultäten gemacht – sogar für Kameralisten und Theologen. Die Churbayerische Regierung erhoffte sich von dieser Maßnahme eine Bekämpfung des Aberglaubens. Jedoch gelang es den nicht-naturwissenschaftlichen Fächern bald, das lästige Joch abzuschütteln, und auch Liebigs Hoffnungen sollten kläglich scheitern. Wie wir alle wissen, ist es heute um die chemischen Kenntnisse der Öffentlichkeit, insbesondere um jene der Politiker, eher kläglich bestellt. Charakteristisch für diese Entwicklung sind der Niedergang und das schließlich fast völlige Erlöschen der alten, großen öffentlichen Experimentalvorlesung für „Hörer aller Stände". Zwar gab es in den vergangenen Jahrzehnten in den vielgepriesenen „Neuen Medien" – sprich dem Fernsehen – durchaus Versuche, sie wiederzubeleben, doch die von der Politik favorisierte Privatisierung der Fernsehsender und Programme brachte in den letzten Jahren einen gnadenlosen Kampf um Einschaltquoten, dem, um nur ein Beispiel zu nennen, die Chemieredaktion des ZDF ersatzlos zum Opfer fiel. Selbst die schönsten chemischen Experimente können sich nie und nimmer gegen „Sex and Crime" behaupten. Nur in Dr. Bublaths „Knoff Hoff" ist noch etwas vom alten Geist lebendig, wenn auch die Deutung der gezeigten Phänomene – meist Physik, selten Chemie – selbst bei größtem Wohlwollen in der Regel ein wenig oberflächlich ausfällt.

Wenden wir uns dem Schicksal der großen chemischen Experimentalvorlesung im Hochschulunterricht zu. Liebig hatte Maßstäbe gesetzt, an denen sich in den folgenden

Jahrzehnten bis zur Gegenwart nichts Wesentliches ändern sollte. Den großen, beispielgebenden Neubau eines chemischen Hörsaales errichtete 1865 der streitbare Hermann Kolbe (1818–1884) an der Universität Leipzig. Er galt lange als der prachtvollste Chemiehörsaal überhaupt. Die gesamte Stirnseite oberhalb der Tafel, des Abzugs und der Flaschenregale nahm eine gewaltige, tabellarisch-alphabetische Liste der damals bekannten chemischen Elemente ein. Sie wurde von einem Bibelzitat aus dem Buch der Richter gekrönt, das schon Jeremias Benjamin Richter (1762–1807), Chemiker an der königlichen Berliner Porzellanmanufaktur, bei seinen grundlegenden Arbeiten zur Begründung der Stöchiometrie als Motto verwendet hatte: „Gott hat alles nach Maß, Zahl und Gewicht geordnet." Diese Kombination von Elemententabelle und Bibelzitat stieß zuweilen aber auf den Spott von Kolbes Zeitgenossen. Noch stritt man sich über die Wertigkeiten einiger Elemente, und es gab Atom- bzw. Äquivalent-Gewichte, die trotz der alles ordnenden Hand des Schöpfers falsch waren. So ließ Kolbes Nachfolger Johannes Wislicenus (1835–1902) 1884 als erste Amtshandlung das Zitat übermalen. Seither wurde Gottes im Wandschmuck chemischer Hörsäle nicht mehr gedacht.

Obwohl Kolbes Bau noch heute modern wirkt, bewahrt er eine architektonische Besonderheit, die auf Liebigs alten Gießener Hörsaal zurückgeht. Die bewegliche Tafel in der unteren Mitte der Stirnseite verdeckte den Abzug, der in Wahrheit – wie in Gießen – eine Durchreiche zum Vorbereitungsraum war. Auf klassizistischen Konsolen schwebten weit über den Köpfen der Hörer die Büsten prominenter Chemiker, darunter – wie könnte es anders sein – jene des großen Dioskurenpaares Liebig und Wöhler.

In der Folge ließ sich ein beträchtliches Größenwachstum chemischer Experimentalhörsäle beobachten. Doch sollte sich deren Ausstattung nicht mehr grundsätzlich ändern, wenn auch mitunter bemerkenswerte Kuriositäten zu bestaunen waren. Um die Jahrhundertwende und vermehrt während des Ersten Weltkrieges tauchten die ersten Studentinnen auf. Angesichts der Ideale aggressiver studentischer Männlichkeit, wie sie in jenen Jahren allgemein gepflegt wurden, schien es der Professorenschaft der Technischen Hochschule Karlsruhe völlig undenkbar, die jungen Damen mit ihren männlichen Kommilitonen zusammentreffen zu lassen. Deshalb baute man am unteren Ende des Mittelganges eine verschließbare Gattertür ein, die ein vom bloßen Anblick der Studentinnen um den Verstand gebrachter, liebestoller Student hätte überspringen müssen, und montierte vor der ersten Pultreihe Klappsitze. Die Studentinnen mußten sich vor jeder Vorlesung in der Vorbereitung einfinden und wurden kurz vor dem Eintreten des Professors vom Assistenten geschlossen in den Hörsaal geführt. Ob die Unschuld der Damen dank dieser bemerkenswerten Maßnahme wirklich bewahrt blieb, sei dahingestellt, doch darf man davon ausgehen, daß sie den Studentinnen die maximale Aufmerksamkeit ihrer männlichen Kollegen bescherte.

Dieses Ritual belegt noch eine Merkwürdigkeit, die es zu beleuchten gilt. Das Erscheinen des Professors zu Beginn der Vorlesung im Hörsaal hatte große Ähnlichkeit mit dem Auftreten eines, sagen wir einmal, Grafen in der „Fledermaus" von Johann Strauß. Erinnern wir uns an Rouelle und seine höfische Mode. Noch Liebig erschien im Frack mit

Abb. 12 Hermann Kolbes großer Hörsaal in Leipzig beeindruckt durch die Vielzahl chemischer Experimente, die auf dem Hörsaaltisch aufgebaut sind. Links erkennt man eine große Destillations-Apparatur, halbrechts einen Kippschen Apparat mit einer pneumatischen Wanne nach Stephen Hales sowie ein großes Gasometer. Der lichte Raum wird durch die Elemententabelle mit ihrer berühmten Überschrift beherrscht.

Pelerine, weißem Seidenschal, Zylinder und weißen Handschuhen. Es hätte dieser an sich nützlichen und kleidsamen Dinge nicht bedurft, denn Liebig hatte seine Professorenwohnung in der Belle Etage seines Institutes, und der Weg vom Schlafzimmer im ersten Stock über die Treppe zum Hörsaal im Erdgeschoß war weder von Regen noch von Kälte bedroht. Aber die Tradition wollte es, daß man den Hörsaal „comme il faut" in gesellschaftlicher Garderobe betrat, das zur Begrüßung klopfende Publikum durch angemessenes, leichtes Lüpfen des Zylinders begrüßte – bei anwesenden Standespersonen wie Aristokraten, Ministern etc. entsprechend höher –, um sich dann vom Assistenten in elegant-dekorativen Bewegungen aus der Pelerine helfen zu lassen (dieses „Möbel" fiel bald darauf als erstes der Bequemlichkeit zum Opfer) und ihm darauf Zylinder, Schal und Handschuhe zu übergeben. Am Schluß der Vorlesung, während die Studenten, einem deutschen akademischen Brauch folgend, beifällig ihre Bänke beklopften, lief das gleiche Ritual in umgekehrter Richtung ab. Der Assistent hüllte seinen Professor

Abb. 13 Photographie eines Chemoluminiszenz-Experiments bei einer Vorlesung für organische Chemie um 1900 an der Universität München. Entgegen der Tradition sind Vortragender und Assistent in weiße Kittel gehüllt. Man beachte die steifen, stehenden Kragen, sogenannte Vatermörder.

in die Pelerine und übergab dann Schal, Handschuhe und Zylinder. Nach abermaligem, leichtem Lüpfen desselben erreichte Liebig wohlgeschützt die nahe Wohnung.

Man könnte den Eindruck gewinnen, diese feierliche Gestaltung des Auftritts sei – trotz ihrer weit zurückreichenden Tradition – letztlich doch Ausdruck eines „Modefimmels" Liebigs gewesen. Dem ist nicht so. Zum Beispiel wissen wir aus damaligen Beschreibungen komplizierter, jedoch üblicher Rituale bei höfischen, aristokratischen, aber auch bürgerlichen Bällen und sonstigen Tanzvergnügen, daß das Sozialprestige jedes noch so verkommenen aristokratischen Leutnants das eines gestandenen Professors weit übertraf. Es erübrigt sich völlig, Privatdozenten und Assistenten in diesem Zusammenhang auch nur zu erwähnen.

Man muß sich überdies daran erinnern, daß die Kleidung mit ihren Accessoires noch streng die gesellschaftliche Rangfolge bestimmte. So beriet Liebig König Max II. bei der Einführung des „Maximilian-Ordens für Kunst und Wissenschaft". Bei dieser Auszeichnung handelte es sich um die bayerische Gegengründung zu dem von Liebigs Gönner Alexander von Humboldt initiierten preußischen „Pour le mérite". Wissenschaftler, insbesondere Naturwissenschaftler, waren so gut wie ausschließlich bürgerlicher Abkunft, und nur ganz wenige, wie Liebig, wurden ihrer Verdienste wegen geadelt. Diese Situation führte zu einer heißen Debatte, ob die Träger des Maximilian-Ordens bei Festen des Hofes Degen tragen dürften oder nicht. Hintergrund dieser eher absurden Frage – wozu eigentlich sollte einem Professor der Chemie in der zweiten Hälfte des 19. Jahrhunderts noch ein Degen nützen? – war das kaum zu lösende Problem, ob ein „ausgezeichneter" Wissenschaftler den gleichen Rang beanspruchen dürfe wie die ebenfalls Degen tragenden Kammerherren. Dies entschied über den „Vortritt bei Hofe" und auch darüber, wer bei der großen Münchener Fronleichnamsprozession näher am Allerheiligsten und damit beim König gehen durfte, die Kammerherren oder die Wissenschaftler. Die Geschichte hat dieses Problem mittlerweile eindeutig gelöst. König und Kammerherren sind verschwunden.

Noch in der akademischen Jugendzeit des Verfassers dieser Zeilen – es sei eingestanden, daß sie mittlerweile auch schon bald ein halbes Jahrhundert zurückliegt – galt es für Professoren als ausgesprochen unfein, den Hörsaal schon vor dem Beginn einer Vorlesung zu betreten. Infolgedessen gab es in der Vorbereitung eine genau gehende, riesige Uhr und einen weiteren Assistenten, der auf die Sekunde genau mit einem leisen, aber bestimmten „Jetzt, Herr Professor!" die Türe aufriß – wie ein Abendregisseur hinter der Bühne.

Im heutigen Emil Fischer-Hörsaal der Humboldt-Universität Berlin baute man, der Legende nach zur Zeit Emil Fischers (1852–1919), in die nun schon mit einem „Periodischen System der Elemente" geschmückte Stirnwand eine Kanzel ein. Offenbar folgte man dem Vorbild eines protestantischen Predigtsaales oder einer katholischen Wallfahrtskirche. Angesichts der recht steil ansteigenden Sitzreihen war dem gewissermaßen in der Wand schwebenden Vortragenden die Aufmerksamkeit seiner Hörer sicher. Andererseits konnte der Lehrende von der Kanzel herab nur verbal in das Experimentiergeschehen eingreifen. Da sich überdies chemische Mißerfolge – meist in Gestalt von Flammen und Rauch – stets nach oben zu entladen pflegen, hat diese eigenwillige architektonische Lösung keine Nachahmer gefunden.

Über Jahrzehnte hinweg entfalteten die Professoren einen erstaunlichen Sinn für Effekte. Ein hübsches Beispiel dafür ist der fröhliche Vortragsstil von Professor Erich Schmidt, der in den fünfziger Jahren die große Anfängervorlesung für organische Chemie an der Ludwig-Maximilians-Universität in München hielt. Des Effektes wegen provozierte er trotz seiner antinationalsozialistischen Haltung ganz bewußt das Zischen seiner Hörer, wenn er sich bei der gefahrvollen Darstellung von Nitroglyzerin – immer auch kombiniert mit einer äußerst einprägsamen Darbietung des Leidenfrostschen Phänomens – einen besonders alten, verschrammten, feldgrauen Wehrmachtsstahlhelm auf sein graues Haupt stülpte.

Ein Kabinettstück professoraler Schaustellerei war alle Jahre wieder die Darstellung der Aminosäure Cystin aus Haaren. Letztere hätte man bei jedem Frisör bekommen können, das aber wäre viel zu profan gewesen. Schmidt erschien mit einem riesigen, ebenfalls aus alten Wehrmachtsbeständen stammenden Feldstecher für Artilleriebeobachter, um nach langem Suchen und mehrmaligem Durchmustern des Publikums die hübscheste Studentin mit den längsten Haaren zu orten. Sodann wurde der Assistent mit einer gewaltigen Schere losgeschickt, um der jungen Dame eine Locke zu rauben. Es mag ja sein, daß dergleichen Darbietungen ein wenig übertrieben sind, aber selbst dem intellektuell lahmsten Studenten dürfte der Zusammenhang Haar-Cystin-Cystein für alle Zeiten in Erinnerung geblieben sein.

Der Leser möge es dem Verfasser dieser Zeilen nachsehen, wenn er nun – nicht ohne Rührung – auf die von ihm selbst vor Jahrzehnten gehörte, große Experimentalvorlesung Wibergs an der Münchener Ludwig-Maximilians-Universität zu sprechen kommt. Der Anorganiker Professor Egon Wiberg (1901–1976) war als Verfasser eines der textreichsten je erschienenen Chemielehrbücher für Studenten so etwas wie die Verkörperung einer Legende. Während seines Rektorates vertrat ihn Professor Ernst Otto Fischer, der nämliche, dem dieses Buch gewidmet ist. Wie zu Liebigs Zeiten gab es (und gibt es heute noch) ein Vorlesungsbuch, in dem der Inhalt der jeweiligen Vorlesung festgehalten wurde, und zusätzlich Karteikarten, auf denen, ebenfalls wie in Liebigs Vorlesungsbuch, die auszustellenden Mineralien und Präparate sowie Skizzen der Versuchsaufbauten aufgezeichnet waren.

Es macht ausgesprochen Spaß, im Abstand von einigen Jahrzehnten in Wibergs Karten zu blättern, um über die Geschichte der einzelnen Experimente nachzusinnen. Schnell bemerkt man, daß viele Versuche sich über Jahrzehnte, ja Jahrhunderte hinweg im Vorlesungsprogramm gehalten haben, wie die „Zerlegung von HgO, Auffangen des Sauerstoffs und Nachweis mit Span. Quecksilberoxyd aufstellen", wie es auf der Karte heißt, auf der sich auch eine Skizze findet. Dieses Experiment hatte 1774 – also vor weit über zweihundert Jahren – zum ersten Mal Joseph Priestley (1733–1804) ausgeführt, um es bei seiner Frankreich-Reise während eines Diners Antoine Laurent Lavoisier vorzuführen. Ebenfalls von Priestley und dessen Zeitgenossen stammt der Versuch „Gewichtsverlust einer Kerze beim Brennen an offener Atmosphäre (Waage)". Es folgt das von Priestley entwickelte Experiment „Gewichtsvermehrung beim Auffangen der Verbrennungsgase", in dem man eine brennende Kerze zusammen mit einem beidseitig offenen, kleinen Glasrohr – einem sogenannten Kamin – oberhalb der Flamme an den einen Balken einer Waage hängte. Das Glasrohr wurde von oben nach unten mit jeweils einer Schicht von „$CaCl_2$, KOH und Natronkalk" gefüllt.

Einst hatte Priestley den Gehalt der Luft an atembaren Gasen dadurch gemessen, daß er den Sauerstoff in einem geschlossenen Glasgefäß durch Mäuse wegatmen ließ. Dabei legte er größten Wert auf die Feststellung, daß seine Beobachtungen nicht bis zum idealen Ergebniswert liefen, und infolgedessen seine Mäuse das Experiment im allgemeinen überlebten. Für die Münchener Vorlesung hatte man diesen Versuch – „Sauerstoffverbrauch beim Atmen von Tieren" – modifiziert. Man setzte auf einem Gitter zwei Meerschweinchen in einen großen Exsiccator, dessen unterer Hohlraum mit festem KOH gefüllt wurde. Die Druckabnahme im Innern des Exsiccators zeigte ein einfaches Manometer an.

Viel Aufmerksamkeit widmete man dem Wasserstoff und dessen Eigenschaften. Wie zur Zeit der ersten Luftballone Ende des 18. Jahrhunderts wurde deren Auftrieb in Luft mit der Waage bestimmt. Eindrucksvoll war auch das „Verbrennen von Knallgas in Seifenblasen in Porzellanschale“. Um den Effekt zu erhöhen, findet sich noch der Zusatz „und auf der Hand“. Im Klartext: Der Vortragende ließ sich die Höhlung der eigenen (!!), offenen Hand mit Seifenlauge füllen, der Assistent leitete mit einem Schläuchlein elektrolytisch erzeugtes Knallgas ein und zündete mit einem brennenden Span!

Wie einst auf Theaterbühnen und den Jahrmärkten früherer Jahrhunderte wurde die Staubexplosion mit Lycopodiumpulver, das sind Bärlappsporen, vorgeführt, oder, wie man früher sagte, mit „Hexenmehl“. Auch das Zerstäuben von Petroleum mit reinem Sauerstoff und das anschließende Entzünden des entstandenen Petroleumtröpfchennebels waren durchaus eindrucksvoll. Bei den beiden Experimenten „Umsetzung von Magnesium mit Wasserdampf“ und „Zerlegung von Wasserdampf durch Eisen“ – letzteres ein Experiment Lavoisiers – wurde den Studenten zum ersten Mal der Anblick komplizierterer Apparaturen geboten.

Schon beim Durchblättern der Karteikarten zu den Experimenten mit verflüssigter Luft oder Sauerstoff und Stickstoff ist die Freude am Experiment zu spüren:

1). Flüssigen Stickstoff und flüssigen Sauerstoff vorzeigen. In zwei Bechergläsern à 400 ml mit Schirmen (evtl. Dewars).
2). Untersinken von Sauerstoff in Wasser, Schwimmen von Stickstoff auf Wasser (im 3-Liter Becher).
3). Abtropfen von Sauerstoff an kupfernem Kühlgefäss. Am glimmenden Span nachweisen.
4). Dewargefäß aufstellen.
5). Flüssige Luft in Feldflasche geben und zukorken.

Auf der zweiten Karte heißt es:

1). Eintauchen von Schwefelblumen in fl. Stickstoff.
2). Eintauchen von Quecksilberjodid in fl. Stickstoff. Vergleichsreagenzgläser.
3). Eintauchen und Zerschlagen eines Gummiballs.
4). Eintauchen und Zerschlagen eines Gummischlauchs.
5). Gummischlauch einspannen mit Trichter.
6). Eintauchen und Anschlagen eines Bleirings mit Eisenstab.
7). Übergießen von Quecksilber in Ringform. Stark kühlen. Eintauchen in Wasser und an Stativ mit Schnur aufhängen. Schwarzer Schirm.
8). Quecksilber in Reagenzglas mit 2 mm Eisendraht geben. Dann kühlen mit Stickstoff und dann auf Amboß hämmern. Schale für Hg.
9). Quecksilber in Hammerform gießen und kühlen, Nagel mit Hg-Hammer in ein Brett schlagen.

Auf der nächsten Karte finden sich drei weitere Darbietungen:

1). Eintauchen einer Rose in Stickstoff.
2). Eintauchen eines Apfels in Stickstoff. Dann Rose und Apfel in Reibschale verreiben.
3). Ein Paar Wienerwürste in Stickstoff eintauchen und dann zerschlagen.

Liebevoll wurden die Eigenschaften von flüssiger Luft demonstriert:

1). Glimmenden Holzspan in Sauerstoff eintauchen.
2). Eintauchen einer Zigarette in Sauerstoff und anzünden.
3). Zigarette anzünden und in flüssige Luft werfen.
4). Kork in ausgehöhltem Eisblock mit flüssiger Luft verbrennen.
5). Glühendes Stückchen Anthrazit in Schälchen mit Sauerstoff werfen.

Auf einer weiteren Karte heißt es:

1). Watte + Kohlepulver + Sauerstoff auf Tonteller entzünden.
2). Die gleiche Mischung in Porzellanschale durchkneten und in ausgehöhlten Korkstopfen einfüllen. Dann durch Stricknadel entzünden.
3). Ausgießen von flüssiger Luft über Hände.
Vorsicht kein Ring!

Etwas kindisch, aber sehr wirkungsvoll ist eine Darbietung, die auf der nächsten Karte aufgezeichnet ist, und bei der Professor und Assistent als Duo auftraten:

Rauchende Hüte
Auf zwei entsprechend geformte Hüte flüssige Luft gießen. Wellpappscheiben in die Hüte geben und aufsetzen. Dann gegenseitig ca. 40 ccm Wasser in die Mulde gießen.

Die wohl komplizierteste Apparatur wurde für die „Synthese von HJ mit Platinschwamm als Katalysator mit anschließenden Versuchen“ aufgebaut, zu der auch reichlich Theorie geboten wurde. Die Chemie der Chlorate war dagegen mit „Bengalischem Feuer“ und „Radauplätzchen“ wieder sehr den Schau-Effekten verpflichtet.

Das Kapitel über Chlorate brachte den großen Höhepunkt der Wibergschen Vorlesung – bis heute bei den inzwischen alt gewordenen Hörern unvergessen. Studenten mit Sinn für forensische Chemie und Leser von Kriminalromanen erschauerten wohlig bei dem eindeutig makabersten Experiment des gesamten Vorlesungszyklus:

Verschwinden einer toten Maus.
In eine Porzellankasserole von 15 cm Durchmesser gibt man 150 ccm konz. Salzsäure und eine tote Maus.

Die Porzellankasserole stellt man auf einen Dreifuß mit Asbestdrahtnetz über den Tischabzug und erhitzt unter Zugabe von Kaliumchlorat.

Nach Zugabe von ca. 23 Spateln Kaliumchlorat während 30 Minuten ist die Maus verschwunden.

Den Inhalt der Kasserole gießt man in einen Filtrierstutzen mit 3 Liter Wasser und nach Abdekantieren den Rest in einen Trichter mit Glaswolle.

Neben einer Fülle damals modernster Versuche fanden sich aber immer wieder klassische Oldtimer. Zur Demonstration der Spannungsreihe griff man auf eine Entdeckung von Lemery zurück, dem wir schon bei der Geschichte des Jardin du Roi begegnet sind. Dieser hatte 1707 in seinen „Réflexions et observations diverses sur une végétation chimique" die Kristallisation von edleren Metallen an Drähten aus weniger edlen Metallen geschildert. Offenbar war dieses Experiment für die Assistenten Wibergs sehr leicht durchzuführen, denn auf der Karte heißt es lapidar:

Bleibaum 10 %ige Lösung
Zinnbaum 5 %ige Lösung

Daß diese Versuche aber auch in modernerer Form geboten wurden, kann man der folgenden Karte entnehmen:

Wärmetönung bei der Abscheidung von Kupfer auf Eisendrahtnetz im Thermoskop.

Für die „Schwefelbildung aus $H_2S + SO_2$" wurde wieder eine recht komplizierte, aber in ihrer Kompliziertheit schöne und im Hörsaallicht blitzblank glänzende Apparatur aufgebaut. Offenbar hatten die Assistenten aber Schwierigkeiten, denn auf der maschinengeschriebenen Karte mit einer wundervollen Skizze finden sich spätere, mit Bleistift vermerkte Verbesserungen: „warmes H_2O" und „H_2S-Strom doppelt so schnell wie SO_2".

Zur „Entfärbung von Farbstoffen durch SO_2" zeigte man wie im vorigen Jahrhundert das Bleichen einer leuchtend roten Rose unter einer Glasglocke. Natürlich lag es für Wiberg nahe, als Nachfolger auf der Professur Liebigs dessen Verfahren zur Herstellung von Silberspiegeln auf Glas vorzuführen. Die Chemie der Azide erfreute dagegen die Ohren der Studenten wieder durch wilde Knallerei. In einer über einer Bunsenflamme erhitzten Retorte gewann man aus Ammoniumsulfat und Natriumnitrat Lachgas (N_2O), dessen die Nervenkontrolle lähmende Eigenschaften man aber nicht demonstrierte – im Gegensatz zu einer einst berühmt-berüchtigten Vorlesung der Royal Institution, in der ausgerechnet deren Geschäftsführer, Sir John Hippesley, als Versuchskaninchen diente und durch eine Überdosis Lachgas vor dem Publikum allzu deutlich die Kontrolle über die Organe seines Unterleibs verlor, was in einem bis heute beliebten Kupferstich in drastisch englischem Humor für immer festgehalten wurde.

An die Menetekel-Wahrsagereien früherer Jahrmarktsgaukler knüpfte das Experiment „Mit weißem Phosphor an Tafel schreiben“ an:

> Mit Phosphor (in Porzellanschale mit H_2O bereithalten) an trockene Tafel schreiben, Phosphorstange ganz in gut nasses Handtuch einschlagen. Eimer mit Wasser bereitstellen!

Übrigens: Kupfersulfatlösung ist noch besser !!!

Für Studenten ist natürlich das „Verbrennen von Phosphor unter Wasser (Entzündungstemperatur 60 °C)“ besonders schön anzuschauen, ebenso die „Probe von Mitscherlich“: „Gelber Phosphor ist mit Wasserdampf flüchtig. An der Berührungszone mit Luftsauerstoff erfolgt Leuchten.“ Auch dies ist ein Versuch aus der forensischen Chemie, reizvoll für jeden Krimileser. Die gleiche „Arsen und Spitzenhäubchen“-Stimmung herrschte auch und gerade bei der darauffolgenden Marshschen Probe auf Arsen, die dem Assistenten das Aufstellen besonders vieler Proben abverlangte:

> Arsen, Arsenik, Porzellanarsenik, Kaliumarsenat, Arsentrichlorid, Auripigment, Schweinfurter Grün, Bleischrot, Arsen-Säure.

Ein Oldtimer aus dem vorigen Jahrhundert und eine Entgiftungsmethode, die einst den jungen Robert Wilhelm Bunsen (1811–1899) berühmt gemacht hatte, ist die „Entgiftung von Arsenik mit Eisenhydroxyd“:

> Eisenchlorid mit NaOH fällen und mehrmals dekantieren. Mit dem Niederschlag H_3AsO_3-Lösung versetzen. Mit H_2S kein As mehr nachzuweisen.

Niedrigschmelzende Metall-Legierungen machten und machen noch immer Spaß:

> Woodsche Legierung aufstellen.
> Löffel gießen und kochenden Tee umrühren.

Offenbar ging dem Vortragenden das Experiment nicht schnell genug, jedenfalls hatte ein wohl ob seiner Langsamkeit gescholtener Assistent mit Bleistift nachgetragen: „(vorher schon zum Kochen bringen!)“.

Ein großartiges Vorlesungs-Experiment war stets das „Aluminothermische Verfahren“. Bei der Besprechung des Calciumcarbonates wurde in „Projektion“ auch die „Doppelbrechung des Kalkspats“ vorgeführt, jene Erscheinung, die einst Johann Wolfgang von Goethe in theoretische Verzweiflung gestürzt hatte, da sie zwar deutlich sichtbar, aber durch seine Farbenlehre nur mühsamst zu deuten war. Auf Davys Traditionen an der Royal Institution beruht wiederum die „Reaktion von Natrium mit Wasser", wobei mit zwei Ausrufezeichen empfohlen wurde: „Schutzbrille aufsetzen".

Ein Experiment, das auf eine besonders lange und technisch bedeutsame Geschichte zurückblicken kann, ist die Darstellung von Berliner Blau, die von dem Theologen und Alchimisten Johann Conrad Dippel (Pseudonym: Christianus Demokritus, 1673–1734) gefunden wurde.

Oft zeigte man das Phänomen der „Lösungskälte", nach der Legende eine Entdeckung von Galeerensklaven des 16. Jahrhunderts im Mittelmeer.

Die „Vorlesung über radioaktive Stoffe" beschloß die anorganische Grundvorlesung. Auch hier wurde demonstriert, doch hatte man offensichtlich schlechte Erfahrungen gesammelt oder fühlte sich experimentell überfordert, denn man erbat Hilfe von außen: „Die Reichweite von Alphastrahlen (wird von Herrn Kress, Leybold demonstriert). Ein Alphastrahler wird auf einer Linealschiene dem Zählrohr langsam genähert. Dieses setzt in einem ganz bestimmten Abstand ein, nämlich der Grenze der Reichweite der Alphastrahlen aus dem Präparat (Geräte der Fa. Leybold)."

Vielleicht war nicht jedes Experiment wirklich sinnvoll, aber allemal sehr einprägsam!

Nachsatz:

Die im Wintersemester 1957/58 von Professor E. O. Fischer gehaltene Vorlesung der anorganischen Chemie für Anfänger war die erste, die der Verfasser dieser Zeilen miterlebte. Sie hat ihn nachhaltig beeinflußt. E. O. Fischer (geb. 10.11.1918, Nobelpreis für Chemie 1973) pflegte nach den Vorlesungen mit seinen Hörern zu diskutieren. Auf meine Frage, wie man später, nach dem Chemie-Studium, sein Leben gestalten könne, gab er die bezeichnende Antwort: Reichtümer würde man mit Chemie keinesfalls erwerben. Besser sei es, sich auf die Entwicklung und Produktion neuer Zahnpasten zu spezialisieren. Leider wurde dieser äußerst vernünftige Rat vom Chronisten in den Wind geschlagen. So fanden sich Zeit und Muße, Vorstehendes zu erzählen.

Literatur zu den Kapiteln 6 und 7

[1] Justus von Liebig, *Die Chemie in ihrer Anwendung auf Agricultur und Physiologie.* 9. Auflage, hrsg. von Dr. Ph. Zöller. Friedrich Vieweg und Sohn, Braunschweig, 1876. Nachdruck: Buchedition Agrimedia, ohne Jahr.

[2] Justus von Liebig, *Chemische Briefe.* Wohlfeile Ausgabe. C.F.Winter'sche Verlagshandlung, Leipzig und Heidelberg, 1865.

[3] Otto Krätz und Claus Priesner (Hrsg.), *Liebigs Experimentalvorlesung und Kekulés Mitschrift.* Verlag Chemie, Weinheim, 1983.

[4] Otto Krätz, *Historische chemische und physikalische Versuche, eingebettet in den Hintergrund von drei Jahrhunderten.* Aulis Verlag Deubner, Köln, 1979.

[5] Otto Krätz, *Faszination Chemie. 7000 Jahre Kulturgeschichte der Stoffe und Prozesse.* Callwey, München, 1990.

[6] Institut Mathildenhöhe Darmstadt (Hrsg.), *Georg Büchner, 1813–1837. Revolutionär, Wissenschaftler.* Stroemfeld/Roter Stern, Frankfurt/Main, 1987.

[7] Carlo Paolini, *Justus von Liebig. Eine Bibliographie sämtlicher Veröffentlichungen mit biographischen Anmerkungen.* Carl Winter Universitätsverlag, Heidelberg, 1968.

[8] Eberhard Schmauderer (Hrsg.), *Der Chemiker im Wandel der Zeiten. Skizzen zur geschichtlichen Entwicklung des Berufsbildes.* Verlag Chemie, Weinheim, 1973.

[9] Clemens Alexander Wimmer, *Geschichte der Gartentheorie.* Wissenschaftliche Buchgesellschaft, Darmstadt, 1989.

[10] William H. Brock, *Viewegs Geschichte der Chemie.* Aus dem Englischen von Brigitte Kleidt und Heike Voelker. Vieweg, Braunschweig, 1997.

8
Marco-Bragadino-Faschingsvorlesung
an den chemischen Instituten der Technischen Universität München

„Ce n'est pas assez de savoir les principes,
il faut savoir MANIPULER."

Von Michael Faraday gewähltes Motto für seine „Chemical Manipulation", London 1827, aus dem Dictionnaire de Trevoux

Es ist ein naheliegender, wenn auch vielleicht etwas makabrer Gedanke, die Faschingsvorlesung einer Münchener Hochschule einem betrügerischen Goldmacher und Alchimisten zu widmen, der 1591 in München vor der Maxburg unter einem mit Flittergold beklebten Galgen mit dem Richtschwert vom Leben zum Tode befördert wurde. Makaber ist dies schon deshalb, weil damalige Augenzeugen überlieferten, daß der Scharfrichter nicht seinen besten Tag gehabt und seine Treffsicherheit zu wünschen übrig gelassen habe. Er soll den armen Bragadino deshalb sozusagen scheibchenweise ins Jenseits befördert haben. Dabei hätte diese Todesart eigentlich eine „Gnade" sein sollen. Das Urteil lautete auf das schimpfliche Erhängen mit dem Strick und wurde auf Einrede des angeblich aristokratischen Delinquenten in das ehrenvollere Enthaupten abgemildert. Zwei der Spießgesellen Bragadinos starben durch Erhängen. Zwei große, schwarze Hunde, die Bragadino stets begleitet hatten, wurden auf dem Richtplatz erschossen. Offenbar wähnte man in ihnen Inkarnationen besonders böser Geister. Das Mitführen großer, schwarzer Hunde scheint bei Alchimisten Tradition gewesen zu sein. Noch Johann Wolfgang von Goethe läßt in seinem Faust-Drama Mephistopheles als feurige Funken sprühenden, schwarzen Pudel auftreten.

Marco Bragadino ist eine seltsam faszinierende Figur. Sein eigentlicher Familienname soll „Mamugna" gewesen sein. Angeblich stammte er aus Cypern und wuchs auf einem Gut der venezianischen Aristokratenfamilie Bragadin auf, deren Namen er später als deren Hintersasse annahm.

Der Chemiehistoriker Hermann Kopp, ein Freund Liebigs, behauptete, Bragadino habe schon im Orient als Alchimist gewirkt, sei 1578 als vorgeblicher Graf Mamugnano nach Venedig gekommen und habe sich dort als betrügerischer Goldmacher betätigt. 1588 ging er nach Deutschland, wo er sich als Graf Marco Bragadino und als Sohn des venezianischen Admirals Marcantonio Bragadin ausgab, der 1571 die Festung Famagusta erfolglos gegen die Türken verteidigt hatte. Diese waren in dem ihnen eigenen Sinn für etwas direkte Scherze auf die Idee gekommen, den Admiral zu schinden und seine Haut, gefüllt mit Wolle und Sägespänen, als eine Art Puppe nach Venedig zu schicken.

Abb. 14 Fritz Kreißl und seine Helfer halten das begeisterte Publikum in der alljährlichen Marco-Bragadino-Faschingsvorlesung in Atem. Das ist Chemieunterricht, wie man ihn sich vorstellt!

Der Senat ließ die Füllung herausnehmen und Bragadins in des Wortes direktester Bedeutung „sterbliche Hülle" in eine Marmorvase verbringen, die man in der Kirche Ss. Giovanni e Paolo noch heute bewundern kann. Solche Geschichten sind zwar etwas makaber, aber jeder in Europa kannte sie. Insofern lag es für einen Hochstapler nahe, sich des Namens Bragadin zu bedienen.

Es gab noch einen anderen Grund: Die Republik Venedig war in mancher Hinsicht den Juden gegenüber großzügiger als andere italienische Staaten dieser Zeit. Zwar war es Juden auch in Venedig untersagt, Buchdruckereien, insbesondere solche für Bücher in hebräischer Sprache und Schrift, zu betreiben, doch durften christliche Drucker Hebräisch drucken und dabei sogar Juden als Gehilfen beschäftigen. Dadurch wurde Venedig im 16. Jahrhundert zu einem der europäischen Hauptdruckplätze für jüdische kabbalistisch-alchimistische Literatur. Eine in diesem Geschäft besonders erfolgreiche Offizin war die der Familie Bragadin. Daher hatte dieser Name bei an Alchimie Interessierten einen sehr guten Klang. Doch nützte das nichts: Nachdem Marco Bragadino den alchimiegläubigen bayerischen Herzog allzu sehr gerupft und kein Gold gemacht hatte, schlug seine letzte Stunde.

Teil 2

Die Experimente – Marco-Bragadino-Faschingsvorlesung

Von Friedrich R. Kreißl, Zwischentexte von Otto Krätz

„Von ihrem ersten Beginnen an war die Chemie vorzugsweise die Wissenschaft der Wunder."

Sir David Brewster, Briefe über die natürliche Magie, 1833

Chemische Zaubereien sind physikalischen Kunststücken in aller Regel in einem wesentlichen Punkt deutlich überlegen. Der chemische Trick bedarf im allgemeinen – sieht man von Goldmachertricks und farbigen Lösungen einmal ab – keiner Täuschung. Zaubert man hingegen ein lebendes Kaninchen aus einem Zylinder, so kommt man um allerlei Täuschungsmanöver wie doppelte Böden etc. nicht herum. Man führt nach einem alten Sprichwort das Publikum „hinters Licht".

Bei chemischen Schauexperimenten ist dies im allgemeinen anders. Dort gibt es – meist – keine doppelten Böden. Wenn ein Zuschauer in einer chemischen Schauvorlesung Pech hat, wird er nicht hinters Licht geführt, sondern mitten hinein und darf dann bei dem sich anschließenden Krankenhausaufenthalt darüber nachdenken, warum die Deckungsgleichheit von Wahrnehmung und Realität auch ihre Nachteile hat.

Bei chemischen Tricks läuft tatsächlich das ab, was man sieht. Es kracht echt, es brennt echt. Physikalische Tricks täuschen meist etwas vor, was man eigentlich so gar nicht sieht, sondern nur zu sehen glaubt. Chemische Tricks sind real. Der „Dame ohne Unterleib" hingegen darf der Zuschauer nicht zu nahe kommen, sonst durchschaut er die Optik. Keinesfalls darf man ihm gestatten, den Strahlengang der Spiegelungen durch Einbringen seiner Hand zu stören. Greift man dagegen in einen chemischen Flammentrick, wird einem der Zusammenhang von Flammenschein und Temperatur schnell und nachhaltig bewußt.

9
Feuer

> „Und brennt auch lodernd um Dich her
> Der Neider dürre Wut,
> Stumm stehst Du wie ein Märtyrer
> Samt Steak in Deiner Glut."
>
> *H. W. C., Die Apotheose eines Salamanders, 1829*

Diese bemerkenswerte Strophe aus einem längeren Preisgedicht bezieht sich auf den „Fire King" Ivan Ivanitz Chabert, der sich mit einem Steak oder einer Hammelkeule in einen tatsächlich beheizten Backofen begab und der lebend mit einem Braten – allerdings „englisch", das heißt nicht ganz durchgebraten – wieder herauskam. Diese Darbietung zog eine wissenschaftliche Untersuchung durch die Royal Society unter Leitung von Sir Joseph Banks nach sich, die erbrachte, daß es ein Mensch bei Gluttemperatur tatsächlich bis zu zehn Minuten in einem Raum aushalten kann.

Wie für einen Artisten in dieser Zeit üblich, betätigte sich Chabert nebenbei auch als kurpfuschender Quacksalber, insbesondere im Alter, als er in New York an der Grand Street einen „Fire King's Drugstore" aufmachte, wo er Heilmittel gegen Schwindsucht und chinesisches Hautwasser verkaufte.

Über Jahrtausende hinweg hat Feuer nichts von seiner Faszination für den Betrachter eingebüßt. Macht über das Feuer verleiht einen unerhörten Nimbus. Der schottische Physiker David Brewster (1781–1868) beschrieb 1833 in seinen „Briefen über die natürliche Magie", wie im 2. Jahrhundert nach Christus während eines Sklavenaufstandes in Sizilien der Anführer Eunus, um seine zögerlichen Anhänger zu motivieren, Flammen und Rauch aus dem Mund gespieen habe. Brewster fährt fort: „Der heilige *Hieronymus* erzählt, daß Rabbi *Barchochebas*, der die Juden in ihrem letzten Aufstande gegen *Hadrian* befehligte, seine Anhänger dadurch, daß er Flammen aus dem Munde spie, wollte glauben machen, er sei der Messias." Für dergleichen Kunststücke lassen sich in der antiken Literatur viele eindrucksvolle Belege finden: „Die Priesterinnen der *Diana* zu Castabala in Capadocien wandelten, dem Zeugnis des *Strabo* zufolge, auf glühenden Kohlen."

Dergleichen Geschichten haben Chemieprofessoren zu allen Zeiten beunruhigt und beflügelt, um so mehr, als es immer einen Wettstreit zwischen Gauklern und Wissenschaftlern gab. Häufig genug hatten die Gaukler die Nase vorn, und das schadenfrohe Publikum sah höchst belustigt zu, wie sich Professoren und wissenschaftliche Kommissionen vergebens mühten, einen „Fürsten des Feuers", einen „Menschlichen Vulkan", einen „Salamander“ oder einen „Fakir in Devil's Hell“ zu entlarven. Der Zauberer Ricky Jay hat in seinem köstlichen Werk: „Sauschlau und feuerfest. Menschen, Tiere, Sensationen des Showbusiness“ folgende Begebenheit festgehalten:

„Signore Lionetto, ein ‚feuerfester‘ Spanier, erweckte die Neugier von Luigi Seminti, ordentlicher Professor für Chemie an der Königlichen Universität zu Neapel. Seminti notierte im Jahre 1808, daß der Spanier nur Backöfen, die nach seinem eigenen Entwurf errichtet worden waren, bestieg. Seminti erteilte auch Ratschläge, wie man die Auswirkungen des Feuers mindern könnte, und führte viele Kunststücke des Spaniers selbst vor. Er brachte rotglühendes Eisen auf seine Zunge, nachdem er sie mit einer harten Seife und einer auf Alaun beruhenden Paste, die mit feinem Puderzucker bestreut war, eingestrichen hatte. Als er brennendes Öl auf seine Zunge brachte, ließ ein zischendes Geräusch die Zuschauer aufspringen, doch empfand der Professor keinen Schmerz. Er wartete, bis sich das Öl abgekühlt hatte, und schluckte es dann hinunter.“

Im Jahre 1814 trat in England die Feuerkünstlerin Josephine Girardelli auf: „Bei ihrer Vorstellung in ‚Mr. Laxton's Rooms‘ in der New Bond Street Nr. 23 nahm die Signora siedendes Blei in den Mund, auf dem sie dann stolz den Abdruck ihrer Zähne zeigte. Sie schritt barfuß über einen glühenden Eisenbarren und strich sich damit über verschiedene Körperteile. Sie wusch sich in *Aqua fortis* und nahm kochendes Öl in den Mund.“

Dies rief einen sonst nicht bekannten Mr. Carlton auf den Plan, der sich als „Professor der Chemie auf dem Weg nach Schottland“ bezeichnete und der im Dezember 1818 in der Taverne „Three Tuns“ am Old Flesh Market in Newcastle die meisten Tricks der Girardelli wiederholte und dabei betonte, daß er nur entlarven wolle, was so lange als eine übernatürliche Gabe gegolten habe und die Geschicklichkeit vieler bedeutender Professoren der Chemie blamiert hätte.

Ricky Jay gab auch einen guten Rat, den die Leser dieser Zeilen, sollten sie je das Bedürfnis haben, sich mit glühend heißen Gegenständen zu vergnügen oder sich bei der Wiederholung der folgenden Versuche allzu ungeschickt anstellen, unbedingt beherzigen sollten: „Beißen Sie in kein rotglühendes Eisenstück, solange Sie nicht über das geeignete Gebiß verfügen.“

Noch immer erfreuen sich Flammentricks der großen Liebe des Publikums. In André Hellers Zirkus Roncalli entzündete „der Flammenadjutant des Maharadschas von Dschaipur“ durch Feuerspeien einen scheinbar freischwebenden Fackelkranz. In der „Konversation der Fremden“ bespieen sich zwei Artisten gegenseitig und gleichzeitig mit Feuer und formten so einen riesigen Flammenbogen.

Wie auch immer: Feuriges macht Spaß – und Macht über das Feuer verstärkt im Hörsaal auch den Nimbus eines Chemieprofessors.

Zum Schluß bemerkt: Das Bereithalten von Wasser, Feuerlöscher, Löschdecken, Feuerpatschen, Brandsalben und der Telephonnummer der Feuerwehr wirkt zuweilen lebensverlängernd und sollte daher tunlichst nicht vergessen werden.

9.1 Gesalzener Alkohol

Sicherheitshinweis

Ammoniumchlorid und Lithiumchlorid sind gesundheitsschädlich und reizend, Ammoniak und Schwefelsäure wirken ätzend sowie reizend, Calciumchlorid und Zinkchlorid werden als ätzend eingestuft, Kupferchlorid ist giftig und reizend, Natriumcarbonat wirkt reizend. Ethanol ist leichtentzündlich, Methanol leichtentzündlich und giftig. Das Tragen einer Schutzbrille ist erforderlich!

Chemikalien

- Ammoniumchlorid NH_4Cl,
- Borsäure $B(OH)_3$ oder Borsäuretrimethylester $B(OCH_3)_3$,
- Kupferchlorid $CuCl_2$,
- Lithiumchlorid LiCl,
- Magnesiumchlorid $MgCl_2$,
- Natriumchlorid NaCl,
- Strontiumchlorid $SrCl_2$,
- Zinkchlorid $ZnCl_2$,
- konz. Ammoniak-Lösung NH_3,
- Ethanol C_2H_5OH,
- Methanol CH_3OH,
- konz. Schwefelsäure H_2SO_4,
- reines Petroleum,
- Watte.

Geräte

- Bunsenbrenner,
- 1 Porzellanschale pro Farbversuch,
- Spatel,
- Glasstäbe,
- Meßzylinder,
- Pipette.

Versuch

Die Porzellanschalen werden mit etwas Ethanol – nach Bedarf 1–2 mL Petroleum – und den farbgebenden Salzen nebeneinander aufgestellt. Nach dem Abdunkeln des Raumes entzündet man das jeweilige Gemisch, welches mit mehr oder weniger ausgeprägter, geisterhafter Flamme brennt.

Zusammenstellung der Flammenfärbungen:

Gelb	Natriumchlorid + Ammoniumchlorid
Rot	Strontiumchlorid
Weiß	Zinkchlorid, Magnesiumchlorid
Grün	Borsäuretrimethylester oder ein Gemisch aus Borsäure, Methanol und ein bißchen Schwefelsäure
Dunkelblau*	Kupferchlorid
Violett*	Lithium- oder Strontiumchlorid

* Für die Flammenfärbungen Dunkelblau bzw. Violett setzt man noch ein wenig konz. Ammoniak-Lösung hinzu und verteilt die Mischung auf einem Wattebausch.

Chemie

Bei starkem Erhitzen emittieren die Salze Licht mit einer für das Metallatom charakteristischen Wellenlänge. Diesen Effekt nutzt man beim spektroskopischen Nachweis der Elemente (s → p-Übergänge in der Gasphase) oder in der Pyrotechnik als Farbquelle aus [1,2].

Entsorgung

Die Verbrennungsrückstände werden in Wasser gegeben und mit Natriumcarbonat versetzt. Man trennt durch Sedimentieren und Dekantieren, entsorgt den Feststoff als chemischen Sondermüll und die Flüssigkeit über das Abwasser.

Literatur

[1] Holleman-Wiberg, *Lehrbuch der Anorganischen Chemie*, Walter de Gruyter, Berlin, New York, 1995, S. 1141.
[2] Römpp *Chemie Lexikon*, Georg Thieme Verlag, Stuttgart, New York, 1995.

9.2 Thermit-Verfahren – flüssiges Eisen

Sicherheitshinweis

Das Tragen einer Schutzbrille und von Handschuhen ist erforderlich. Die verwendeten Ausgangsstoffe müssen völlig trocken sein, da sonst das glühende Reaktionsgemisch aus dem Tiegel herausgeschleudert werden kann – eventuell vorher über Nacht bei 150 °C im Trockenschrank behandeln. Aluminiumpulver sowie -grieß sind leichtentzündlich.

Bei Verwendung von Tontiegeln muß der Versuch vorher unbedingt ohne Zuschauer im Freien getestet werden, die unten angegebenen Mengen sind dabei drastisch (bis auf ein Fünftel) zu reduzieren!

Chemikalien

- 75 g Aluminiumgrieß oder Aluminiumpulver,
- 250 g Eisen(III)-oxid Fe_2O_3 oder Magnetit Fe_3O_4,
- Sternwerfer.

Geräte

- Großer Graphittiegel (Höhe ca. 14 cm, ∅ ca. 8 cm) mit einem Loch im Boden (∅ ca. 2 cm),
- kleine Eisenscheibe zum Abdecken des Loches,
- Stativ mit Muffe und Ringhalterung für den Tiegel,
- kleiner Graphittiegel (Höhe ca. 9 cm, ∅ ca. 6 cm),
- Eisenplatte ca. 20 × 20 cm,
- 2–3 Isoplanplatten ca. 30 × 30 cm,
- Tiegelzange,
- Hammer,
- dicke Metallplatte.

Versuch

Der große Graphittiegel wird auf die Ringhalterung gegeben und das Loch innen mit der Eisenscheibe abgedeckt. Unterhalb der Ringhalterung stellt man den kleinen Graphittiegel auf die Eisenplatte und die darunterliegenden, als Hitzeschutz dienenden Isoplanplatten.

Das trockene Aluminiumpulver und das Eisenoxidpulver werden gut miteinander vermischt und in den großen Graphittiegel gefüllt. Die Zündung des Thermitgemisches Al/Fe_2O_3 bzw. Al/Fe_3O_4 erfolgt mit einem brennenden Sternwerfer.

Unter starker Hitzeentwicklung (der Graphittiegel beginnt zu glühen) und unter Funkensprühen wird das Eisenoxid zu flüssigem Eisen reduziert, welches nach Durchschmelzen der kleinen Eisenscheibe in den unteren, kleinen Graphittiegel läuft. Man läßt den im kleinen Graphittiegel gebildeten Regulus zuerst an der Luft abkühlen, schreckt ihn dann mit kaltem Wasser ab und zerschlägt ihn schließlich mit dem Hammer auf einer dicken Metallplatte. Hierbei werden Eisen und Schlacke voneinander getrennt.

Chemie

Die Mischung aus Aluminiumgrieß und Eisenoxid setzt sich unter starkem Erhitzen auf ca. 2400 °C zu Eisen und Aluminiumoxid um (aluminothermisches Verfahren von Hans Goldschmidt, 1897) [1,2].

$$2\,Al + Fe_2O_3 \rightarrow Al_2O_3 + 2\,Fe \qquad \Delta H = -1677\ kJ$$
$$8\,Al + 3\,Fe_3O_4 \rightarrow 4\,Al_2O_3 + 9\,Fe \qquad \Delta H = -3381\ kJ$$

Entsorgung

Nach dem vollständigen (!) Abkühlen können die Reaktionsrückstände mit dem Hausmüll entsorgt werden.

Literatur

[1] Goldschmidt, *Aluminothermie*, S. Hirzel-Verlag, Leipzig, 1925.

[2] Holleman-Wiberg, *Lehrbuch der Anorganischen Chemie*, Walter de Gruyter, Berlin, New York, 1995, S. 1066.

9.3 Funkensprühendes Gemisch aus Zink und Schwefel

Sicherheitshinweis

Das Tragen einer Schutzbrille und von Handschuhen ist dringend erforderlich. Wegen der starken Rauchentwicklung soll der Versuch nur in einem gut belüfteten Raum gezeigt werden. Die verwendeten Mengen sind dabei unbedingt der jeweiligen Raumgröße anzupassen und gegebenenfalls entscheidend zu reduzieren!

Chemikalien

- 10 g Schwefelblume,
- 20 g Zinkpulver.

Geräte

- Erlenmeyerkolben,
- Isoplanplatte ca. 30 × 30 cm,
- dicker Eisendraht ca. 30 cm lang,
- Spatel,
- Bunsenbrenner.

Versuch

In einem trockenen Erlenmeyerkolben vermischt man durch vorsichtiges Schütteln das Zink- mit dem Schwefelpulver und formt anschließend aus der weitgehend einheitlichen Mischung auf der Isoplanplatte einen kleinen Kegel. Mit einem in der Flamme des Bunsenbrenners zum Glühen erhitzten Eisendraht berührt man das Zink-Schwefel-Gemisch.

Nach anfänglichem Schmelzen des Schwefels startet die Reaktion unter starker Flammenerscheinung und Funkensprühen (!), begleitet von kräftigem Zischen und Qualmen.

Chemie

Zink setzt sich in einer exothermen Reaktion mit Schwefel zu Zinksulfid und mit Luftsauerstoff zu Zinkoxid um [1]. Die leicht gelbe Farbe der Reaktionsprodukte beruht auf der Tatsache, daß sich Zinkoxid beim Erhitzen gelb verfärbt, was auf den Austritt von Sauerstoff aus dem Kristallgitter zurückzuführen ist [2]. In einer Nebenreaktion kann Schwefel mit Sauerstoff zu Schwefeldioxid verbrennen.

$$Zn + S \rightarrow ZnS$$
$$2\,Zn + O_2 \rightarrow 2\,ZnO$$
$$S + O_2 \rightarrow SO_2$$

Entsorgung

Die Verbrennungsrückstände werden als anorganischer Sondermüll entsorgt.

Literatur

[1] Holleman-Wiberg, *Lehrbuch der Anorganischen Chemie*, Walter de Gruyter, Berlin, New York, 1995, S. 1365.
[2] N. N. Greenwood, A. Earnshaw, *Chemie der Elemente*, VCH Verlagsgesellschaft, Weinheim, 1988, S. 1549.

9.4 Wandernder Feuerball

Sicherheitshinweis Pentan ist leichtentzündlich.

Chemikalien

- 4–10 mL Pentan C_5H_{12}.

Geräte

- 250-mL-Becherglas,
- PVC-Schlauch ∅ ca. 3 cm, Länge ca. 5 m,
- ein ca. 20 cm langes Glasrohr in der Weite des PVC-Schlauches,
- hohes Stativ,
- Muffen,
- Metallstangen,
- Stativklammern,
- Kerze,
- großer PVC-Trichter ∅ ca. 25 cm,
- Tiegelzange,
- 10 g Watte oder Glaswolle.
- CO_2-Feuerlöscher.

Versuch

Die Metallstangen fixiert man am Stativ und befestigt mit Hilfe der Muffen und Stativklammern den PVC-Schlauch derart, daß er die Form einer Spirale einnimmt. In das obere Ende des PVC-Schlauches setzt man den großen Trichter und in das untere das Glasrohr ein. Ungefähr 10 cm vom anderen Ende des Glasrohres entfernt wird eine Kerze eingespannt.

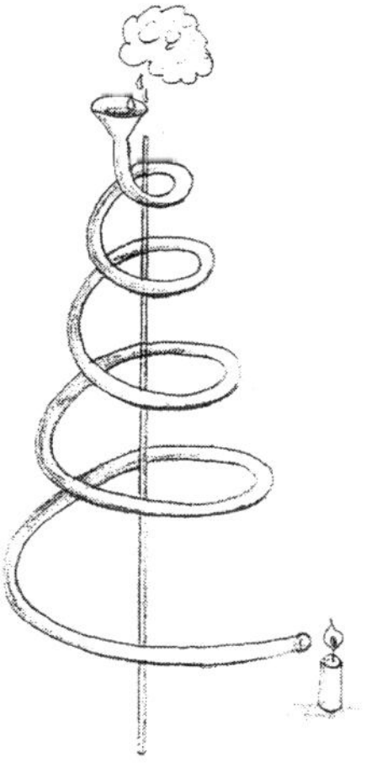

Zur Vorführung im völlig abgedunkelten Raum entzündet man die Kerze und hält in den Trichter einen leicht mit Pentan angefeuchteten Wattebausch (∅ ca. 10 cm); es darf dabei kein Pentan heraustropfen. Die schweren Pentandämpfe wandern vermischt mit Luft in der Spirale langsam abwärts. An der brennenden Kerze entzündet sich das Pentan-Luft-Gemisch, worauf ein mit blauer Farbe brennender Feuerball langsam im PVC-Schlauch nach oben wandert.

Dem Mut des Experimentators bleibt es nun überlassen, ob er den mit Pentan getränkten Wattebausch aus dem Trichter entfernt – oder ihn vom Feuerball entzünden läßt!

Chemie

Die Pentandämpfe (molare Masse 72.2 g/mol) sind schwerer als Luft, sinken somit langsam im PVC-Schlauch nach unten und entzünden sich an der brennenden Kerze.

9.5 Bengalisches Feuer

Sicherheitshinweis

Kaliumchlorat wirkt brandfördernd und gesundheitsschädlich, Strontiumnitrat ist brandfördernd und Bariumnitrat gesundheitsschädlich, Natriumcarbonat wirkt reizend. Die Versuche dürfen nur von erfahrenem Personal durchgeführt werden! Das Tragen einer Schutzbrille und von Handschuhen ist erforderlich! Die verwendeten Mengen sind unbedingt der Hörsaalgröße anzupassen und gegebenenfalls zu reduzieren, da bei der stark exothermen Reaktion Rauch und Schwefeldioxid gebildet werden.

Die Stoffe dürfen niemals zusammen in einer Reibschale gemischt oder zerkleinert werden. Explosionsgefahr!

Chemikalien

Rotes Feuer:
- 5 g Kaliumchlorat $KClO_3$,
- 6 g Strontiumnitrat $Sr(NO_3)_2$,
- 0.2 g Holzkohlepulver,
- 2.5 g Schwefel.

Grünes Feuer:
- 5 g Kaliumchlorat $KClO_3$,
- 7.4 g Bariumnitrat $Ba(NO_3)_2$,
- 0.2 g Holzkohlepulver,
- 2.5 g Schwefel.

Geräte

- Reibschale mit Pistill,
- 2 1-L-Kristallisierschalen,
- 4 Isoplanplatten ungefähr 30 × 30 cm,
- Sternwerfer,
- Hühnerfeder.

Versuch

Kaliumchlorat und die übrigen Bestandteile werden jeweils **getrennt** in einer Reibschale fein zerrieben!

Erst vor Beginn der Vorlesung mischt man in der Kristallisierschale Kaliumchlorat mit einer Hühnerfeder oder durch vorsichtiges Schütteln der Kristallisierschale unter das Gemenge der anderen Bestandteile, um so eine Explosionsgefahr auszuschalten. Die fertige Mischung wird auf die Isoplanplatte (doppelte Lage) gegeben und mit einem Sternwerfer gezündet.

Chemie

Kaliumchlorat und die zugesetzten Nitrate wirken als starke Oxidationsmittel, die Holzkohle und Schwefel in die jeweiligen Oxide überführen.

$$KClO_3 \rightarrow KCl + 1.5\ O_2$$
$$Sr(NO_3)_2 \rightarrow Sr(NO_2)_2 + O_2$$
$$C + O_2 \rightarrow CO_2$$
$$S + O_2 \rightarrow SO_2$$

Unter den stark exothermen Bedingungen der Umsetzungen emittieren Strontiumsalze ein karminrotes und Bariumsalze ein fahlgrünes Licht. Diesen Effekt nutzt man beim spektroskopischen Nachweis der Elemente (s → p-Übergänge in der Gasphase) sowie in der Pyrotechnik zur Farbgebung aus [1,2].

Entsorgung

Die Verbrennungsrückstände werden in Wasser gegeben und mit Natriumcarbonat versetzt. Man trennt durch Sedimentieren und Dekantieren, entsorgt den Feststoff als chemischen Sondermüll und die Flüssigkeit über das Abwasser.

Literatur

[1] Holleman-Wiberg, *Lehrbuch der Anorganischen Chemie*, Walter de Gruyter, Berlin, New York, 1995, S. 1141.
[2] Römpp *Chemie Lexikon*, Georg Thieme Verlag, Stuttgart, New York, 1995.

9.6 Farbige Feuer mit Schellack als Rauchverstärker

Sicherheitshinweis

Kaliumchlorat ist brandfördernd und gesundheitsschädlich, Kaliumnitrat und Strontiumnitrat sind brandfördernd, Bariumnitrat sowie Natriumoxalat wirken gesundheitsschädlich, Natriumcarbonat ist reizend. Diese Versuche dürfen nur von erfahrenem Personal durchgeführt werden! Das Tragen einer Schutzbrille und von Handschuhen ist erforderlich! Die verwendeten Mengen sind unbedingt der Hörsaalgröße anzupassen, da die ausgeprägt exotherme Reaktion von einer starken Rauchentwicklung begleitet wird.

Die Stoffe dürfen niemals zusammen in einer Reibschale gemischt oder zerkleinert werden. Explosionsgefahr!

Chemikalien

Gelbes Feuer:
- 5.4 g Kaliumchlorat $KClO_3$,
- 5.4 g Kaliumnitrat KNO_3,
- 4.5 g Natriumoxalat $Na_2C_2O_4$,
- 4.5 g Schellack.

Grünes Feuer:
- 4.5 g Kaliumchlorat $KClO_3$,
- 9 g Bariumnitrat $Ba(NO_3)_2$,
- 3 g Schellack.

Rotes Feuer:
- 3 g Kaliumchlorat $KClO_3$,
- 12 g Strontiumnitrat $Sr(NO_3)_2$,
- 3.3 g Schellack.

Geräte

- Reibschale mit Pistill,
- 3 1-l -Kristallisierschalen,
- 6 Isoplanplatten ca. 30 × 30 cm,
- Sternwerfer,
- Hühnerfeder.

Versuch

Kaliumchlorat und die verschiedenen Nitrate werden in einer Reibschale jeweils **getrennt** fein zerrieben!

Erst vor Beginn der Vorlesung mischt man mit einer Hühnerfeder oder durch vorsichtiges Schütteln der Kristallisierschale Kaliumchlorat unter das Gemenge der anderen Bestandteile, um eine Explosionsgefahr auszuschalten. Die fertige Mischung wird auf die Isoplanplatte (doppelte Lage) gegeben und mit einem Sternwerfer gezündet.

Chemie

Kaliumchlorat und die zugesetzten Nitrate wirken stark oxidierend, die Oxalatgruppe und Schellack werden dabei in Kohlenstoffoxide bzw. Wasserdampf übergeführt.

Bei starkem Erhitzen senden Natriumsalze ein gelboranges, Strontiumsalze ein karminrotes und Bariumsalze ein fahlgrünes Licht aus. Diesen Effekt nutzt man beim spektroskopischen Nachweis der Elemente (s $\rightarrow$ p-Übergänge in der Gasphase) oder in der Pyrotechnik aus [1,2].

Schellack ist ein hartes, zähes Harz tierischen Ursprungs (weibliche Lackschildläuse *Kerria lacca*) mit 9,10,16-Trihydroxypalmitinsäure $C_{16}H_{32}O_5$ und Shellolsäure $C_{15}H_{20}O_6$ als Hauptbestandteile [2].

Entsorgung

Die Verbrennungsrückstände werden in Wasser gegeben und mit Natriumcarbonat versetzt. Man trennt durch Sedimentieren und Dekantieren, entsorgt den Feststoff als chemischen Sondermüll und die Flüssigkeit über das Abwasser.

Literatur

[1] Holleman-Wiberg, *Lehrbuch der Anorganischen Chemie*, Walter de Gruyter, Berlin, New York, 1995, S. 1141.
[2] Römpp *Chemie Lexikon*, Georg Thieme Verlag, Stuttgart, New York, 1995.

9.7 Farbige Zündmischungen

Sicherheitshinweis

Kaliumchlorat ist brandfördernd und gesundheitsschädlich, Kaliumnitrat, Natriumnitrat und Strontiumnitrat sind brandfördernd, Bariumnitrat wirkt gesundheitsschädlich, Lithiumchlorid ist gesundheitsschädlich und reizend, Natriumcarbonat wirkt reizend.

Diese Versuche dürfen nur von erfahrenen Mitarbeitern durchgeführt werden! Das Tragen einer Schutzbrille und von Handschuhen ist erforderlich! Die verwendeten Mengen sind unbedingt der Hörsaalgröße anzupassen, da bei der stark exothermen Reaktion Rauch und Schwefeldioxid gebildet werden.

Die Stoffe dürfen niemals zusammen in einer Reibschale gemischt oder zerkleinert werden. Explosionsgefahr!

Chemikalien

Blaues Feuer:
- 6 g Kaliumchlorat $KClO_3$,
- 1.6 g Schwefel,
- 1.3 g Kaliumchrom-alaun $KCr(SO_4)_2 \cdot 12\,H_2O$ geglüht,
- 1.2 g Kupfercarbonat $CuCO_3$.

Gelbes Feuer:
- 5 g Natriumnitrat $NaNO_3$,
- 3 g Natriumcarbonat Na_2CO_3,
- 6 g Schwefel.

Grünes Feuer I:
- 8 g Kaliumchlorat $KClO_3$,
- 1.2 g Borsäure $B(OH)_3$,
- 1.75 g Schwefel,
- 1 g Kohlepulver.

Grünes Feuer II:
- 12 g Bariumnitrat $Ba(NO_3)_2$,
- 0.3 g Schwefel,
- 0.04 g Kohlepulver.

Rotes Feuer:
- 1 g Kaliumchlorat $KClO_3$,
- 1 g Lithiumchlorid LiCl,
- 1.75 g Strontiumnitrat $Sr(NO_3)_2$,
- 2 g Kaliumnitrat KNO_3,
- 0.85 g Schwefel,
- 0.25 g Kohlepulver.

Geräte

- Reibschale mit Pistill,
- 3 1-L-Kristallisier-schalen,
- 6 Isoplanplatten ca. 30 × 30 cm,
- Sternwerfer,
- mehrere Hühnerfedern.

Versuch

Kaliumchlorat und die übrigen Bestandteile werden jeweils **getrennt** in einer Reibschale fein zerrieben!

Erst vor Beginn der Vorführung mischt man in der Kristallisierschale Kaliumchlorat mit einer Hühnerfeder oder durch vorsichtiges Schütteln der Kristallisierschale unter das Gemenge der anderen Bestandteile, um so eine Explosionsgefahr auszuschalten. Die fertige Mischung wird auf die Isoplanplatte (doppelte Lage) gegeben und mit einem Sternwerfer gezündet.

Chemie

Kaliumchlorat und die verwendeten Nitrate sind sehr starke Oxidationsmittel, die unter gleichzeitiger Reduktion zu Kaliumchlorid bzw. Nitriten das Schwefelpulver und die Holzkohle in Schwefeldioxid bzw. Kohlenstoffdioxid umwandeln. Die zugesetzten Lithium-, Chrom-, Kupfer- und Borverbindungen wirken dabei farbgebend. Unter den stark exothermen Reaktionsbedingungen emittieren die Salze Licht mit einer für das betreffende Metallatom charakteristischen Wellenlänge. Diesen Effekt nutzt man beim spektroskopischen Nachweis der Elemente (s → p-Übergänge in der Gasphase) sowie in der Pyrotechnik aus [1,2].

Entsorgung

Die Verbrennungsrückstände werden in Wasser gegeben und mit Natriumcarbonat versetzt. Man trennt durch Sedimentieren und Dekantieren, entsorgt den Feststoff als chemischen Sondermüll und die Flüssigkeit über das Abwasser.

Literatur

[1] Holleman-Wiberg, *Lehrbuch der Anorganischen Chemie*, Walter de Gruyter, Berlin, New York, 1995, S. 1141.

[2] Römpp *Chemie Lexikon*, Georg Thieme Verlag, Stuttgart, New York, 1995.

9.8 Feuer ohne Zündholz – Natriumperoxid und Sägespäne

Sicherheitshinweis

Natriumperoxid ist brandfördernd und ätzend, Natriumcarbonat wirkt reizend. Der Versuch soll nur von erfahrenem Personal durchgeführt werden! Das Tragen einer Schutzbrille und von Handschuhen ist erforderlich! Die verwendeten Mengen sind unbedingt der Hörsaalgröße anzupassen, da die stark exotherme Reaktion von einer heftigen Rauchentwicklung begleitet wird.

Die Sägespäne und Natriumperoxid dürfen niemals zusammen in einer Reibschale gemischt oder zerkleinert werden – Explosionsgefahr!

Chemikalien

- 10 g gekörntes Natriumperoxid Na_2O_2,
- 10 g Sägespäne.

Geräte

- Isoplanplatte ca. 30 × 30 cm,
- 250-mL-Becherglas,
- Pasteurpipette.

Versuch

Man mischt im Becherglas durch kräftiges Schwenken Natriumperoxid mit den Sägespänen und häuft dieses Gemisch auf der Isoplanplatte zu einem kleinen Kegel.

Spritzt man auf diese Mischung mit einer Pasteurpipette einige Wassertropfen, so entzündet sich der Kegel und verbrennt mit heller, gelb gefärbter Flamme – starke Rauchentwicklung.

Chemie

Bei Wasserzusatz hydrolysiert Natriumperoxid [1] mit beachtlicher Wärmetönung zu Wasserstoffperoxid, welches unter den Reaktionsbedingungen in Sauerstoff und Wasser disproportioniert. Der entstandene Sauerstoff startet dann die Umsetzung unter Oxidation der Sägespäne.

$$Na_2O_2 + 2\ H_2O \rightarrow H_2O_2 + 2\ NaOH$$
$$H_2O_2 \rightarrow 1/2\ O_2 + H_2O$$
$$\text{Sägespäne} + Na_2O_2 \rightarrow CO_2/Na_2CO_3/H_2O/\ldots$$

Entsorgung

Die Verbrennungsrückstände werden in Wasser gegeben und mit Natriumcarbonat versetzt. Man trennt durch Sedimentieren und Dekantieren, entsorgt den Feststoff als chemischen Sondermüll und die Flüssigkeit über das Abwasser.

Literatur

[1] Holleman-Wiberg, *Lehrbuch der Anorganischen Chemie*, Walter de Gruyter, Berlin, New York, 1995, S. 1175.

9.9 Magische Flamme

Sicherheitshinweis

Ammoniumnitrat, Strontiumnitrat und Lithiumnitrat sind brandfördernd, Ammoniumchlorid wirkt gesundheitsschädlich und reizend. Zinkpulver ist leichtentzündlich. Das Tragen einer Schutzbrille und von Handschuhen ist erforderlich! **Die Stoffe dürfen niemals zusammen in einer Reibschale gemischt oder zerkleinert werden.**

Chemikalien

- 4 g Ammoniumnitrat NH_4NO_3,
- 4 g Zinkpulver,
- 0.5 g Ammoniumchlorid NH_4Cl,
- eventuell 1 g Strontiumnitrat $Sr(NO_3)_2$ oder 0.5 g Lithiumnitrat $LiNO_3$.

Geräte

- 250-mL-Becherglas,
- Isoplanplatte ca. 20 × 20 cm.

Versuch

Zuerst füllt man in das Becherglas 4 g Ammoniumnitrat, 0.5 g Ammoniumchlorid und wahlweise 1 g Strontiumnitrat oder 0.5 g Lithiumnitrat ein und vermischt die Feststoffe gründlich durch Schütteln des Becherglases. Dann fügt man das Zinkpulver hinzu und schüttelt das Becherglas erneut kräftig.

Zur Vorführung gibt man den Inhalt des Becherglases auf die Isoplanplatte, taucht die Finger kurz in Wasser (evtl. von den Zuschauern unbemerkt) und spritzt einige Wassertropfen auf das Pulvergemisch. Nach einigen Sekunden beobachtet man unter Funkensprühen eine Stichflamme, die bei Zusatz von Strontium- oder Lithiumsalzen rot gefärbt ist. Starke Rauchentwicklung.

Chemie

Die Zugabe von Wasser startet eine starke, durch anwesende Chlorid-Ionen (Zusatz von Ammoniumchlorid) beschleunigte, exotherme Redoxreaktion zwischen Zink und Ammoniumnitrat mit näherungsweise folgender Bruttogleichung [1,2]:

$$Zn + NH_4NO_3 \rightarrow N_2 + ZnO + 2\ H_2O$$

Als gasförmige Produkte werden dabei Stickstoff und Wasserdampf gebildet.

Entsorgung

Die Stoffe werden als anorganischer Sondermüll entsorgt.

Literatur

[1] Holleman-Wiberg, *Lehrbuch der Anorganischen Chemie*, Walter de Gruyter, Berlin, New York, 1995, S. 656.
[2] Römpp *Chemie Lexikon*, Georg Thieme Verlag, Stuttgart, New York, 1995.

10
Feuerwerk

„Raketen rauschten auf, Kanonenschläge donnerten, Leuchtkugeln stiegen, Schwärmer schlängelten und platzten, Räder gischten, jedes erst einzeln und dann gepaart, dann alle zusammen und immer gewaltsamer hintereinander und zusammen.“

Johann Wolfgang von Goethe,
Die Wahlverwandtschaften, 1809

Als Antoine Laurent de Lavoisier (1743–1794) seine Theorie aufstellte, daß Säuren tatsächlich Sauerstoff enthalten, ahnte er wohl nicht, daß er mit dieser falschen Behauptung die Herrlichkeit der Feuerwerke einem einzigartigen Höhepunkt zuführen würde.

Eine wissenschaftliche Theorie ist zunächst dazu da, bewiesen zu werden. Lavoisiers zeitweiliger Gegner und dann doch guter Freund Claude Louis Berthollet (1748–1822) machte sich daran, in Säuren nach Sauerstoff zu suchen. Nicht in allen fand er ihn auch, aber dafür entdeckte er andere Säuren, die tatsächlich Sauerstoff enthielten. So gelang ihm die Darstellung einer gefährlichen Substanz, des „oxygenierten Murates der Pottasche“. Es handelte sich um Kaliumchlorat. Berthollet fand bald heraus, daß diese Substanz im Gegensatz zu Salpeter, der keineswegs daran denkt, beim Erhitzen den in ihm gebundenen Sauerstoff freizusetzen, in kürzester Zeit allen enthaltenen Sauerstoff auch tatsächlich abgibt und bei Umsetzung wesentlich höhere Temperaturen liefert.

Lavoisier faßte sofort den Plan, dem üblichen Schießpulver der Armeen Frankreichs Chlorat zuzumischen. Deshalb ordnete er in der Königlichen Pulvermühle von Essonnes die Darstellung einer größeren Menge an. Daß es gefährlich sein könne, dieses Teufelszeug zu trocknen, hatte man sich schon gedacht und deshalb eine Absperrung errichtet. Aber einer der Sub-Direktoren des Königlichen Arsenals, ein Untergebener Lavoisiers, kam dem Tiegel zu nahe und nahm bei der folgenden Detonation eine Arbeiterin mit in den Tod. Lavoisier und seine Gattin sowie Berthollet waren bei der Explosion nicht im Raum; sie hatten gerade einen kleinen Spaziergang unternommen und trugen so zu der immerwährenden Legende bei, Wissenschaftler riskierten nur ihre Theorien, nicht aber deren Folgen.

Die hohe Brenntemperatur des Kaliumchlorats sprach sich bald bei den Feuerwerkern herum, insbesondere in Asien, wo seither der Einsatz von Gemischen aus reinem Chlorat und reinem Schwefel für ein Höchstmaß an Farbbrillanz, aber auch für eine kaum zu überbietende Verlustrate unter Herstellern und Benutzern sorgt. Schwefel-Chlorat-Feuerwerkskörper sind in der EU zu Recht verboten.

Der Amerikaner James Cotbush war der erste, der 1823 im „American Journal of Science“ Feuerwerksrezepturen mit Chlorat veröffentlichte. Der besondere Reiz des Chlorat-Feuerwerks liegt in der höheren Brenntemperatur, die es, besser als der lahme Salpeter, ermöglicht, bei der Detonation eines Feuerwerkskörpers Metallspäne zum Schmelzen und zum Abbrennen an der Luft zu bringen. So wäre grüner Feuerregen mit Hilfe von Kupferspänen ohne Chlorat undenkbar. Zum Glück für die Kultur des Feuerwerks sind Chemiker findige Leute. Setzt man Späne von gut brennbaren Metallen wie Magnesium und Aluminium zu, so kann man die Brillanz des Feuerregens noch einmal steigern. Mischt man Titanteilchen zu, glühen die Funken besonders lange.

Feuerwerke waren durch die Jahrhunderte Teil der abendländischen Festkultur. Bei Taufen herrscherlichen Nachwuchses, Kaiser- und Königskrönungen, Friedensschlüssen etc. pflegte man das Steuergeld der Untertanen bedenkenlos zu „verpulvern“. Die größten Feuerwerksfeste des christlichen Abendlandes sind heute noch mit den Namen Ludwig XIV. von Frankreich und August der Starke, König von Polen und Kurfürst von Sachsen, verbunden. Doch die wahren, wirklich großen Meister der Feuerwerkerei fanden sich im katholischen Klerus Roms. Es gab in Europa nichts, was den einzigartigen Glanz der „Girandola“, ein Riesenfeuerwerk, das viereinhalb Jahrhunderte lang (!!!) – bis 1851 – regelmäßig zu hohen Kirchenfesten um die und auf der Engelsburg abgebrannt wurde, übertroffen hätte. Seine Heiligkeit der Papst selbst empfing um ein Uhr nachts die Ehrengäste und gab um zwei Uhr das Zeichen zum Beginn. Gleichzeitig illuminierte man die Hauptkirchen und Paläste Roms mit brennenden Fackeln und Kerzen. Selbst Goethe war 1787 begeistert: Sankt Peter im Fackelschein sei „ein Anblick wie ein ungeheures Märchen ... Die schöne Form der Kolonnade, der Kirche und besonders der Kuppel, erst in einem feurigen Umrisse und, wenn die Stunde (!!!) vorbei ist, in einer glühenden Masse zu sehen, ist einzig und herrlich.“

Große Feuerwerke pflegte man mit Musik zu umrahmen. 1749 schrieb Georg Friedrich Händel seine noch heute berühmte Feuerwerksmusik zur Feier des Friedens von Aachen. Unter den Zeitgenossen galt das Feuerwerk in London als voller Erfolg: Die Haupttribüne brannte ab, und sechzig Zuseher verloren ihr Leben.

So gab es ganze Feuerwerksdramen auf speziellen Feuerwerksbühnen, insbesondere in Frankreich, wo man „Pyrodrames“, „Poèmes pyriques“ und „Pyromélodies“ zu spielen pflegte. Berühmtester Feuerwerkslieferant von Händels Zeiten bis heute ist die Firma Ruggieri an der Place de la Madeleine in Paris. Feuerwerksdramen sind heutzutage selten geworden. Die wenigen, die es noch gibt, sind untrennbar mit dem Namen André Hellers verbunden.

André Heller war es vergönnt, 1983 und 1984 im Hafen von Lissabon auf spiegelnder Wasserfläche die alte Tradition des „Dramma di fuoco“, des „Feuerwerksdramas“, mit Musik von Händel, Strawinsky und Vittorio d'Almeida noch einmal – und bis heute unübertroffen – zum Erblühen oder besser Erglühen zu bringen. Mit Hilfe riesiger Feuerwerksgerüste, eines davon auf einem großen Lastkahn, dem „Narrenschiff“, schuf er großartige „Flammenrevuen und Pyroskulpturen“. In Zusammenarbeit mit der alten

Firma Ruggieri entstanden Feuerzaubereien von bezwingender Schönheit wie „Die erste Anrufung der Phantasie“, „Das Glühkaleidoskop“, „Der Krieg zwischen Gewalt und Haß“ und „Die Furie des Lärms beobachtet den Engel Niemandsland“. Heller vermittelte seinen über 900.000 Zuschauern im „Fingerzeig des Erhabenen“ und „Oh Heiland, reiß den Himmel auf!“ Reminiszenzen an die religiöse Metaphorik einstiger päpstlicher Feuerwerksherrlichkeit. Zum Abschluß loderte Picassos Friedenstaube hell über dem Wort „Pax“. Leider gelang Heller sein Riesenfeuerwerk, mit dem er in des Wortes direktester Bedeutung Millionen verpulverte, nur zum Teil. Die Zuschauermassen durchbrachen die Absperrungen, warfen Gerüste um, erkletterten die Lautsprechertürme und beschädigten sie.

André Hellers Fazit: „Die Begeisterung war die einzige Fehlerquelle, auf die ich nicht genügend vorbereitet war.“

10.1 Feuerkegel aus Kaliumchlorat und Zucker

Sicherheitshinweis

Kaliumchlorat ist brandfördernd und gesundheitsschädlich, Natriumcarbonat wirkt reizend, konz. Schwefelsäure ist ätzend und reizend. Der Versuch soll nur von erfahrenem Personal durchgeführt werden! Das Tragen einer Schutzbrille und von Handschuhen ist erforderlich! Die verwendeten Mengen sind unbedingt der Hörsaalgröße anzupassen, da die stark exotherme Reaktion von einer kräftigen Rauchentwicklung begleitet wird.

Zucker und Kaliumchlorat dürfen niemals zusammen in einer Reibschale gemischt oder zerkleinert werden. Explosionsgefahr!

Chemikalien

- 30 g Kaliumchlorat $KClO_3$,
- 10 g Zucker,
- konz. Schwefelsäure H_2SO_4.

Geräte

- Reibschale mit Pistill,
- 1-L Kristallisierschale,
- 2 Isoplanplatten rund 30 × 30 cm,
- Sternwerfer,
- Bunsenbrenner,
- Hühnerfeder,
- eventuell Pipette.

Versuch

Kaliumchlorat und der Zucker werden in einer Reibschale jeweils **getrennt** fein zerrieben!

Kurz vor Beginn der Vorlesung mischt man in der Kristallisierschale das Kaliumchlorat mit einer Hühnerfeder oder durch vorsichtiges Schütteln der Kristallisierschale unter den Zucker, um so eine Explosionsgefahr auszuschalten.

Zur Vorführung schüttet man das Kaliumchlorat-Zucker-Gemisch auf die Isoplanplatte (doppelte Lage) und zündet es mit einem Sternwerfer oder einigen Tropfen konz. Schwefelsäure aus einer Pipette an. Nach einigen Sekunden beobachtet man unter Funkensprühen eine kräftige Flammenentwicklung, die von einer starken Rauchentwicklung begleitet wird.

Chemie

Die Einwirkung der konz. Schwefelsäure auf Kaliumchlorat setzt Chlorsäure frei [1,2], die zu einem Gemisch aus Perchlorsäure und Chlordioxid disproportioniert. Die Bildung von Chlorsäure, Perchlorsäure und Chlordioxid führt oft zu einer explosionsähnlichen Feuererscheinung.

$$KClO_3 + H_2SO_4 \rightarrow HClO_3 + KHSO_4$$
$$3\ HClO_3 \rightarrow HClO_4 + 2\ ClO_2 + H_2O$$

Bei der eigentlichen Reaktion wird Kaliumchlorat zu Kaliumchlorid reduziert und Zucker zu Wasser sowie Kohlenstoffdioxid oxidiert.

$$4\ KClO_3 + C_6H_{12}O_6 \rightarrow 6\ CO_2 + 6\ H_2O + 4\ KCl$$

Entsorgung

Die Verbrennungsrückstände werden in Wasser gegeben und mit Natriumcarbonat versetzt. Man trennt durch Sedimentieren und Dekantieren, entsorgt den Feststoff als chemischen Sondermüll und die Flüssigkeit über das Abwasser.

Literatur

[1] Holleman-Wiberg, *Lehrbuch der Anorganischen Chemie*, Walter de Gruyter, Berlin, New York, 1995, S. 478.
[2] Römpp *Chemie Lexikon*, Georg Thieme Verlag, Stuttgart, New York, 1995.

10.2 Rote, gelbe und grüne Stichflammen

Sicherheitshinweis

Kaliumchlorat ist brandfördernd und gesundheitsschädlich, Natriumnitrat und Strontiumnitrat sind ebenfalls brandfördernd, Bariumnitrat wirkt gesundheitsschädlich. Diese Versuche sollen nur von erfahrenem Personal durchgeführt werden! Das Tragen einer Schutzbrille und von Handschuhen ist erforderlich! Die verwendeten Mengen sind unbedingt der Größe des Hörsaals anzupassen, da bei der stark exothermen Reaktion eine beachtliche Rauchentwicklung zu verzeichnen ist.

Die Stoffe dürfen niemals zusammen in einer Reibschale gemischt oder zerkleinert werden. Explosionsgefahr!

Chemikalien

Gelbes Feuer:
- 4 g Kaliumchlorat $KClO_3$,
- 4 g Natriumnitrat $NaNO_3$,
- 5 g Zucker.

Grünes Feuer:
- 4 g Kaliumchlorat $KClO_3$,
- 6.2 g Bariumnitrat $Ba(NO_3)_2$,
- 5 g Zucker.

Rotes Feuer:
- 4 g Kaliumchlorat $KClO_3$,
- 5 g Strontiumnitrat $Sr(NO_3)_2$,
- 5 g Zucker.

Geräte

- Reibschale mit Pistill,
- 3 1-L-Kristallisierschalen,
- 6 Isoplanplatten ca. 30 × 30 cm,
- Sternwerfer,
- Hühnerfeder.

Versuch

Kaliumchlorat, Zucker und die verschiedenen Nitrate werden in einer Reibschale jeweils **getrennt** fein zerrieben!

Erst vor Beginn der Vorführung mischt man in der Kristallisierschale Kaliumchlorat mit einer Hühnerfeder oder durch vorsichtiges Schütteln der Kristallisierschale unter das Zucker-Nitrat-Gemisch, um eine Explosionsgefahr auszuschalten. Die fertige Mischung wird auf die Isoplanplatte (doppelte Lage) gegeben und mit einem Sternwerfer gezündet.

Chemie

Bei der Reaktion werden Kaliumchlorat sowie die Nitrate reduziert und dabei Zucker zu Wasserdampf und Kohlenstoffdioxid oxidiert.

$$4\,KClO_3 + C_6H_{12}O_6 \rightarrow 6\,CO_2 + 6\,H_2O + 4\,KCl$$

bzw.

$$12\,NaNO_3 + C_6H_{12}O_6 \rightarrow 6\,CO_2 + 6\,H_2O + 12\,NaNO_2$$

Unter den vorherrschenden thermischen Bedingungen emittieren Natriumsalze ein gelboranges, Strontiumsalze ein karminrotes und Bariumsalze ein fahlgrünes Licht. Diesen Effekt nutzt man beim spektroskopischen Nachweis der Elemente (s → p–Übergänge in der Gasphase) sowie in der Pyrotechnik aus [1,2].

Entsorgung

Die Verbrennungsrückstände werden in Wasser gegeben und mit Natriumcarbonat versetzt. Man trennt durch Sedimentieren und Dekantieren, entsorgt den Feststoff als chemischen Sondermüll und die Flüssigkeit über das Abwasser.

Literatur

[1] Holleman-Wiberg, *Lehrbuch der Anorganischen Chemie*, Walter de Gruyter, Berlin, New York, 1995, S. 478 und 1141.
[2] Römpp *Chemie Lexikon*, Georg Thieme Verlag, Stuttgart, New York, 1995.

10.3 Feuerzauber – Mischung aus Natriumperoxid und Schwefel

Sicherheitshinweis

Natriumperoxid ist brandfördernd und ätzend, Natriumcarbonat reizend. Der Versuch soll nur von erfahrenem Personal durchgeführt werden! Das Tragen einer Schutzbrille und von Handschuhen ist erforderlich! Die verwendeten Mengen sind unbedingt der Hörsaalgröße anzupassen, da die stark exotherme Reaktion von einer starken Rauchentwicklung begleitet wird.

Schwefel und Natriumperoxid dürfen niemals zusammen in einer Reibschale gemischt oder zerkleinert werden – Explosionsgefahr!

Chemikalien

- 10 g gekörntes Natriumperoxid Na_2O_2,
- 1.5 g Schwefel.

Geräte

- Isoplanplatte ca. 30 × 30 cm,
- 250-mL-Becherglas,
- Pasteurpipette.

Versuch

Man vermischt im Becherglas durch kräftiges Schwenken Natriumperoxid mit dem fein gepulverten Schwefel und häuft dieses Gemisch auf der Isoplanplatte zu einem kleinen Kegel. Zur Vorführung gibt man mit einer Pasteurpipette einige Wassertropfen auf das Gemisch und tritt sogleich zurück.

Nach einigen Sekunden zündet die Mischung mit einem grellen Lichtblitz und starker Rauchentwicklung.

Chemie

Bei Wasserzusatz hydrolysiert ein Teil des Natriumperoxids [1] unter beachtlicher Wärmetönung zu Wasserstoffperoxid, welches unter den Reaktionsbedingungen in Sauerstoff und Wasser disproportioniert. Der gebildete Sauerstoff leitet dann die Umsetzung unter Oxidation des Schwefels ein.

$$
\begin{aligned}
Na_2O_2 + 2\,H_2O &\rightarrow H_2O_2 + 2\,NaOH \\
H_2O_2 &\rightarrow 1/2\,O_2 + H_2O \\
S + O_2 &\rightarrow SO_2
\end{aligned}
$$

Die Gleichung für die Hauptreaktion ist wie folgt zu formulieren:

$$2\,Na_2O_2 + S \rightarrow Na_2O + SO_2$$

Entsorgung

Die Verbrennungsrückstände werden in Wasser gegeben und mit Natriumcarbonat versetzt. Man trennt durch Sedimentieren und Dekantieren, entsorgt den Feststoff als Hausmüll und die Flüssigkeit über das Abwasser.

Literatur

[1] Hollcman-Wiberg, *Lehrbuch der Anorganischen Chemie*, Walter de Gruyter, Berlin, New York, 1995, S. 1175.

10.4 Feurige Mischung aus Natriumperoxid und Aluminiumgrieß

Sicherheitshinweis

Natriumperoxid ist brandfördernd und ätzend, Natriumcarbonat wirkt reizend, Aluminiumpulver bzw. Aluminiumgrieß sind leichtentzündlich. Der Versuch soll nur von erfahrenem Personal durchgeführt werden! Das Tragen einer Schutzbrille und von Handschuhen ist erforderlich! Die verwendeten Mengen sind unbedingt der Hörsaalgröße anzupassen, da die stark exotherme Reaktion von einer beachtlichen Rauchentwicklung begleitet wird. Die Zuschauer sind wegen des grellen Lichtblitzes darauf hinzuweisen, nicht direkt auf das Experiment zu schauen. **Aluminiumgrieß/-pulver und Natriumperoxid dürfen niemals zusammen in einer Reibschale gemischt oder zerkleinert werden – Explosionsgefahr!**

Chemikalien

- 5 g gekörntes Natriumperoxid Na_2O_2,
- 1.5 g Aluminiumgrieß oder Aluminiumpulver.

Geräte

- Isoplanplatte ca. 30 × 30 cm,
- 250-mL-Becherglas,
- Pasteurpipette.

Versuch

Man mischt im Becherglas durch kräftiges Schwenken 5 g Natriumperoxid mit 1.5 g Aluminiumgrieß/-pulver und häuft dieses Gemisch auf der Isoplanplatte zu einem kleinen Kegel. Zur Vorführung gibt man mit einer Pasteurpipette einige Wassertropfen auf das Gemisch und tritt sogleich zurück.

Nach einigen Sekunden zündet die Mischung mit einem grellen Lichtblitz und starker Rauchentwicklung.

Chemie

Bei Wasserzusatz hydrolysiert ein Teil des Natriumperoxids [1] unter beachtlicher Wärmetönung zu Wasserstoffperoxid, welches unter den gegebenen Reaktionsbedingungen in Sauerstoff und Wasser disproportioniert. Der entstandene Sauerstoff setzt sich mit dem Aluminiumgrieß bzw. -pulver zu Aluminiumoxid um und startet so die Umsetzung.

$$Na_2O_2 + 2\,H_2O \rightarrow H_2O_2 + 2\,NaOH$$
$$H_2O_2 \rightarrow 1/2\,O_2 + H_2O$$
$$2\,Al + 1.5\,O_2 \rightarrow Al_2O_3$$

Für die Hauptreaktion gilt:

$$3\,Na_2O_2 + 2\,Al \rightarrow 3\,Na_2O + Al_2O_3$$

Entsorgung

Die Verbrennungsrückstände werden in Wasser gegeben und mit Natriumcarbonat versetzt. Man trennt durch Sedimentieren und Dekantieren, entsorgt den Feststoff als Hausmüll und die Flüssigkeit über das Abwasser.

Literatur

[1] Holleman-Wiberg, *Lehrbuch der Anorganischen Chemie*, Walter de Gruyter, Berlin, New York, 1995, S. 1175.

10.5 Zigarrenschweißen

Sicherheitshinweis

Sauerstoff, insbesondere flüssiger, ist stark oxidierend und brandfördernd. Der Versuch soll nur von erfahrenen Mitarbeitern durchgeführt werden! Das Tragen einer Schutzbrille und von Handschuhen ist erforderlich!

Chemikalien

- Sauerstoff-Druckgaszylinder mit Druckminderer,
- flüssiger Stickstoff,
- Zigarre.

Geräte

- Dewargefäß,
- Tiegelzange,
- Bunsenbrenner,
- 2 Stative mit Muffen und Klammern,
- großes Reagenzglas (ca. 20 cm lang, ∅ 3 cm),
- Glasrohr,
- Schlauch,
- dünnes Kupfer- oder Eisenblech ca. 10 × 10 cm,
- langer Pfeifenreiniger.

Versuch

In das am Stativ senkrecht befestigte Reagenzglas leitet man von oben über einen Schlauch und das Glasrohr langsam gasförmigen Sauerstoff ein. Kühlt man dann das Reagenzglas mit flüssigem Stickstoff (Dewargefäß), kondensiert im Reagenzglas schwach bläulicher Sauerstoff. Am zweiten Stativ spannt man das Kupfer- oder Eisenblech senkrecht ein.

Sobald im Reagenzglas der Füllstand des flüssigen Sauerstoffs eine Höhe von 6–8 cm erreicht hat, taucht man die am hinteren Ende mittels eines Pfeifenreinigers gehaltene Zigarre für ungefähr 20 Sekunden bis zur Hälfte in den flüssigen Sauerstoff. Hierauf faßt man die mit Sauerstoff gründlich getränkte Zigarre mit der Tiegelzange, zündet sie am kalten vorderen Ende an und drückt die mit greller Flamme brennende Zigarre so lange gegen das Kupfer- oder Eisenblech, bis ein gut sichtbares Loch entstanden ist.

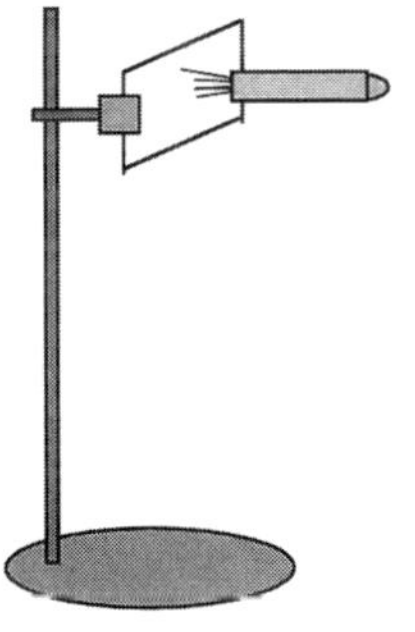

Nach erfolgter Arbeit läßt sich die zweite, hintere Hälfte der Zigarre genüßlich weiterrauchen. Der im Reagenzglas verbliebene flüssige, blau gefärbte Sauerstoff dient nun für ein zweites Experiment. Läßt man eine brennende Zigarette in das Reagenzglas fallen, so brennt diese mit greller Flamme und unter kräftigem Funkenspeien im flüssigen Sauerstoff rasch ab.

Chemie

Bei der Temperatur des flüssigen Stickstoffs (Sdp. –195.8 °C) kondensiert Sauerstoff (Sdp. –183.0 °C) als schwach blaue Flüssigkeit. Die beim Verbrennen einer kurz vorher in flüssigen Sauerstoff getränkten Zigarre freiwerdende Wärme ermöglicht es zusammen mit dem in der Zigarre gespeicherten Sauerstoff, das Blech zu durchschweißen [1,2].

Literatur

[1] Holleman-Wiberg, *Lehrbuch der Anorganischen Chemie*, Walter de Gruyter, Berlin, New York, 1995.
[2] Römpp *Chemie Lexikon*, Georg Thieme Verlag, Stuttgart, New York, 1995.

10.6 Brisante Mischung aus rotem Phosphor und Kaliumchlorat

Sicherheitshinweis

Kaliumchlorat ist brandfördernd und gesundheitsschädlich, roter Phosphor und Diethylether sind hochentzündlich, Natriumcarbonat wirkt reizend. Das Tragen einer Schutzbrille und von Handschuhen ist unbedingt erforderlich, Gehörschutz wird nachhaltig empfohlen. Die Zuschauer sind vor dem Experiment vor dem lauten Knall zu warnen! Dieser Versuch soll nur von erfahrenem Personal durchgeführt werden!

Die Stoffe dürfen niemals zusammen in einem Mörser gemischt oder zerkleinert werden – Explosionsgefahr! Das Gemisch roter Phosphor/Kaliumchlorat ist stark reibungs- und schlagempfindlich!

Chemikalien

- 500 mg Kaliumchlorat $KClO_3$,
- 100 mg trockener, roter Phosphor P_n,
- event. Diethylether C_2H_5OH.

Geräte

- Dicke Eisenplatte,
- Hammer,
- Hühnerfeder,
- Spatel.

Versuch

Auf einer glatten Unterlage mischt man vorsichtig mit einer Hühnerfeder 500 mg Kaliumchlorat (Überschuß) mit 100 mg trockenem roten Phosphor. (Zum Trocknen des roten Phosphors gibt man diesen in ein 10-mL-Becherglas, schlämmt mit 5 mL Ether auf, dekantiert und trocknet den so gewaschenen Phosphor einige Stunden bei 30 °C).

Das zu einem kleinen Kegel geformte Phosphor-Kaliumchlorat-Gemisch zündet man auf der Eisenplatte durch einen kräftigen Schlag mit einem Hammer. Begleitet wird die Explosion von einer beachtlichen Rauchentwicklung.

Chemie

Roter Phosphor wird von Kaliumchlorat in einer stark exothermen Reaktion zu Tetraphosphordecaoxid oxidiert [1,2].

$$12\ P + 10\ KClO_3 \rightarrow 3\ P_4O_{10} + 10\ KCl$$

Entsorgung

Die Verbrennungsrückstände werden in Wasser gegeben, mit Natriumcarbonat versetzt und dann stark verdünnt über das Abwasser entsorgt.

Literatur

[1] Holleman-Wiberg, *Lehrbuch der Anorganischen Chemie*, Walter de Gruyter, Berlin, New York, 1995.
[2] Römpp *Chemie Lexikon*, Georg Thieme Verlag, Stuttgart, New York, 1995.

10.7 Detonation von Peroxoaceton

Sicherheitshinweis

Aceton ist leichtentzündlich, Wasserstoffperoxid-Lösung und Salzsäure wirken ätzend. Das Tragen einer Schutzbrille und von Handschuhen ist erforderlich, Gehörschutz wird nachhaltig empfohlen. Die Zuschauer sind vor dem lauten Knall zu warnen!

Chemikalien

- 5 mL Aceton CH_3COCH_3,
- 5 mL 30 %ige Wasserstoffperoxid-Lösung H_2O_2,
- 0.5 mL konz. Salzsäure HCl,
- dest. Wasser

Geräte

- Reagenzglas,
- kleine Porzellanfilternutsche mit Filterpapier,
- Saugflasche,
- Wasserstrahlpumpe,
- Stativ mit Stativring,
- langer Zeigestab mit Kerze,
- Spatel,
- Pipette.

Versuch

In das Reagenzglas gibt man zuerst 5 mL Aceton sowie 5 mL Wasserstoffperoxid-Lösung und setzt dann aus einer Pipette 5 Tropfen konz. Salzsäure hinzu. Nach ungefähr 1 Stunde beginnt ein weißer Niederschlag von Peroxoaceton auszufallen. Ist dies nicht der Fall, erwärmt man das Reagenzglas kurzzeitig in einem Wasserbad von 40 °C, um die Umsetzung zu starten. Nach ungefähr 2 Stunden filtriert man das Reaktionsgemisch und wäscht im Reagenzglas verbliebene weiße Flocken mit wenig dest. Wasser ebenfalls in den Filter. Anschließend legt man das Peroxoaceton zusammen mit dem ausgebreiteten Filterpapier für mindestens 2 Stunden auf einen an einem Stativ befestigten Stativring. Zur Demonstration zündet man mit einer an einem langen Zeigestab befestigten, brennenden Kerze. Das Peroxoaceton verpufft dabei mit lautem Knall, jedoch ohne das Filterpapier anzusengen.

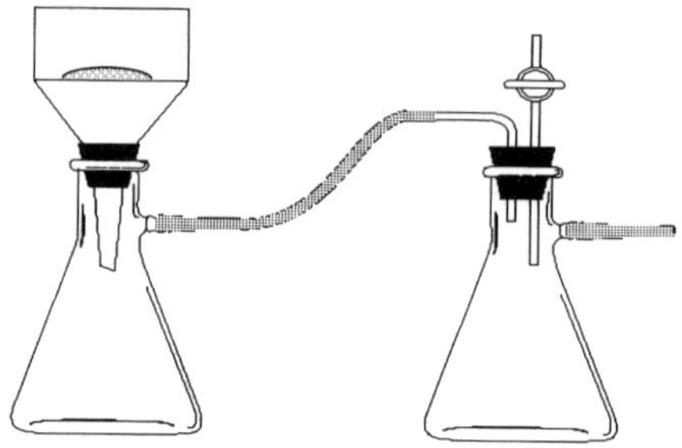

Chemie

Organische Peroxide [1] sind vor allem von R. Criegee [2] und F. A. R. Rieche ausführlich untersucht worden. Sie schreiben den Ketoperoxiden folgende Struktur zu, wobei die Konstitution der bei obiger Reaktion gebildeten Peroxoverbindung nicht eindeutig geklärt ist. – Organische Peroxide sind metastabil!

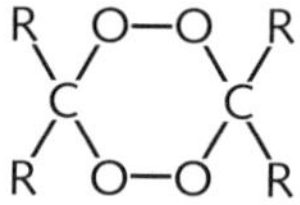

Entsorgung

Dargestelltes Peroxoaceton darf nicht gelagert werden, sondern ist durch vorsichtiges Verbrennen zu vernichten.

Literatur

[1] Römpp *Chemie Lexikon*, Georg Thieme Verlag, Stuttgart, New York, 1995.

[2] R. Huisgen, Chemie in unserer Zeit 12 (1978) 49.

10.8 Detonation von Bleiazid

Sicherheitshinweis

Das Tragen von Schutzbrille und Handschuhen ist erforderlich, Gehörschutz wird nachhaltig empfohlen. Bleisalze sind gesundheitsschädlich und fortpflanzungsgefährdend, Bleiazid ist sehr schlagempfindlich und explosionsgefährlich. Natriumazid ist sehr giftig. Die Zuschauer müssen unbedingt vor dem lauten Knall gewarnt werden! Ethanol ist leichtentzündlich, Diethylether hochentzündlich.

Chemikalien

- 130 mg Natriumazid NaN_3,
- Ethanol C_2H_5OH,
- 330 mg Bleinitrat $Pb(NO_3)_2$,
- Diethylether $(C_2H_5)_2O$,
- Dextrin $C_6H_{10}O_5 \cdot n\, H_2O$,
- dest. Wasser.

Geräte

- 2 50-mL-Bechergläser,
- Spatel,
- kleine Porzellanfilternutsche mit Filterpapier,
- Saugflasche,
- Wasserstrahlpumpe,
- Filterpapiere,
- Spritzflasche mit dest. Wasser,
- Stativ,
- 1 Muffe,
- 1 Stativklammer,
- 1 mm dickes Kupferblech mit Halterung zum Einspannen in die Muffe,
- Bunsenbrenner.

Versuch

Zur Darstellung von Bleiazid löst man im ersten 50-mL-Becherglas 130 mg Natriumazid in 5 mL dest. Wasser und fügt noch eine Spatelspitze Dextrin hinzu. Im zweiten 50-mL-Becherglas löst man 330 mg Bleinitrat und ebenfalls eine Spatelspitze Dextrin in 5 mL dest. Wasser. Beim Zusammenschütten der beiden Lösungen fällt sofort ein weißer Niederschlag von Bleiazid aus. Anschließend gießt man den Inhalt des Becherglases in die mit einem passenden Filterpapier bestückte Filternutsche (siehe Versuch 10.7) – im Becherglas verbliebene Rückstände an Bleiazid werden mit ein bißchen Wasser nachgespült – und saugt kräftig ab. Der Niederschlag wird auf der Filternutsche zuerst mit wenig Ethanol, anschließend Diethylether gewaschen und dann fast bis zur Trockne abgesaugt.

Unmittelbar danach überträgt man mit dem Spatel vorsichtig das fast trockene Bleiazid auf das Kupferblech und formt daraus einen flachen Kegel.

Beim Erhitzen des Kupferbleches mit dem Bunsenbrenner erfolgt nach dem raschen Trocknen des Bleiazids eine kräftige Detonation, die das Kupferblech beachtlich ausbeult.

Chemie

Bleiazid ist beständig gegen Feuchtigkeit und Wärme und wenig hygroskopisch. Aus einer Lösung von Natriumazid und Bleinitrat fällt es als weißer, wasserunlöslicher Feststoff aus [1]. Dabei ist die Bildung großer Kristalle zu vermeiden, da das Zerbrechen der Kristallnadeln zur Explosion führen kann. Daher setzt man bei der Synthese Stoffe wie Dextrin oder Polyvinylalkohol zu, die das Kristallwachstum stören [2].

$$Pb(NO_3)_2 + 2\, NaN_3 \rightarrow Pb(N_3)_2 + 2\, NaNO_3$$

Bleiazid ist wie alle Schwermetallazide sehr schlagempfindlich und findet als Initialsprengstoff mit einer Detonationsgeschwindigkeit von 4630 bis 5180 m/s Verwendung. Der Verpuffungspunkt liegt bei 315–360 °C. Bei der durch Druck, Schlag oder Erwärmen ausgelösten Explosion zerfällt Bleiazid in Blei und Stickstoff [2].

$$Pb(N_3)_2 \rightarrow Pb + 3\ N_2$$

Literatur

[1] Gmelin, *Handbuch der Anorganischen Chemie*, Verlag Chemie, Weinheim, 1969, Band 47C, S. 206.
[2] R. Meyer, *Explosivstoffe*, VCH Verlagsgesellschaft, Weinheim, 1985.

10.9 Stickstofftriiodid

Sicherheitshinweis

Trockenes Stickstofftriiodid (Iodstickstoff) ist äußerst explosiv! Berühren oder ein leichter Luftzug können die Explosion auslösen. Das Tragen einer Schutzbrille und von Handschuhen ist dringend erforderlich, Gehörschutz wird nachhaltig empfohlen. Die Hörer sind vor der Explosion zu warnen! Iod ist gesundheitsschädlich, Ammoniak wirkt ätzend und reizend. Die Darstellung des Stickstofftriiodids ist in einem gut ziehenden Abzug durchzuführen!

Chemikalien

- 5 g Iod I_2,
- 30 mL konz. Ammoniak NH_3.

Geräte

- 2 100-mL-Bechergläser,
- Magnetrührer,
- Rührstab,
- Spatel,
- kleine Porzellanfilternutsche mit Filterpapier,
- Saugflasche,
- Wasserstrahlpumpe,
- Filterpapiere,
- Spritzflasche mit dest. Wasser,
- Stativ,
- 3 Muffen,
- 1 Stativklammer,
- 3 Stativringe,
- langer Zeigestab mit Hühnerfeder.

Versuch

Zur Darstellung von Stickstofftriiodid gibt man in einem 100-mL-Becherglas zu 30 mL konz. Ammoniak 5 g Iod und rührt mindestens 5 Minuten. Die weitere Aufarbeitung hat dann rasch zu erfolgen! Nach dem Entfernen des Rührstabs gießt man den Inhalt des Becherglases in die mit einem passenden Filterpapier bestückte Filternutsche, spült noch im Becherglas haftende Rückstände mit etwas Wasser in die Filternutsche und saugt ab. Das Filtrat wird im Waschbecken mit viel Wasser weggespült.

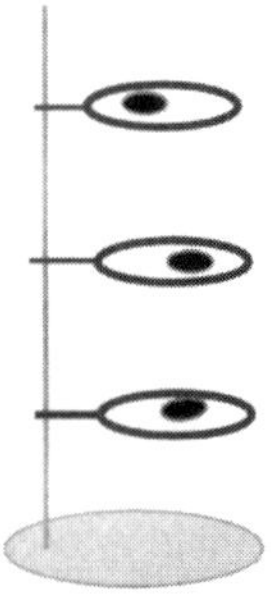

Unmittelbar danach verstreicht man mit dem Spatel vorsichtig die noch feuchten schwarzen Stickstofftriiodid-Kristalle auf drei größere Filterpapiere. Diese legt man sodann **vorsichtig** zum Trocknen auf die an einem Stativ übereinander befestigten Stativringe – der Abstand soll etwa 15 cm betragen. Nach schätzungsweise 45–60 min ist das Stickstofftriiodid getrocknet.

Beim Berühren eines Filterpapiers mit der an einem Zeigestab befestigten Hühnerfeder erfolgt unter Ausbildung einer riesigen, violetten Iod-Wolke eine kräftige Detonation, die sich unmittelbar auf die beiden anderen Proben überträgt.

Chemie

Die Bildung des Stickstofftriiodids in Form von schwarzbraunen Kristallen [1,2] erfolgt nach J. W. Mellor in einem mehrstufigen Prozeß [3]:

$$NH_3 + I_2 + H_2O \rightarrow NH_4I + HOI$$
$$3\ HOI + 2\ NH_3 \rightarrow NH_3 \cdot NI_3 + 3\ H_2O$$
bzw.
$$3\ HOI + NH_3 \rightarrow NI_3 + 3\ H_2O$$

Beim explosionsartigen Zerfall von Iodstickstoff entstehen Stickstoff und Iod.

$$2\ NI_3 \rightarrow N_2 + 3\ I_2$$

Literatur

[1] Gmelin, *Handbuch der Anorganischen Chemie*, Verlag Chemie, Berlin, 1937, Band 8, S. 593.
[2] I. Tornieporth-Oetting, T. Klapötke, Angew. Chem. 102 (1990) 726.
[3] R. Meyer, *Explosivstoffe*, VCH Verlagsgesellschaft, Weinheim, 1985.

10.10 Schießbaumwolle

Sicherheitshinweis

Konzentrierte Schwefelsäure und konzentrierte Salpetersäure sind sehr stark ätzende und oxidierende Säuren. Das Mischen der Säuren verläuft unter starker Wärmeentwicklung und teilweiser Freisetzung von nitrosen Gasen. Die Nitriersäure ist sehr gefährlich! Nitrocellulose (Schießbaumwolle) ist äußerst leicht entzündlich und kann bei Verdämmung explodieren! Das Tragen einer Schutzbrille und von Gummihandschuhen ist unbedingt erforderlich! Die Herstellung der Nitriersäure und das Eintragen der Watte muß in einem gut ziehenden Abzug erfolgen!

Chemikalien

- 200 mL konz. Schwefelsäure H_2SO_4,
- 100 mL rauchende Salpetersäure HNO_3,
- 10 g Watte (aus 100 %iger Baumwolle),
- 84 g Natriumhydrogencarbonat $NaHCO_3$.

Geräte

- 2 1-L-Bechergläser,
- Glasstab,
- 250-mL-Standzylinder,
- 100-mL-Standzylinder,
- Plastikeimer,
- Eis,
- Tiegelzange,
- Filterpapierbögen,
- Thermometer.

Versuch

In das in einem Eisbad befindliche Becherglas gibt man zuerst 100 mL rauchende Salpetersäure und fügt anschließend unter Rühren mit einem Glasstab langsam 200 mL konz. Schwefelsäure hinzu, wobei sich das Säuregemisch erwärmt.

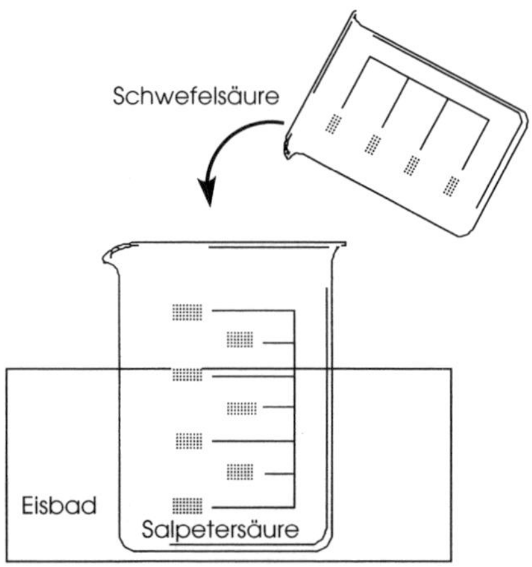

Nachdem sich die Nitriersäure abgekühlt hat (Auffrischen des Eisbades!), wird die Watte in kleine lockere Stücke von ungefähr 0.5 bis 1 g aufgeteilt. Diese werden dann für annähernd 15 Minuten mit der Tiegelzange in die Nitriersäure getaucht, herausgenommen und im Plastikeimer lange mit kaltem, fließendem Wasser gewaschen.

Zur Entfernung von Säureresten taucht man anschließend die Wattestücke in eine 1 M Natriumhydrogencarbonatlösung (84 g $NaHCO_3$ in

1 L Wasser lösen). Sollte sich hierbei eine Gasentwicklung zeigen, muß das betreffende Wattestück nochmals gründlich mit Wasser gewaschen und erneut in die Natriumhydrogencarbonatlösung eingetaucht werden. Nach dem Auspressen werden die nitrierten Wattestücke zum Trocknen auf die Filterpapierbögen ausgebreitet.

Chemie

Schießbaumwolle [1] ist ein Cellulosenitrat (Salpetersäureester) mit einem durchschnittlichen Stickstoffgehalt von 13.2 %. Sie wird durch Nitrierung von Cellulose erhalten.

In trockener Form ist sie schlag- und reibungsempfindlich und explodiert beim Entzünden sehr leicht unter Bildung der Gase Kohlenstoffmonoxid, Kohlenstoffdioxid, Stickstoff und Wasser.

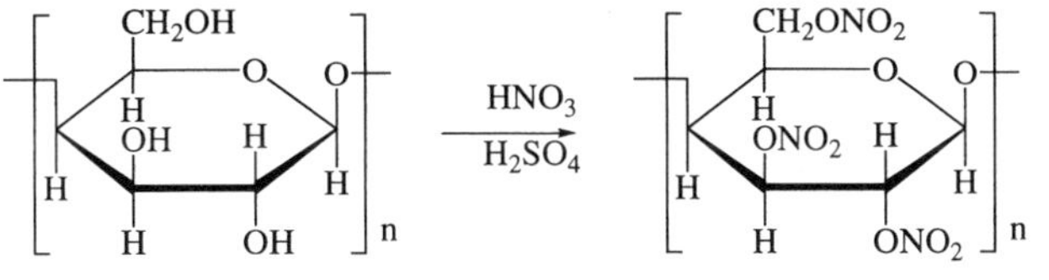

Entsorgung

Die Nitriersäure (H_2SO_4/HNO_3) kann stark verdünnt über das Abwasser entsorgt werden. **Schießbaumwolle unterliegt dem Sprengstoffgesetz und ist bei der Vorführung umgehend und restlos zu vernichten.**

Literatur

[1] R. Meyer, *Explosivstoffe*, Verlag Chemie, Weinheim, 1985, S. 207.

10.11 Zündschnur

Sicherheitshinweis

Konzentrierte Schwefelsäure und konzentrierte Salpetersäure sind sehr stark ätzend und oxidierend. Das Mischen der Säuren verläuft unter starker Wärmeentwicklung und teilweiser Freisetzung von nitrosen Gasen. Die Nitriersäure ist sehr gefährlich! Nitrocellulose ist äußerst leichtentzündlich und kann bei Verdämmung explodieren! Ethanol ist leichtentzündlich. Das Tragen einer Schutzbrille und von Gummihandschuhen ist unbedingt erforderlich! Die Herstellung der Nitriersäure und das Eintragen des Garns muß in einem gut ziehenden Abzug erfolgen!

Chemikalien

- 100 mL konz. Schwefelsäure H_2SO_4,
- 100 mL rauchende Salpetersäure HNO_3,
- 100 mL Ethanol C_2H_5OH,
- 10 g dickes Baumwollgarn (aus 100 %iger Baumwolle),
- 42 g Natriumhydrogencarbonat $NaHCO_3$.

Geräte

- 1 250-mL-Becherglas,
- 2 500-mL-Bechergläser,
- Glasstab,
- 2 100-mL-Standzylinder,
- Plastikeimer,
- Eis,
- Tiegelzange,
- Thermometer.

Versuch

Zu Beginn werden 10 g Baumwollgarn in dem 250-mL-Becherglas für eine Dauer von etwa 15 Minuten in 100 mL Ethanol eingelegt – gelegentlich dabei mit einem Glasstab rühren. Anschließend wird das Garn mit Leitungswasser ausgiebig gewaschen und mit Hilfe eines Föns weitgehend getrocknet.

In das in einem Eisbad befindliche 500-mL-Becherglas gibt man zuerst 100 mL rauchende Salpetersäure und fügt anschließend unter Rühren mit einem Glasstab langsam 100 mL konz. Schwefelsäure hinzu, wobei sich das Säuregemisch erwärmt.

Nachdem sich die Nitriersäure abgekühlt hat (Auffrischen des Eisbades!), wird das trockene Garn für ungefähr 15 Minuten mit der Tiegelzange in die Nitriersäure getaucht, herausgenommen und im Plastikeimer lange mit kaltem, fließendem Wasser gewaschen.

Zur Entfernung von Säureresten taucht man anschließend das Baumwollgarn in eine 1 M Natriumhydrogencarbonat-Lösung (42 g $NaHCO_3$ in 500 mL Wasser). Sollte sich hierbei eine Gasentwicklung zeigen, muß das Garn nochmals gründlich mit Wasser gewaschen und erneut in die Natriumhydrogencarbonat-Lösung eingetaucht werden. Nach dem Auspressen wird die Zündschnur zum Trocknen aufgehängt.

Chemie

Baumwollgarn läßt sich wie reine Cellulose durch Behandlung mit Nitriersäure (H_2SO_4/HNO_3) [1] in Cellulosenitrat (Salpetersäureester) umwandeln (siehe Versuch *Schießbaumwolle*).

In trockener Form muß nitriertes Baumwollgarn wie Schießbaumwolle behandelt werden. Es eignet sich vorzüglich zum Zünden eines mit Wasserstoff oder einer Knallgasmischung gefüllten Luftballons. Beim Entzünden verbrennt das Garn sehr leicht unter Bildung der Gase Kohlenstoffmonoxid, Kohlenstoffdioxid, Stickstoff und Wasser.

Entsorgung

Die Nitriersäure (H_2SO_4/HNO_3) kann stark verdünnt über das Abwasser entsorgt werden. **Nitriertes Baumwollgarn ist bei der Vorführung umgehend und restlos zu vernichten.**

Literatur

[1] R. Meyer, *Explosivstoffe*, Verlag Chemie, Weinheim, 1985, S. 207.

11
Blitzlicht

„Ehret den Photographen,
denn er kann nichts dafür!“

Anonym

Erst 1857 gelang es dem französischen Chemiker Henri Etienne Saint-Claire-Deville (1818–1881), ein technisch halbwegs brauchbares Verfahren zur Darstellung größerer Mengen des Metalles Magnesium zu finden. Er mischte wasserfreies Magnesiumchlorid mit Flußspat und reduzierte diese Mischung mit metallischem Natrium. Magnesium verbrennt mit heller Leuchterscheinung an der Luft. Angeregt durch die Forschungen R. W. Bunsens (1811–1899), entdeckte Paul Eduard Liesegang (1836–1896) 1861 die Möglichkeit, beim Licht abbrennender Magnesiumdrähte zu photographieren: „Eine vorzüglich aktinisch wirksame Lichtquelle ist nach den photochemischen Studien von Bunsen und Roscoe das Magnesium, welches mit Leichtigkeit Feuer fängt und mit einer äußerst brillanten Flamme brennt. Das Magnesium wird in feine Fäden ausgezogen und nun mittels eines Uhrwerks im Verhältnis des Verbrennens gleichmäßig vorwärts bewegt. Nach Bunsens Untersuchungen ist die photogenische Kraft der Sonne nur 36mal stärker als die des brennenden Magnesiums. ... Wir glauben nicht, daß es schon zu photographischen Zwecken benutzt worden ist.“

Daß sich das Leuchten des brennenden Magnesiums durch Reaktion mit oxidierenden Chemikalien noch steigern läßt, fand 1865 Traill Taylor heraus, und ab 1883 verwendete G. A. Kenyon ein brennendes Gemisch aus Magnesium und Kaliumchlorat als Lichtquelle für Porträtaufnahmen. Doch dies alles war für das damalige, unempfindliche Photomaterial nicht hell genug. Immer noch waren die Belichtungszeiten reichlich lang. Kenyons Methode wurde nicht bekannt, und so mußte das gleiche Verfahren, diesmal aber verbessert, noch einmal gefunden werden. Der Durchbruch gelang 1887 zwei jungen Männern, Adolf Miethe (1862–1927) und Johannes Gaedicke (1835–1916). Miethe beschrieb später seine Entdeckung: „Der Gedanke, der mir eines Tages kam, anstelle des längst eingeführten Magnesiumbandes ein schnell verbrennendes Gemisch von Magnesiumpulver mit oxydierenden Körpern herzustellen ... Wir mischten Magnesiumpulver mit sauerstoffabgebenden Salzen unter Zusatz des die Verpuffung fördernden Schwefelantimons, dessen Wirkung mir aus den Feuerwerkssätzen bekannt war, und erfanden das ‚Blitzpulver‘. Um diese Mischungen, die je nach ihrer Zusammensetzung innerhalb kurzer oder kürzester Zeit eine mächtige chemische Lichtwirkung bei der Entzündung lieferten, photographisch brauchbar zu machen, bauten wir auch eine Verbrennungslampe, die den störenden Magnesiumrauch fernhielt, und machten auf diese Weise die ersten photographischen Augenblicksbilder bei Nacht."

Miethes Freund Paul Baltin hat eine spannende Schilderung der Erfindung hinterlassen: „Am wichtigsten erschien es zunächst, die Möglichkeit brauchbarer Portraitaufnahmen festzustellen. Der starken Rauchentwicklung halber mußte das Pulver in einer größeren, als Rauchfang dienenden Kiste verbrannt werden, deren Deckel durch eine Glasscheibe ersetzt war. Letztere flog gleich bei der ersten Aufnahme der als Modell dienenden Empfangsdame (Anm.: des photographischen Ateliers von Selle und Kuntze in Potsdam) um die Ohren, glücklicherweise ohne Schaden zu stiften."

Miethe und Gaedicke sahen sich nun vor die Aufgabe gestellt, die Kraft der Explosion zu mindern. Dieses Problem lösten sie physikalisch: Sie ließen die Blitzlampe einfach oben offen. Um aber den entstehenden Magnesiumrauch zu zwingen, durch ein Ofenrohr ins Freie abzuziehen, erfanden sie einen sinnreichen Mechanismus, der durch den Explosionsdruck die Deckplatte freigab, die nun der Schwerkraft folgend auf die Lampe fiel und diese abschloß. Man mußte damals als Kunde eines Photoateliers eine gewisse Nervenkraft mitbringen: „Da die Zündung durch eine Zündschnur, also der unbestimmte Zeitpunkt der Belichtung, für Portraitzwecke untragbar erschien, baute ich (Anm.: Paul Baltin) eine Lampe, deren offene obere Öffnung sich nach der Explosion durch Herabfallen eines Deckels automatisch schloß und in der das Pulver durch Schlag auf eine Zündpille in dem gewünschten Moment entflammt werden konnte. Diese Einrichtung hat sich bei zahlreichen Aufnahmen glänzend bewährt." Die Zündpille stammte aus der Militärtechnik.

11.1 Blitzlicht mit Magnesium

Sicherheitshinweis

Kaliumchlorat ist brandfördernd und gesundheitsschädlich, Magnesiumpulver leichtentzündlich. Das Tragen einer Schutzbrille und von Handschuhen ist erforderlich. Die Zuschauer müssen vor dem Zünden der Mischung darauf hingewiesen werden, den Blick von der Flamme abzuwenden.

Chemikalien

- 13 g Kaliumchlorat $KClO_3$,
- 7 g Magnesiumpulver oder Magnesiumgrieß.

Geräte

- Stativ,
- Muffe,
- Stativklammer,
- Faltenfilter ∅ ca. 15 cm,
- Blumendraht,
- Hühnerfeder,
- Spatel,
- Holzstab,
- Sternwerfer.

Versuch

Auf einer glatten Unterlage mischt man mit der Hühnerfeder vorsichtig 13 g Kaliumchlorat mit 7 g Magnesium und gibt anschließend diese Mischung in die Mitte des Faltenfilters. Der Rand des Filters wird nach oben zusammengefaltet, mit dem Blumendraht fest umschlossen und am Stativ befestigt. Gezündet wird die Blitzlicht-Mischung (vgl. [1]), indem man einen an einem Stab befestigten Sternwerfer von unten an den Faltenfilter hält.

Das Gemisch verbrennt unter großer Hitze mit einem kräftigen weißen Lichtblitz.

Chemie

Magnesium setzt sich mit Kaliumchlorat in einer stark exothermen Reaktion zu Magnesiumoxid um.

$$KClO_3 + 3\ Mg \rightarrow 3\ MgO + KCl$$

Entsorgung

Die Verbrennungsrückstände werden mit Wasser ausgewaschen und zum Hausmüll gegeben.

Literatur

[1] Holleman-Wiberg, *Lehrbuch der Anorganischen Chemie*, Walter de Gruyter, Berlin, New York, 1995, S. 1116.

11.2 Lichtblitz mit Verzögerung

Sicherheitshinweis

Kaliumpermanganat ist brandfördernd und gesundheitsschädlich, Magnesiumpulver leichtentzündlich, Natriumcarbonat wirkt reizend. Der Versuch soll nur von erfahrenem Personal durchgeführt werden! Das Tragen einer Schutzbrille und von Handschuhen ist erforderlich! Die verwendeten Mengen sind unbedingt der Größe des Hörsaals anzupassen, da die stark exotherme Reaktion von einer heftigen Rauchentwicklung begleitet wird.

Chemikalien

- 15 g Kaliumpermanganat,
- 7.5 g Magnesiumpulver,
- 2–3 mL trockenes Glycerin.

Geräte

- Isoplanplatte ca. 30 × 30 cm,
- Reibschale mit Pistill,
- Spatel,
- 250-mL-Erlenmeyerkolben,
- Pasteurpipette.

Versuch

Das Kaliumpermanganat wird in der Reibschale sehr fein verrieben, im Erlenmeyerkolben durch Schütteln mit dem Magnesiumpulver vermischt und dann auf die Isoplanplatte gegeben.

Spritzt man auf dieses Gemisch mit der Pasteurpipette 2–3 mL Glycerin, so zeigt das Experiment anfangs nur eine äußerst schwache Rauchentwicklung, die dann in ein Funkensprühen übergeht, und schließlich mit einem heftigen Lichtblitz und einer Rauchwolke endet.

Chemie

Die anfangs zögernd voranschreitende Oxidation des Glycerins durch Kaliumpermanganat wird von einer starken Wärmeentwicklung begleitet, die die Reaktion immer stärker beschleunigt. Während Glycerin in Kohlenstoffdioxid/Kaliumcarbonat und Wasserdampf übergeht, wird Kaliumpermanganat zu einem Gemisch aus Kaliummanganat(VI), Braunstein und Mangan(III)-oxid reduziert und Magnesium in einer stark exothermen Reaktion zu Magnesiumoxid oxidiert [1,2].

$$C_3H_5(OH)_3 + KMnO_4 \rightarrow CO_2/K_2CO_3/H_2O/K_2MnO_4/MnO_2/Mn_2O_3$$
$$5\,Mg + 2\,KMnO_4 \rightarrow 5\,MgO + K_2O + 2\,MnO$$

Entsorgung

Die Verbrennungsrückstände werden in Wasser gegeben und mit Natriumcarbonat versetzt. Man trennt durch Sedimentieren und Dekantieren, entsorgt den Feststoff als chemischen Sondermüll und die Flüssigkeit über das Abwasser.

Literatur

[1] Holleman-Wiberg, *Lehrbuch der Anorganischen Chemie*, Walter de Gruyter, Berlin, New York, 1995, S. 1488.
[2] Bukatsch, Krätz, Probeck, Schwanker, *So interessant ist Chemie*, Aulis Verlag Deubner & Co. KG, Köln, 1987, S. 102.

11.3 Lichtblitz – Mischung aus Kaliumpermanganat und Glycerin

Sicherheitshinweis

Kaliumpermanganat ist brandfördernd und gesundheitsschädlich. Der Versuch soll nur von erfahrenem Personal durchgeführt werden! Das Tragen einer Schutzbrille und von Handschuhen ist erforderlich! Die verwendeten Mengen sind der Größe des Hörsaals anzupassen, da die stark exotherme Reaktion von einer kräftigen Rauchentwicklung begleitet wird.

Chemikalien

- 15 g Kaliumpermanganat $KMnO_4$,
- 2–3 mL trockenes Glycerin $C_3H_5(OH)_3$.

Geräte

- Isoplanplatte ca. 30 × 30 cm,
- Reibschale mit Pistill,
- Spatel,
- 250-mL-Erlenmeyerkolben,
- Pipette.

Versuch

Das Kaliumpermanganat wird in der Reibschale möglichst fein verrieben und dann auf die Isoplanplatte gegeben.

Tropft man mit der Pipette auf dieses Pulver 2–3 mL Glycerin, so zeigt das Experiment anfangs eine äußerst schwache, sich dann aber rasch steigernde Rauchentwicklung, welche von einem heftigen Funkensprühen begleitet wird.

Chemie

Glycerin reagiert mit Kaliumpermanganat unter starker Wärmeentwicklung, die die anfangs nur zögernd verlaufende Umsetzung lawinenartig beschleunigt. Während dabei Glycerin in Kohlenstoffdioxid/Kaliumcarbonat und Wasserdampf übergeht, wird Kaliumpermanganat zu einem Gemisch von Kaliummanganat(VI), Braunstein und Mangan(III)-oxid reduziert [1–3].

$$C_3H_5(OH)_3 + KMnO_4 \rightarrow CO_2/K_2CO_3/H_2O/K_2MnO_4/MnO_2/Mn_2O_3$$

Entsorgung

Die Verbrennungsrückstände werden in Wasser gegeben und mit Natriumcarbonat versetzt. Man trennt durch Sedimentieren und Dekantieren, entsorgt den Feststoff als chemischen Sondermüll und die Flüssigkeit über das Abwasser.

Literatur

[1] Holleman-Wiberg, *Lehrbuch der Anorganischen Chemie*, Walter de Gruyter, Berlin, New York, 1995, S. 1488.

[2] Bukatsch, Krätz, Probeck, Schwanker, *So Interessant ist Chemie*, Aulis Verlag Deubner & Co. KG, Köln, 1987, S. 102.

[3] R. J. Scheer, Chem. Educ. 36 (1959) A219.

12
Die Hölle der Gummibären

„Die Bildhauerkunst wird mit Recht so hoch gehalten, weil sie die Darstellung auf ihren höchsten Gipfel bringen kann und muß, weil sie den Menschen von allem, was ihm nicht wesentlich ist, entblößt."

Johann Wolfgang von Goethe, Über Laokoon, 1798

Was Goethe hier vom Menschen sagt, gilt naturgemäß auch für Tiere. Das heutzutage serienmäßig am häufigsten hergestellte Objekt der Bildhauerei, das Werk eines offenbar – und dies völlig zu Unrecht – anonymen Künstlers, ist der Gummibär, der in diesem Kunstwerk von „allem, was ihm nicht wesentlich ist, entblößte" Bär – sozusagen der Bär schlechthin. Wenn man, wie im folgenden Experiment, unschuldige Gummibären mit geschmolzenem Kaliumchlorat zur Hölle schickt, sollte man sich vorher Rechenschaft darüber ablegen, was man anstellt!

Vom rein Chemischen her betrachtet, handelt es sich ja nur um die Oxidation eines Gemisches von Kohlenwasserstoffen. Doch das dabei zerstörte Kunstwerk „Gummibär" hat eine weit zurückreichende Geschichte. In früheren Zeiten war es üblich, die Tafel der Reichen und Mächtigen mit gewaltigen Tischaufsätzen zu schmücken. Die Reichsten hatten Tafelaufsätze aus Gold, Silber und Edelgestein. Daneben waren aber über alle Zeiten hinweg eßbare Tafelaufsätze beliebt. Noch so berühmte Bildhauer des 19. Jahrhunderts wie Antonio Canova (1757–1822) und Bertel Thorvaldsen (1770–1844) formten in ihrer Anfängerzeit gewaltige, meist mythologische Bildwerke aus Butter oder Schmalz. Dergleichen ist in katholischen Ländern heute noch zu Ostern als „Lamm Gottes" beliebt. Thorvaldsen hielt seinem Konkurrenten Canova gelegentlich vor, dies sei die Ursache einer gewissen Buttrigkeit seines süßlichen Stils. Neben fettigen Tafelaufsätzen gab es aber auch solche aus Zucker. Da reiner Zucker wegen seiner Sprödigkeit kein wirklich gutes Material für Bildhauerarbeiten ist, mischte man ihn mit „Tragant", einem Gummischleim, der sich im Mark der Schmetterlingsblütler-Gattung Astragalus bildet. Im Gemisch mit Zucker und Wasser verarbeitet, ließen sich daraus nach Bedarf härtere oder auch gummiartige Bildwerke erstellen, wobei man harte, porige Massen für Architektonisches einsetzte, für die nackten Körper fülliger Göttinnen dagegen Glatteres und Gummiartigeres mit einem höheren Anteil an Tragant bevorzugte.

Da seit der Französischen Revolution in fast ganz Europa die Monarchien verschwanden und die Macht des Adels gebrochen wurde, ist der Bedarf an Tafelaufsätzen aus Zuckergummi ziemlich geschrumpft. Vom meterhohen mythologischen Götterreigen früherer Zeiten blieb nur ein kleiner Zeuge einstiger Pracht, der Gummibär.

12.1 Die Hölle der Gummibären

Sicherheitshinweis

Kaliumchlorat ist brandfördernd und gesundheitsschädlich. Das Tragen von Schutzbrille und Handschuhen ist dringend erforderlich.

Chemikalien

- 10 g Kaliumchlorat $KClO_3$,
- Gummibär.

Geräte

- Bunsenbrenner,
- Stativ mit Muffe und Klammer,
- großes Reagenzglas (ca. 20 cm lang, ∅ 3 cm).

Versuch

Raum abdunkeln! In einem leicht schräg eingespannten Reagenzglas erhitzt man rund 10 g Kaliumchlorat bis zum Schmelzen. Unmittelbar danach gibt man den Gummibären hinzu, welcher sofort unter heftigem Tanzen mit einer bläulichen Farbe verbrennt. Begleitet wird der Vorgang von einem kräftigen Brummen und Zischen.

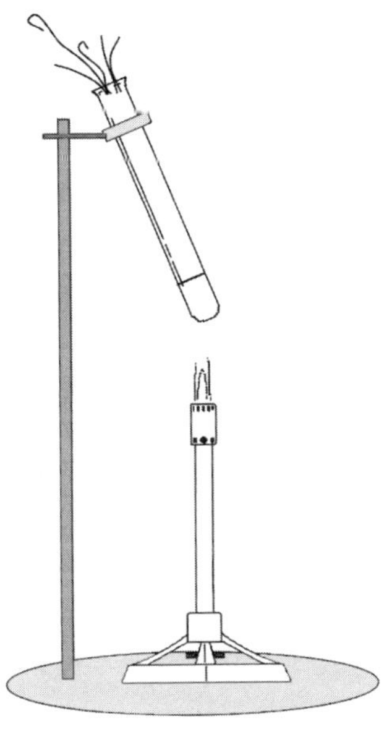

Chemie

Ab 400 °C disproportioniert Kaliumchlorat zu Kaliumchlorid und Kaliumperchlorat, welches dann selbst sehr rasch in Sauerstoff und Kaliumchlorid zerfällt [1].

$$4\ KClO_3 \rightarrow 3\ KClO_4 + KCl$$
$$3\ KClO_4 \rightarrow 6\ O_2 + 3\ KCl$$

Deshalb soll man den Gummibären unmittelbar nach dem Schmelzen des Kaliumchlorats zugeben, da bei längerem Warten der Sauerstoff nahezu vollständig freigesetzt und für den eigentlichen Versuch nicht mehr verfügbar ist. Bei der Reaktion des Kaliumchlorats mit dem Gummibär wird die Gelatine (Polypeptid) unter Feuererscheinung zu Kohlenstoffdioxid und Wasser oxidiert. Die bei der Verbrennung der Gelatine entstehenden Gase, Kohlenstoffdioxid, Stickoxide und Wasserdampf, reißen den Gummibären periodisch mit sich und verursachen so den Tanzeffekt [2].

Entsorgung

Stark verdünnt mit Wasser können die Reste über das Abwasser entsorgt werden.

Literatur

[1] Holleman-Wiberg, *Lehrbuch der Anorganischen Chemie*, Walter de Gruyter, Berlin, New York, 1995, S. 480.
[2] D. M. Sullivan, J. Chem. Educ. 69 (1992) 326.

13
Bellende und beißende Hunde

„Das ist es,
was den Menschen zieret
und dazu ward ihm der Verstand,
daß er im innersten Herzen spüret,
was er erschafft mit seiner Hand!"

Friedrich von Schiller

Als Chemiker sollte man im innersten Herzen allemal spüren, wenn Gefahr im Verzuge ist. Bei dem folgenden Experiment „Bellender Hund" handelt es sich um eine modernisierte Variante dessen, was in Liebigs oben beschriebener Vorlesung im Münchener Hörsaal zu einer großen Explosion führte.

Auch bellende Hunde beißen zuweilen. Deshalb sollte man sich als Experimentator größter Aufmerksamkeit und Vorsicht befleißigen. Nicht alle von einem Splitter getroffenen Hörerinnen sind auch nur annähernd so langmütig wie bayerische Königinnen, denen Liebig einst Glas ins Dekolleté jagte. Beschädigte moderne Hörerinnen schenken kein Silberservice, sondern schicken ihren Rechtsanwalt.

Es ist eben nichts mehr so wie früher!

13.1 Bellender Hund

Sicherheitshinweis

Schwefelkohlenstoff weist einen niedrigen Flammpunkt auf, ist giftig, reizend und fortpflanzungsgefährdend. Das Tragen einer Schutzbrille und von Gummihandschuhen ist erforderlich. Das Füllen des Glasrohres erfolgt in einem gut ziehenden Abzug!

Chemikalien

- Distickstoffmonoxid N_2O (Druckzylinder) oder Stickstoffmonoxid NO,
- Schwefelkohlenstoff (Kohlenstoffdisulfid) CS_2,
- Wasser.

Geräte

- Glasrohr mit einer Länge von etwa 150 cm und einem Durchmesser von rund 6.5 cm, welches oben in der Mitte und unten seitlich jeweils mit einer Hülse (NS 29) versehen ist. Das Glasrohr wird mit einem stabilen Drahtnetz als Splitterschutz umwickelt.
- PVC-Stopfen (NS 29),
- Kernkappe (NS 29) mit Durchgangshahn,
- 20 mL Spritze mit 15–20 cm langer Kanüle,
- Gummischlauch,
- Stativ,
- Muffen,
- Stativklammern,
- Klammern oder Federn zur Schliffsicherung.

Versuch mit Lachgas (Distickstoffmonoxid)

Das unten mit dem PVC-Stopfen verschlossene Glasrohr wird senkrecht in das Stativ eingespannt und in eine pneumatische Wanne (Plastikschüssel mit Wasser) gestellt. Das Rohr wird nun von oben vollständig mit Wasser gefüllt und anschließend mittels Kernkappe verschlossen. Nun entfernt man den **unter der Wasseroberfläche** in der pneumatischen Wanne sich befindenden PVC-Stopfen, leitet über einen Schlauch durch die Hülse so lange Lachgas ein, bis das Wasser aus dem Rohr verdrängt ist, und verschließt das Glasrohr wieder mit dem PVC-Stopfen.

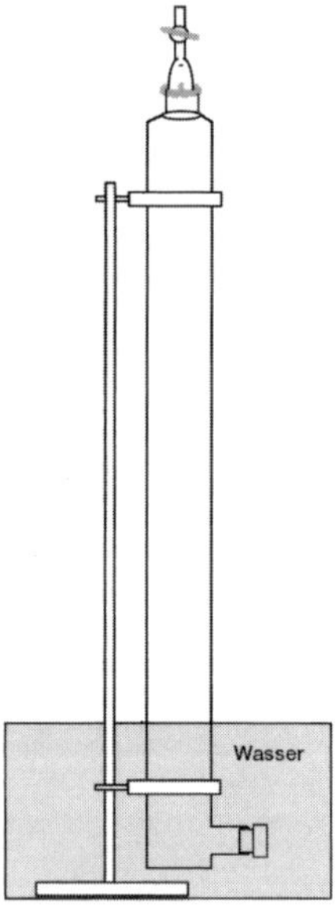

Anschließend spritzt man rasch durch den kurzzeitig geöffneten (oberen) Durchgangshahn vorsichtig 20 mL Schwefelkohlenstoff in das Glasrohr. Durch vorsichtiges Schütteln des Rohres werden die Reaktionspartner vermischt, ein in der Apparatur auftretender Überdruck wird durch mehrmaliges kurzzeitiges Öffnen des Durchgangshahnes abgebaut. Die Vorführung des Versuches erfolgt in einem weitgehend abgedunkelten Raum, wobei das Gasgemisch sofort nach Entfernen der oberen Kernkappe mit einem Bunsenbrenner gezündet wird. Begleitet von einem intensiven Geräusch, dessen Tonlage von den Ausmaßen des Glasrohres abhängt, wandert eine kräftig blaue Flamme rasch von oben nach unten.

Versuch mit Stickstoffmonoxid

Der Versuch kann wie in der ursprünglichen Fassung [1] auch mit Stickstoffmonoxid durchgeführt werden. Jedoch **müssen** hierbei zur Entfernung von Resten an Stickstoffdioxid nach der Zugabe von Schwefelkohlenstoff noch zusätzlich 20 mL Wasser in das Glasrohr eingespritzt werden! Vorsichtiges Schütteln, wie oben beschrieben!

Chemie

Distickstoffmonoxid bzw. Stickstoffmonoxid setzen sich mit Schwefelkohlenstoff unter Feuererscheinung zu einem Gemisch aus Distickstoff, Schwefel, Kohlenstoffmonoxid und Schwefeldioxid um [2].

$$3\,N_2O + CS_2 \rightarrow CO + 3\,N_2 + SO_2 + S$$
$$3\,NO + CS_2 \rightarrow CO + 1.5\,N_2 + SO_2 + S$$

Das beim Versuch mit Stickstoffmonoxid zugesetzte Wasser absorbiert Stickstoffdioxid, welches aus Sickstoffmonoxid mit Sauerstoff entstehen kann.

$$2\,NO + O_2 \rightarrow 2\,NO_2$$
$$3\,NO_2 + H_2O \rightarrow 2\,HNO_3 + NO$$

Historie

König Max II. von Bayern berief im Jahre 1852 den Freiherrn Justus von Liebig von Gießen an die Ludwig-Maximilians-Universität. In seinem Münchner Hörsaal begann Liebig bereits 1853 zusammen mit dem Mineralogen und Mundartdichter Franz Ritter von Kobell, dem Dichter Emanuel von Geibel sowie anderen Geisteswissenschaftlern, öffentliche Vorlesungen abzuhalten, um so das Ansehen der Chemie und der Wissenschaften in der Öffentlichkeit hervorzuheben. Bei diesem Vorlesungszyklus, zu dem in einem Hörsaal erstmals auch Damen zugelassen werden, war die bayerische Königin Marie eine eifrige Besucherin. Hierzu schrieb Liebig in einem Brief an seinen Freund Mohr: „Ich möchte der Königin sehr gerne einen Cyklus von Vorträgen halten und ihr die neuesten Wunder der Chemie vor Augen bringen ... hauptsächlich, um die Menschen hier etwas mehr für Naturwissenschaften zu gewinnen. Wenn die Königin die Vorträge besucht, dann folgen die anderen auch, sie ist wie ein Magnet, der die Herzen der Menschen nach sich zieht." [3]

Am 9. April 1853 ereignete sich dann bei einer öffentlichen Vorlesung über die Gase Schwefelkohlenstoff und Stickoxid eine Explosion – angeblich durch ein Versehen des Assistenten –, bei der Mitglieder der königlichen Familie und Liebig selbst leicht verletzt wurden. Über die Ereignisse schrieb Liebig an seinen Freund Wöhler u. a.: „Als ich mich nach der furchtbaren Explosion in dem Raum, wo die Zuschauer saßen, umschaute und das Blut von dem Angesicht der Königin Therese (Gattin von König Ludwig I. von Bayern, der im Revolutionsjahr 1848 auf den Thron verzichten muß) und des Prinzen Luitpold rinnen sah, war mein Entsetzen unbeschreiblich, ich war halbtod … Die Wunden sind geheilt und wir sind eminent interessant geworden. …" [4]

Literatur

[1] O. Krätz, *Liebigs Experimentalvorlesung*, Verlag Chemie, Weinheim, 1983.

[2] N. N. Greenwood, A. Earnshaw, *Chemie der Elemente*, VCH Verlagsgesellschaft, Weinheim, 1988.

[3] Brief an Mohr vom 27. Januar 1853, Sondersammlungen des Deutschen Museums, München, 1111.

[4] Aus *Justus Liebig's und Friedrich Wöhler's Briefwechsel in den Jahren 1831–1845*, Hrsg. A. W. v. Hofmann und E. Wöhler, Braunschweig, 1888, S. 112.

14
Die chemische Harmonika

„Die Sonne tönt nach alter Weise
In Brudersphären Wettgesang,
Und ihre vorgeschriebne Reise
Vollendet sie mit Donnergang ..."

Johann Wolfgang von Goethe, Faust I

So singt der Erzengel Raphael vor dem „Herrn der himmlischen Heerscharen" in dem „Prolog im Himmel", den Goethe seinem Faust I voranstellte. Goethe hatte in jungen Jahren das Violoncello- und Klavierspiel erlernt, versuchte sich noch im Alter an einer Musiktheorie und liebte musikalische Metaphern in seinen Werken. Die hier zitierte ist besonders interessant, weil sie neoplatonisches Gedankengut aufgreift, wie es insbesondere Johannes Kepler (1571–1630) für den Sphärengesang der Himmelskörper entwickelt hatte, und dies mit durchaus ernstgemeinten Notenbeispielen!

Beinahe hätte Goethe bei der Entwicklung eines neuen Musikinstrumentes eine Rolle gespielt, aber nur beinahe. Das ausgehende 18. Jahrhundert war die große Zeit neuer, teils eigenartiger Musikinstrumente. So hatte, um nur ein Beispiel zu nennen, Benjamin Franklin (1706–1790) die Glasharmonika erfunden, der dann die Glasharfe und schließlich das Glasklavier folgten.

Das Erstaunen war groß, als 1777 Bryan Higgins (1737–1818) entdeckte, daß in einem Rohr beim Brennen einer Wasserstoff-Flamme, die man damals in Fortführung alter alchimistischer Traditionen „lumen philosophicum" nannte, ein Ton entsteht. Higgins war Arzt und praktizierte in London, wo er auch seit 1774 eine „School of Practical Chemistry" in der Greek Street in Soho betrieb, in der er – wie in den Eingangskapiteln geschildert – Kurse „of lectures and demonstrations" veranstaltete. Die in einem Rohr singende Wasserstoff-Flamme wurde bald als „chemische Harmonika" in ganz Europa bekannt. Ein neuer, bis heute oft gezeigter Vorlesungsversuch war geboren.

Lange wußte man nicht, wie er eigentlich funktioniert, obwohl sich die gesamte damalige Elite der Naturforscher Europas auf dieses erstaunliche Phänomen stürzte. Die ersten guten Beobachtungen gelangen nach 1803 dem Physiker Ernst Florens Chladni (1756–1827), einem renommierten Fachmann für Akustik. Er stellte sich insbesondere die Frage, wo eigentlich der Ton der chemischen Harmonika entsteht. Gehlers physikalisches Wörterbuch referierte 1829: „E. F. Chladni stellte bald nach Bekanntwerdung des Phänomens eine große Reihe von Versuchen an, und entschied, ... daß der Ton nicht durch das Gefäß erzeugt werde, worin die Flamme des Wasserstoffgases brennt, weil dasselbe von Holz, Metall oder Glas sei, an jeder Stelle festgehalten werden könne, und der Ton ein anderer sei, als die Schwingungen desselben erzeugen würden. Der tönende Körper ist diesemnach die Luftsäule im Innern des Gefäßes, und die Höhe des Tones beruht auf den bekannten Schwingungsgesetzen der Luftsäulen in Röhren, Pfeifen u. s. w."

Dann zog Chladni einen eigenartigen Schluß: „Daß das Verbrennen anderer Substanzen, z.B. eine brennende Kerze, nicht auf gleiche Weise Töne erzeugt, dieses rührt daher, weil dabei das Zuströmen des Wasserstoffgases fehlt." Chladni wähnte also fälschlicherweise, daß das Fließen des einströmenden Wasserstoffs das Einleitungsröhrchen zum Schwingen bringen und dieses seinerseits die Luftsäule zum Tönen anregen würde. Diese Erklärung ist nicht unbedingt einleuchtend.

Die, wie wir heute wissen, richtige Lösung fand 1818 Michael Faraday, der die chemische Harmonika in sein Vorlesungsrepertoire aufnahm: „Nach Faraday liegt die Ursache des Tönens nicht in den Schwingungen der Röhre, weil man diese ohne irgend einen Einfluß umwickeln kann, sondern in den successiven Explosionen, und die Töne werden um so leichter erzeugt, bei je niedrigerer Temperatur diese Explosionen erfolgen, welche dann durch die Wände der angewandten Gefäße eine Resonanz erhalten."

Dies ist tatsächlich die richtige Deutung. Eine Wasserstoff-Flamme brennt im Sauerstoff der Luft nicht gleichmäßig, sondern besteht, wie man heute durch schnelles Filmen auch optisch zeigen kann, aus einer dichten Folge kleiner Knallgasexplosionen, die ihrerseits die Luftsäule der Röhre zum Schwingen anregen und damit die eigentliche Ursache des Tönens sind.

Schon 1795 war in Goethes „Freitagsgesellschaft" in Weimar eine chemische Harmonika vorgeführt worden, wie wir aus den Aufzeichnungen eines Teilnehmers wissen: „... durch das Auf- und Niederschieben eines oben und unten offenen Glaszylinders über einem Flämmchen aus brennbarer Luft (d.h. H_2) der Zylinder selbst einen harmonikaartigen (Anm.: gleich einer Franklinschen Glasharmonika) Glockenton, solange das Glas noch nicht erwärmt ist, von sich gibt ... Vermutung Goethes, bei welchem wir diesen Versuch probiert hatten, daß sich wirklich Akkorde herausbringen lassen würden, wenn man recht viele Zylinder nacheinander anwenden könnte ..."

Die Prophezeiung Goethes, man werde die chemische Harmonika zu einem wirklichen Musikinstrument weiterentwickeln, ging beinahe in Erfüllung. 1882 kamen in Paris sogenannte „Lustres chantantes" in den Handel, große, orgelähnliche Tasteninstrumente mit gläsernen Röhren oder entsprechend konstruierte Deckenleuchten ebenfalls mit Manual, in denen in Luft brennende Wasserstoff-Flammen Töne erzeugten. Diese seltsamen Instrumente konnten sich – wohl wegen der unvermeidlichen Gefahr einer Knallgasexplosion – aber nicht durchsetzen. Eigentlich schade!

14.1 Wasserstofforgel

Sicherheitshinweis

Wasserstoff ist ein hochentzündliches Gas, das mit Luft (Explosionsgrenzen in Luft 4–75 Vol.%) explosionsartig reagieren kann.

Chemikalien

- Wasserstoff-Druckgaszylinder.

Geräte

- Druckminderer,
- langes Glasrohr ∅ ca. 8 cm, Länge ca. 1.5 m,
- PVC-Schlauch,
- Glasrohr ∅ ca. 0.8 cm,
- großes Stativ,
- 3 Muffen,
- 3 Stativklammern/Kettenklemmen.

Versuch

Das große Glasrohr wird mit 2 Stativklammern/Kettenklemmen am Stativ senkrecht eingespannt. Von unten führt man in dieses Rohr mittig das kleine, zu einer Spitze ausgezogene Glasrohr etwa 10 cm ein und befestigt es ebenfalls mit einer Stativklammer. Das kleine Glasrohr schließt man über einen Schlauch am Druckminderer an. Die Vorführung erfolgt im abgedunkelten Raum. Man entzündet den aus dem kleinen Glasrohr strömenden Wasserstoff und variiert durch Regeln des Gasstroms die Höhe der Wasserstoffflamme im großen Rohr und damit verbunden auch die Frequenz, mit der die Gassäule im Glasrohr schwingt.

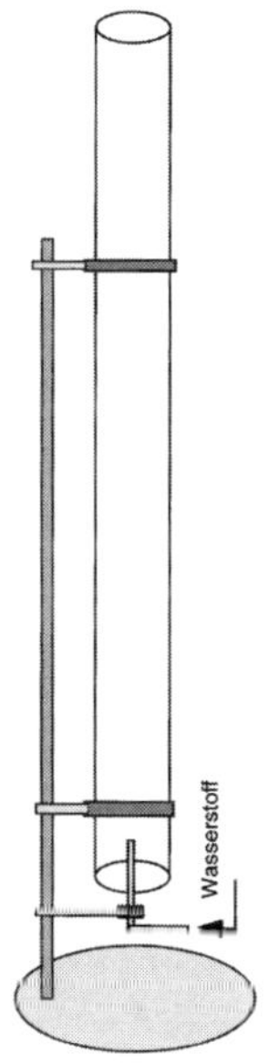

Chemie

Wasserstoff und Sauerstoff setzten sich in einer stark exothermen Knallgasreaktion zu Wasser um:

$$H_2 + 0.5\ O_2 \rightarrow H_2O \qquad \Delta H = -242\ \text{kJ/mol}$$

15
Chemisches Licht

„Ich glaube nicht an Wunder,
Ich habe ihrer zu viele gesehen."

Oscar Wilde

Bei chemischen Experimenten auftretende Lichterscheinungen beflügelten Romanschriftsteller vielfach bei der Abfassung hochdramatischer Szenen. Ein besonders gelungenes Beispiel findet sich in einer verschlungen-abstrusen Verschwörungsgeschichte, dem 1791/95 erschienenen Roman „Der Genius. Aus den Papieren des Marquis C. von G.“. Verfasser ist der zeitweilige Göttinger Privatdozent, spätere Hochstapler („Eduard Romeo Graf von Vargas“ und „Baron Bedemar“), Literat, Professor einer papstlichen Hochschule in Livorno und dann mineralogisch-geologischer Berater des Königs von Dänemark, Carl Grosse (1768–1847). 1786 begann Grosse an der Universität Göttingen Medizin zu studieren. Daher kann man als absolut gesichert unterstellen, daß er bei der Abfassung der naturwissenschaftlich fundierten Stellen seines Romans von der Experimentalvorlesung Lichtenbergs beeinflußt wurde: „Als ich herunter komme, steht mein Wagen vor der Türe, man steigt hinein, ... man wartet auf mich ... Aber auf einmal ist es, als würden meine Augen eröffnet, die drei neben mir sind ganz schwarz gekleidet, und völlig verhüllt ... die Stimme erstirbt mir im Munde, die Haare heben sich hoch empor, ein einziger Schauder ergreift den ganzen Körper, die Zähne fangen an zu klappern, die Knie aneinander zu schlagen ... Man bewegt sich endlich; der neben mir sitzt, zieht etwas hervor; er zerbricht die Spitze daran, und eine Lichtflamme fährt heraus und zündet das Ganze an. Die Gesichter enthüllen sich, barmherziger Gott! ich erkenne sie wieder, es ist Jakob mit zwei anderen aus der Höhle. Ich bin im Begriff in Ohnmacht zu fallen, aber drei blinkende Dolche, die auf mich gezückt sind, erhalten mich lebendig.“

Was immer man von der literarischen Qualität dieses Romans halten mag, so muß man doch erwähnen, daß E. T. A. Hoffmann und Ludwig Tieck ihn begeistert gelesen haben und davon zu eigenen literarischen Arbeiten angeregt wurden.

Die Vorschrift zu dem in diesem Zitat beschriebenen, nicht ganz harmlosen „Phosphor“ läßt sich in Johann Samuel Traugott Gehlers Physikalischem Wörterbuch, neu bearbeitet von Brandes, Gmelin, Horner, Muncke, Pfaff, Leipzig 1829, nachlesen.

15.1 Blaue, gelbgrüne und rote Chemolumineszenz mit Luminol

Sicherheitshinweis

Wasserstoffperoxid-Lösung wirkt oxidierend und ätzend, Natriumcarbonat ist reizend. Das Tragen einer Schutzbrille und von Handschuhen ist erforderlich! Wegen der weitgehend unbekannten toxikologischen Wirkung der Sensibilisatoren Luminol, Fluorescein, Rhodamin B sowie von Hämin sind diese Chemikalien vorerst als potentiell gesundheitsschädlich einzustufen.

Chemikalien

- 90 g Natriumcarbonat Na_2CO_3,
- 300 mL 10 %ige Wasserstoffperoxid-Lösung H_2O_2,
- 1.5 g Luminol $C_8H_7N_3O_2$ (5-Amino-1,2,3,4-tetrahydrophthalazin-1,4-dion),
- 20 mg Fluorescein $C_{20}H_{10}O_5Na_2$,
- 20 mg Rhodamin B $C_{28}H_{31}ClN_2O_3$,
- 30 mg Hämin $C_{34}H_{32}ClFeN_4O_4$,
- dest. Wasser.

Geräte

- 3 3-L Standzylinder,
- 3 Magnetrührer mit Rührstab,
- 3 Spatel,
- 3 100-mL-Meßzylinder.

Versuch

Man stellt die mit A, B und C gekennzeichneten Standzylinder nebeneinander auf die Magnetrührer und löst in ihnen je 30 g Natriumcarbonat in 2 L dest. Wasser auf. Vor Versuchsbeginn gibt man zum Standzylinder B eine Spatelspitze Fluorescein, zum Standzylinder C eine Spatelspitze Rhodamin B. Ferner löst man in allen drei Gefäßen A, B und C jeweils noch 0.5 g Luminol. Die Flüssigkeiten sollen kräftig unter Bildung eines weit nach unten reichenden Wirbels gerührt werden.

Zur Vorführung dunkelt man den Hörsaal ab und versetzt alle Lösungen mit 100 mL Wasserstoffperoxid-Lösung. Bei A zeigt sich nun ein blaues, bei B ein gelbgrünes und bei C ein rotes Leuchten. Mittels einer Spatelspitze Hämin als Katalysator läßt sich in jedem Standzylinder die Intensität der Chemolumineszenz steigern.

Chemie

Chemolumineszenz tritt dann auf, wenn bei einer chemischen Reaktion ein Molekül in einem elektronisch angeregten Zustand gebildet wird, das nach einer bestimmten Lebensdauer (Fluoreszenz ca. 10^{-9} bis 10^{-6} s, Phosphoreszenz 10^{-3} s bis einige Minuten) in die energieärmere Form unter Aussenden von Licht (sichtbarer Bereich, UV) übergeht. Zu den bekanntesten derartigen Molekülen zählt Luminol. Von Wasserstoffperoxid (Sauerstoff genügt in aprotischen Lösungsmitteln) wird es zu 3-Aminophthalat oxidiert, welches sehr rasch aus dem anfänglich gebildeten angeregten Zustand unter Emission eines blauen Lichtes (λ_{max} = 435 nm) in den stabilen Grundzustand übergeht.

Luminol

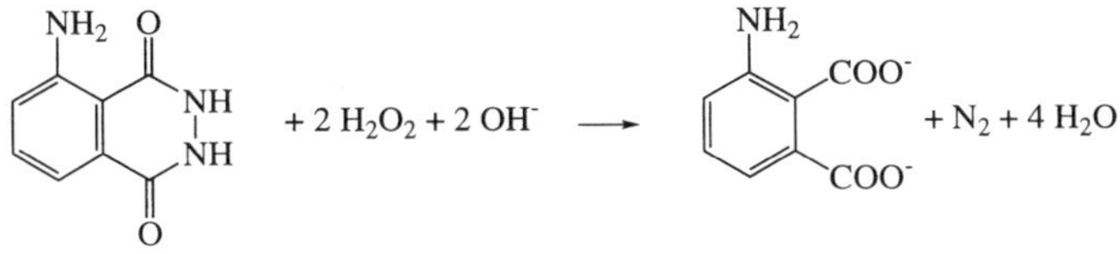

Bei der Oxidation von Luminol [1–4] im wäßrigen System wird als aktive Spezies das Hyperoxid-Radikalion O_2^- diskutiert, dessen Bildung durch zugesetzte Eisen(III)-komplexe wie Hämin oder Kaliumhexacyanoferrat(III) katalytisch beschleunigt wird. Fluorescein und Rhodamin B wirken als Sensibilisatoren (siehe Versuch 15.7 *Singulettsauerstoff bei Zusatz von Sensibilisatoren*).

Entsorgung

Die Stoffe werden dem chemischen Sondermüll zugeführt.

Literatur

[1] H. O. Albrecht, Z. Phys. Chem. Unterr. 136 (1928) 321.
[2] K. D. Gundermann, Angew. Chem. 77 (1965) 572.
[3] F. McCapra, P. D. Leeson, Chem. Commun. (1979) 114.
[4] G. Merenyi, J. S. Lind, J. Am. Chem. Soc. 102 (1980) 5830.

15.2 Chemolumineszenz mit Luminol

Sicherheitshinweis

NaOH ist stark ätzend, Wasserstoffperoxid-Lösung wirkt oxidierend und ätzend. Das Tragen einer Schutzbrille und von Handschuhen ist erforderlich! Da die toxikologische Wirkung des Sensibilisators Luminol nicht bekannt ist, sollte es vorerst sicherheitshalber als möglicherweise gesundheitsschädlich eingestuft werden.

Chemikalien

- 2 g Luminol $C_8H_7N_3O_2$ (5-Amino-1,2,3,4-tetrahydrophthalazin-1,4-dion),
- 10 g Natriumhydroxid NaOH,
- 30 g Kaliumhexacyanoferrat(III) $K_3[Fe(CN)_6]$,
- 6 mL 30 %ige Wasserstoffperoxid-Lösung H_2O_2,
- dest. Wasser.

Geräte

- 1 4-L-Rundkolben mit Korkring,
- 1 großer Pulvertrichter,
- 2 1-L-Bechergläser,
- 2 800-mL-Bechergläser,
- 2 100-mL-Meßzylinder,
- Glasstäbe.

Versuch

Vor der Vorführung bereitet man folgende Lösungen.

Lösung A: Im ersten 1-L-Becherglas rührt man 10 g Natriumhydroxid und 2 g Luminol in 1 L dest. Wasser ein.

Lösung B: Im zweiten 1-L-Becherglas werden unter Rühren 30 g Kaliumhexacyanoferrat in 1 L dest. Wasser gelöst.

Lösung C: In ein 800-mL-Becherglas gibt man 100 mL der Lösung A, füllt mit 700 mL dest. Wasser auf und rührt.

Lösung D: Im zweiten 800-mL-Becherglas mischt man 700 mL dest. Wasser mit 100 mL der Lösung B sowie 6 mL der Wasserstoffperoxid-Lösung.

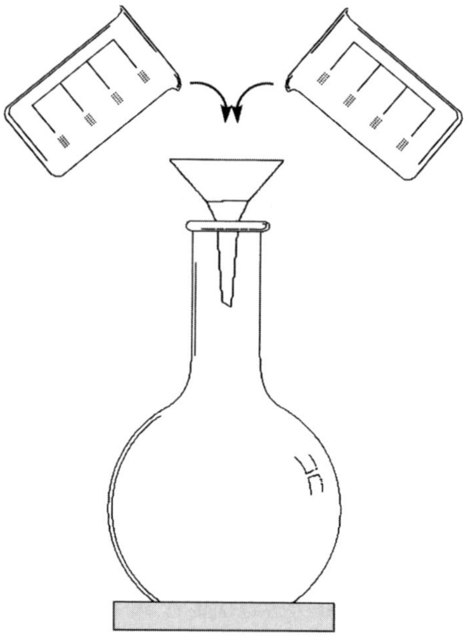

Zur Vorführung gibt man in den Rundkolben einige Körnchen Kaliumhexacyanoferrat und setzt den Pulvertrichter auf den Hals des Rundkolbens. Im völlig verdunkelten Hörsaal werden die Lösungen C und D gleichzeitig über den Trichter in den Rundkolben gegossen, wobei sie sich unter Emission eines kräftigen hellblauen Lichtes vermischen. Anschließend werden noch die restlichen Lösungen A und B vollständig zugegeben. Dies führt zu einem kurzzeitig verstärkten Leuchten.

Chemie

Die physikalischen und chemischen Erklärungen [1,2] sind beim Versuch 15.1 *Blaue, gelbgrüne und rote Chemolumineszenz mit Luminol* beschrieben. Statt Hämin dient nun Kaliumhexacyanoferrat(III) als Katalysator.

Literatur

[1] G. Merenyi, J. S. Lind, J. Am. Chem. Soc. 102 (1980) 5830.
[2] T. Burdo, W. R. Seitz, Anal. Chem. 47 (1975) 1639.

15.3 Chemolumineszenz mit Lucigenin

Sicherheitshinweis

Natriumhydroxid ist stark ätzend, Wasserstoffperoxid-Lösung wirkt oxidierend und ätzend. Ethanol ist leichtentzündlich. Das Tragen einer Schutzbrille und von Handschuhen ist erforderlich! Da die toxikologische Wirkung des Sensibilisators Lucigenin noch nicht bekannt ist, sollte es sicherheitshalber als gesundheitsschädlich eingestuft werden.

Chemikalien

- 8 g Natriumhydroxid NaOH,
- 300 mL Ethanol C_2H_5OH,
- 50 mL 30 %ige Wasserstoffperoxid-Lösung H_2O_2,
- 200 mg Lucigenin $C_{28}H_{22}N_4O_6$ (9,9'-Bis-N-methylacridinium-nitrat),
- dest. Wasser,
- wahlweise 20 mg Fluorescein (Natriumsalz) $C_{20}H_{10}O_5Na_2$ oder 20 mg Rhodamin B $C_{28}H_{31}ClN_2O_3$.

Geräte

- 1 annähernd 1.5 m langes, spiralförmiges Glasrohr (∅ ca. 1.5 cm),
- Weithalstrichter,
- 2 1-L Erlenmeyerkolben,
- 1 3-L Erlenmeyerkolben,
- Stativ mit Muffen und Klammern,
- Glasstäbe.

Versuch

Vor der Vorführung bereitet man folgende Lösungen:

Lösung A: Im ersten 1-L Erlenmeyerkolben löst man 8 g Natriumhydroxid in 650 mL dest. Wasser auf und gibt dann 300 mL Ethanol hinzu. Unmittelbar vor Versuchsbeginn versetzt man die alkoholische Natronlauge noch mit 50 mL 30 %iger Wasserstoffperoxid-Lösung.

Lösung B: Im zweiten 1-L Erlenmeyerkolben werden 200 mg Lucigenin in 1 L dest. Wasser gelöst. Wahlweise kann man zur Verstärkung der Chemolumineszenz 20 mg Fluorescein oder 20 mg Rhodamin B zugeben.

Das spiralförmige Glasrohr befestigt man senkrecht am Stativ, setzt am oberen Ende den Weithalstrichter ein und stellt am unteren Auslauf den 3-L Erlenmeyerkolben auf.

Zur Vorführung dunkelt man den Hörsaal ab und schüttet beide Lösungen A und B gleichzeitig in den Weithalstrichter, worauf eine grünblau leuchtende Flüssigkeit durch die Glasspirale nach unten in den Erlenmeyerkolben läuft. Bei Zusatz von Fluorescein erhält man ein kräftiges gelbgrünes Leuchten, bei Rhodamin B eine rote Chemolumineszenz.

Chemie

Die Wellenlänge des emittierten Lichtes hängt bei Lucigenin [1] stark von dessen Konzentration ab und schwankt zwischen blau und grün.

Lucigenin

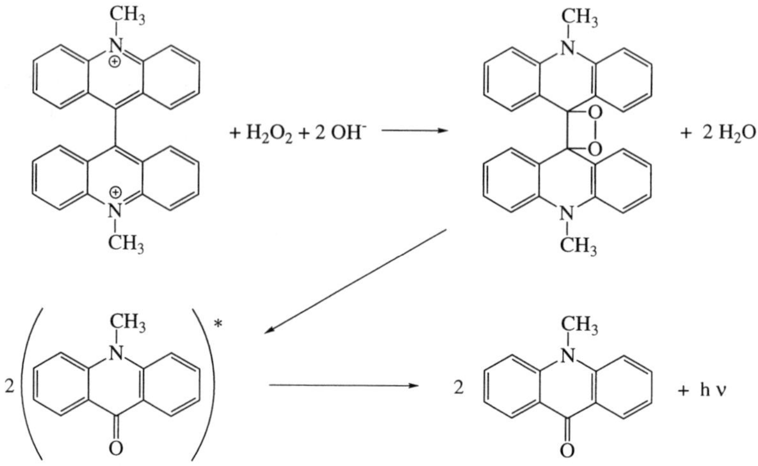

Bei der Oxidation von Lucigenin durch alkalisches Wasserstoffperoxid wird zuerst die Ausbildung einer 1,2-Dioxetan-Zwischenstufe diskutiert [1], welche dann in N-Methylacridinon [2] im angeregten Zustand dissoziiert. Der stabile Grundzustand wird schließlich unter Emission von blauem bzw. grünem Licht erreicht.

Entsorgung

Die Stoffe werden als organischer Sondermüll entsorgt.

Literatur

[1] R. G. Aimet, J. Chem. Educ. 59 (1982) 163.
[2] K. Maeda, T. Hayashi, Bull. Chem. Soc. Japan 40 (1967) 169.

15.4 Sensibilisierte Chemolumineszenz mit Oxalsäuredichlorid

Sicherheitshinweis

Dichlormethan und Oxalsäuredichlorid sind giftig. Wasserstoffperoxid-Lösung wirkt stark ätzend – Kontakt mit den Augen und der Haut ist strikt zu vermeiden. Wegen der unbekannten toxikologischen Wirkung der Sensibilisatoren 13,13'-Dibenzylanthronyl, 9,10-Diphenylanthracen, Fluorescein, Indanthren-Brillantblau (Violanthron), Rhodamin 6G, Rubren und Tetracen ist Vorsicht geboten. Das Tragen einer Schutzbrille und von Handschuhen ist erforderlich. Der Versuch ist in einem gut ziehenden Abzug oder mit einer kräftigen Absaugeinrichtung (Tischabzug) durchzuführen.

Chemikalien

- 40 mL 3%ige Wasserstoffperoxid-Lösung H_2O_2 oder 40 mL 30%ige Wasserstoffperoxid-Lösung H_2O_2,
- 350 mL Dichlormethan CH_2Cl_2,
- je 0.065 g Sensibilisator(en):
- 13,13'-Dibenzylanthronyl $C_{34}H_{18}O_2$,
- 9,10-Diphenylanthracen $C_{24}H_{18}$,
- Fluorescein (Natriumsalz) $C_{20}H_{10}O_5Na_2$,
- Indanthren-Brillantblau (Violanthron) $C_{34}H_{16}O_2$,
- Rhodamin 6G $[C_{26}H_{27}N_2O_3]Cl$,
- Rubren $C_{42}H_{28}$ oder
- Tetracen;
- 1 mL Oxalsäuredichlorid $C_2O_4Cl_2$.

Geräte

- 1 50-mL-Erlenmeyerkolben,
- 1 500-mL-Standzylinder,
- passende Kork- oder Gummistopfen,
- 2-mL-Meßpipette,
- 250 mL-Meßzylinder.

Versuch

Man bereitet folgende Lösungen vor:

Oxalsäuredichlorid-Lösung: In einem trockenen 50-mL-Erlenmeyerkolben wird 1 mL Oxalsäuredichlorid zu 25 mL Dichlormethan gegeben. Im Dunkeln kann diese Lösung gut verschlossen längere Zeit aufbewahrt werden.

Wasserstoffperoxid-Lösung: Im 500-mL-Standzylinder löst man 0.065 g Violanthron oder einen anderen Sensibilisator in 325 mL Dichlormethan und fügt dann 40 mL 3%ige Wasserstoffperoxid-Lösung hinzu.

Bei der Vorführung dunkelt man den Hörsaal ab und schüttet die Oxalsäuredichlorid-Lösung zur Wasserstoffperoxid-Lösung in den Standzylinder, worauf ein Leuchten zu beobachten ist.

Die Verwendung von 30%iger Wasserstoffperoxid-Lösung anstatt der 3%igen Lösung bewirkt eine wesentlich intensivere, aber zeitlich kürzere Chemolumineszenz, deren Wellenlänge vom verwendeten Sensibilisator abhängt.

Chemie

Beim noch nicht vollständig geklärten Verlauf der Chemolumineszenz [1–3] wird primär die Bildung von Peroxooxalsäure angenommen, die dann bei Anwesenheit des Sensibilisators unter Emission von Licht in Kohlenstoffdioxid und Wasser zerfällt.

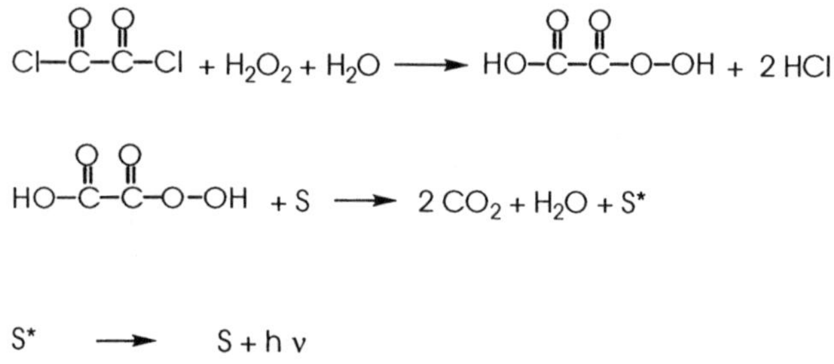

Als Sensibilisatoren (siehe auch Versuch 15.7 *Singulettsauerstoff bei Zusatz von Sensibilisatoren*) eignen sich u. a. folgende Verbindungen:

Sensibilisator	Intensität	Farbe
13,13'-Dibenzyl-anthronyl	stark	grün → gelb → rot
9,10-Diphenyl-anthracen	stark	blau
Fluorescein	schwach	gelbgrün
Indanthren-Brillantblau	mittel	rot
Mischung aus Rubren und 13,13'-Dibenzyl-anthronyl	stark	gelb → blau
Rhodamin 6G	stark	orange
Rubren	stark	gelb
Tetracen	mittel	grün

Entsorgung

Die Rückstände werden als halogenhaltige, organische Lösungsmittel entsorgt.

Literatur

[1] W. Adam, W. Baader, Singulettsauerstoff – Chemische Erzeugung und Chemolumineszenz, Chemie in unserer Zeit 16 (1982) 169.
[2] F. McCapra, Prog. Org. Chem. 8 (1971) 231.
[3] B. Z. Shakhashiri, *Chemical Demonstrations. A Handbook for Teachers of Chemistry*, The University of Wisconsin Press, Madison, 1 (1983) 153.

15.5 Mitscherlich-Versuch

Sicherheitshinweis

Weißer Phosphor ist sehr giftig, reizend und selbstentzündlich, Kupfersulfat wirkt gesundheitsschädlich und reizend. Das Tragen einer Schutzbrille und von Handschuhen ist erforderlich.

Chemikalien

- 1–2 g weißer Phosphor P_4,
- Wasser,
- Kupfersulfat-pentahydrat $CuSO_4 \cdot 5\ H_2O$.

Geräte

- 250-mL-Rundkolben mit Hülse NS 29,
- Kugelkühler mit Kern und Hülse NS 29,
- Stativ,
- 2 Klammern,
- 2 Muffen,
- Pilzheizhaube oder alternativ Bunsenbrenner mit Dreifuß,
- Drahtnetz und gebogene Metallblende zum optischen Abschirmen der Flamme,
- Messer,
- Pinzette.

Versuch

Der in der Pilzheizhaube (muß unten geschlossen sein, da sonst zu geringe Heizleistung!) sitzende oder in einer Stativklammer eingespannte Rundkolben wird zu 2/3 mit Wasser gefüllt und mit einem kleinen Stück P_4 (1–2 g) beschickt. Zum Abschneiden des Phosphorstückes benutzt man ein Messer und eine Pinzette.

Nach Aufsetzen des Rückflußkühlers (das Kühlwasser bleibt vorerst ausgeschaltet) heizt man den Kolben bis zum Sieden des Wassers (bei Verwendung eines Bunsenbrenners muß dessen Flamme mit einer Metallblende abgeschirmt werden). Dunkelt man dann den Hörsaal ab, sieht man im Rückflußkühler eine langsam von unten nach oben wandernde schwach bläuliche Flamme. Beim Einschalten des Kühlwassers bewegt sie sich rasch in den Rundkolben zurück.

Chemie

Durch den Wasserdampf werden Spuren des weißen Phosphors mit in den Kühler gerissen. Bei Berührung mit Luftsauerstoff bildet weißer Phosphor zuerst ein niederes Phosphoroxid, welches dann unter Chemolumineszenz [1,2] in Tetraphosphordecaoxid übergeht. In der Forensischen Medizin dient der Mitscherlich-Versuch (Eilhard Mitscherlich, 1794–1863) zum analytischen Nachweis von Vergiftungen mit weißem Phosphor.

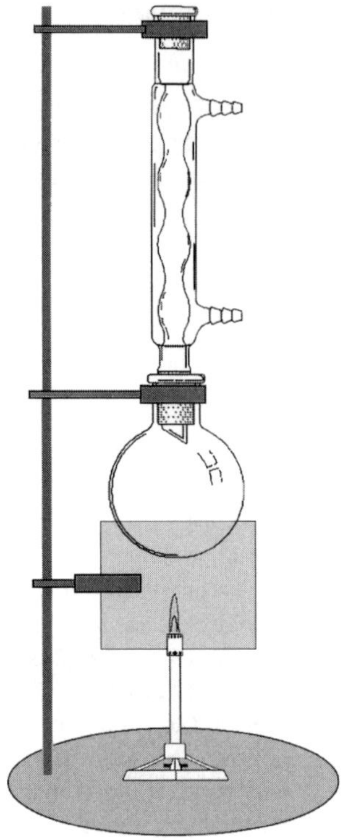

$$P_4 + \text{Sauerstoff} \rightarrow P_xO_y \rightarrow P_4O_{10}$$

Entsorgung

Durch Zugabe von Kupfersulfat wird weißer Phosphor in Kupferphosphid überführt, welches als schwermetallhaltiger Sondermüll zu entsorgen ist.

Literatur

[1] N. N. Greenwood, A. Earnshaw, *Chemie der Elemente*, VCH Verlagsgesellschaft, Weinheim, 1988, S. 608.
[2] R. J. van Zee, A. U. Khan, J. Am. Chem. Soc. 96 (1974) 6805.

15.6 Singulettsauerstoff

Sicherheitshinweis

Das Tragen einer Schutzbrille und von Handschuhen ist erforderlich, der Versuch ist in einem gut ziehenden Abzug oder mit einer kräftigen Absaugvorrichtung (Tischabzug) durchzuführen. Chlorgas ist giftig und reizt die Atemwege. Wasserstoffperoxid-Lösung, Natronlauge und konz. Schwefelsäure wirken stark ätzend – Kontakt mit den Augen und der Haut ist strikt zu vermeiden. Ethanol ist leichtentzündlich.

Chemikalien

- 48 g Natriumhydroxid NaOH,
- 160 mL 30%ige Wasserstoffperoxid-Lösung H_2O_2,
- Chlorgas-Druckzylinder,
- dest. Wasser,
- konz. Schwefelsäure H_2SO_4,
- Ethanol C_2H_5OH,
- Trockeneis CO_2.

Geräte

- 2 250-mL-Erlenmeyerkolben,
- 500-mL-Gaswaschflasche mit Glasfritte,
- 2 250-mL-Gaswaschflaschen,
- PVC-Schlauch,
- Stativ,
- 3 Muffen,
- 3 Stativklammern,
- Chlorgas-Ventil,
- Glasstab.

Versuch

Man gibt in den ersten 250-mL-Erlenmeyerkolben 160 mL 30%ige Wasserstoffperoxid-Lösung und löst im zweiten 250-mL-Erlenmeyerkolben 48 g Natriumhydroxid in 200 mL dest. Wasser unter gelegentlichem Rühren mit einem Glasstab auf. Anschließend werden beide Lösungen in einem Eisbad auf 0 °C oder in einem Ethanol/Trockeneis-Bad bis kurz vor dem Erstarren der Lösungen gekühlt.

Am Stativ befestigt man die 500-mL-Gaswaschflasche mit Glasfritte sowie beide 250-mL-Gaswaschflaschen und verbindet sie mit einem PVC-Schlauch. Von der 500-mL-Gaswaschflasche führt ein PVC-Schlauch zu einer gut ziehenden Absaugvorrichtung. Der Chlorgas-Druckzylinder wird ebenfalls über einen PVC-Schlauch an die umgekehrt geschaltete, leere 250-mL-Gaswaschflasche angeschlossen. Die zweite 250-mL-Gaswaschflasche wird mit etwas konz. Schwefelsäure beschickt.

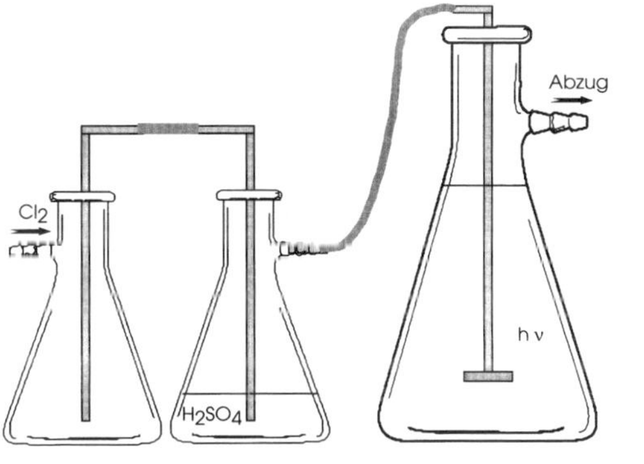

Zur Vorführung werden die gut gekühlte Natronlauge und die Wasserstoffperoxid-Lösung in die 500-mL-Gaswaschflasche gegeben. Man dunkelt den Raum vollständig ab und leitet einen kräftigen Chlorgasstrom durch die Lösung, worauf diese ein hellrotes Leuchten aussendet [1–3].

Chemie

Die Chemolumineszenz tritt auf, wenn in einer wäßrigen, stark alkalischen Lösung Chlor mit Wasserstoffperoxid umgesetzt wird [4]. Hierbei disproportioniert zuerst elementares Chlor in Chlorid- und Hypochlorit-Ionen (a). Diese setzen sich dann mit Wasserstoffperoxid zur vermuteten Zwischenstufe, einem Chlorperoxid, um (b), welches unter Chlorid-Abspaltung zum Singulettsauerstoff weiterreagieren kann (c).

$$Cl_2 + 2\,OH^- \rightarrow OCl^- + Cl^- + H_2O \qquad (a)$$
$$OCl^- + H_2O_2 \rightarrow \{ClOO^-\} + H_2O \qquad (b)$$
$$ClOO^- \rightarrow {}^1O_2 + Cl^- \qquad (c)$$

Disauerstoff fällt bei dieser Reaktion aufgrund des Spinerhaltungssatzes im energiereicheren, diamagnetischen Singulettzustand an, bei dem die beiden antibindenden π^*-Elektronen entgegengesetzte Spins aufweisen. Für Singulettsauerstoff existieren zwei energetisch unterschiedliche Formen, ein energiearmer Zustand (π^*-Elektronen auf beide antibindenden π^*-Molekülorbitale verteilt) sowie ein energiereicher Zustand (π^*-Elektronen im selben antibindenden π^*-Molekülorbital) [5].

Der angeregte Singulettsauerstoff (Lebensdauer $< 10^{-9}$ s bzw. ca. 10^{-4} s) geht in den stabilen Triplettsauerstoff unter Energieabgabe in Form eines orangeroten Lichtes über.

$$2\,{}^1O_2 \rightarrow 2\,{}^3O_2 \qquad (\Delta H = -184\ \text{kJ mol}^{-1};\ \lambda = 633\ \text{nm})$$

Entsorgung

Die stark verdünnte, durch Zusatz von Schwefelsäure oder Salzsäure neutralisierte Reaktionslösung kann über das Abwasser entsorgt werden.

Literatur

[1] L. C. R. Mallet, Acad. Sci. Paris 185 (1927) 352.
[2] A. U. Khan, M. Kasha, J. Am. Chem. Soc. 92 (1970) 3293.
[3] P. S. Bailey, C. A. Bailey, P. G. Koski, J. Andersen, V. Techsteiner, J. Chem. Educ. 52 (1975) 524.
[4] W. Adam, W. Baader, Singulettsauerstoff – Chemische Erzeugung und Chemolumineszenz, Chemie in unserer Zeit 16 (1982) 169.
[5] P. W. Atkins, *Physikalische Chemie*, VCH Verlagsgesellschaft, Weinheim, 1996.

15.7 Singulettsauerstoff bei Zusatz von Sensibilisatoren

Sicherheitshinweis

Chlorgas ist giftig und reizt die Atemwege. Dichlormethan wirkt toxisch. Wasserstoffperoxid-Lösung, Natronlauge und konz. Schwefelsäure sind ätzend – Kontakt mit den Augen und der Haut ist strikt zu vermeiden. Da die toxikologische Wirkung der Sensibilisatoren 13,13'-Dibenzylanthronyl, 9,10-Diphenylanthracen, Lucigenin, Luminol, Rhodamin 6G, Rubren und Indanthren-Brillantblau (Violanthron) bisher nicht genau bekannt ist, sind diese Chemikalien zur eigenen Sicherheit vorerst als gesundheitsschädlich zu betrachten.

Das Tragen einer Schutzbrille und von Handschuhen ist erforderlich. Der Versuch ist in einem gut ziehenden Abzug oder mit einer kräftigen Absaugvorrichtung (Tischabzug) durchzuführen.

Chemikalien

- 48 g Natriumhydroxid NaOH,
- 160 mL 30%ige Wasserstoffperoxid-Lösung H_2O_2,
- 50 mL Dichlormethan CH_2Cl_2,
- Chlorgas-Druckzylinder,
- dest. Wasser,
- konz. Schwefelsäure,
- je 0.008–0.01 g Sensibilisator:
- 13,13'-Dibenzylanthronyl $C_{34}H_{18}O_2$,
- 9,10-Diphenylanthracen $C_{26}H_{18}$,
- Fluorescein (Natriumsalz) $C_{20}H_{10}O_5Na_2$,
- Lucigenin $C_{28}H_{22}N_4O_6$,
- Luminol $C_8H_7N_3O_2$,
- Rhodamin 6G $[C_{26}H_{27}N_2O_3]Cl$,
- Rubren $C_{42}H_{28}$ und
- Indanthren-Brillantblau (Violanthron) $C_{34}H_{16}O_2$

Geräte

- 1 100-mL-Erlenmeyerkolben,
- 2 250-mL-Erlenmeyerkolben,
- 500-mL-Gaswaschflasche mit Glasfritte,
- 2 250-mL-Gaswaschflaschen,
- PVC-Schlauch,
- Stativ,
- 3 Muffen,
- 3 Stativklammern,
- Chlorgas-Ventil,
- Glasstab.

Versuch

Man gibt in den ersten 250-mL-Erlenmeyerkolben 160 mL 30%ige Wasserstoffperoxid-Lösung und löst im zweiten 250-mL-Erlenmeyerkolben 48 g Natriumhydroxid in 200 mL dest. Wasser unter gelegentlichem Rühren mit einem Glasstab auf. Anschließend werden beide Lösungen in einem Eisbad auf 0 °C oder in einem Ethanol/Trockeneis-Bad bis kurz vor dem Erstarren der Lösungen gekühlt. Bei Verwendung von 13,13'-Dibenzylanthronyl, 9,10-Diphenylanthracen oder Indanthren-Brillantblau als Sensibilisator löst man 0.008 g davon im 100-mL-Erlenmeyerkolben in 50 mL Dichlormethan.

Am Stativ befestigt man die 500-mL-Gaswaschflasche mit Glasfritte sowie beide 250-mL Gaswaschflaschen und verbindet sie mit einem PVC-Schlauch. Von der 500-mL-Gaswaschflasche führt ein PVC-Schlauch zu einer gut ziehenden Absaugeinrichtung. Der Chlorgas-Druckzylinder wird ebenfalls über einen PVC-Schlauch an die umgekehrt geschaltete, leere 250-mL-Sicherheits-Gaswaschflasche angeschlossen (siehe Versuch 15.6 *Singulettsauerstoff*). Die zweite 250-mL-Gaswaschflasche enthält etwas konz. Schwefelsäure.

Zur Vorführung gibt man zuerst 0.008 bis 0.01 g des ausgewählten Sensibilisators (Lucigenin, Luminol, Rhodamin 6G bzw. Rubren) als Feststoff oder 50 mL der Dichlormethan-Lösung bei Verwendung von 13,13'-Dibenzylanthronyl, 9,10-Diphenylanthracen bzw. Indanthren-Brillantblau in die 500-mL-Gaswaschflasche. Dann fügt man die gut gekühlte Natronlauge sowie die Wasserstoffperoxid-Lösung hinzu. Man dunkelt den Raum vollständig ab und leitet einen kräftigen Chlorgasstrom durch die Lösung, worauf ein Leuchten unterschiedlicher Intensität zu beobachten ist. Die Wellenlänge des emittierten Lichtes hängt dabei vom eingesetzten Sensibilisator ab.

Chemie

Zur allgemeinen Erklärung siehe Versuch 15.6 *Singulettsauerstoff* [1–3]. Liegt ein geeigneter Sensibilisator vor, geht dieser durch Wechselwirkung mit dem gebildeten Singulettsauerstoff vom Grundzustand in den Triplettzustand bzw. einen angeregten Sigulettzustand über, wobei der Singulettsauerstoff in den Triplettzustand zurückfällt. Die Erscheinung der Chemolumineszenz beruht letztlich darauf, daß der Sensibilisator S unter Lichtemission vom angeregten in den stabilen Grundzustand übergeht.

$$S^* \rightarrow S + h\,\nu$$

Folgende Sensibilisatoren eignen sich beim oben beschriebenen Versuch als Zusatz, wobei eine überhöhte Sensibilisator-Konzentration die Emission weitgehend unterdrücken kann:

13,13'-Dibenzanthronyl rot/orange

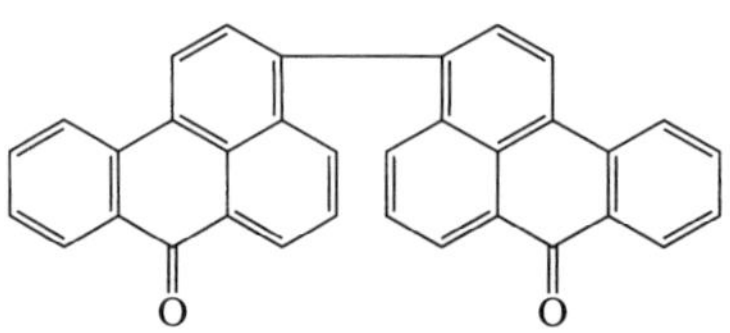

9,10-Diphenylanthracen rot

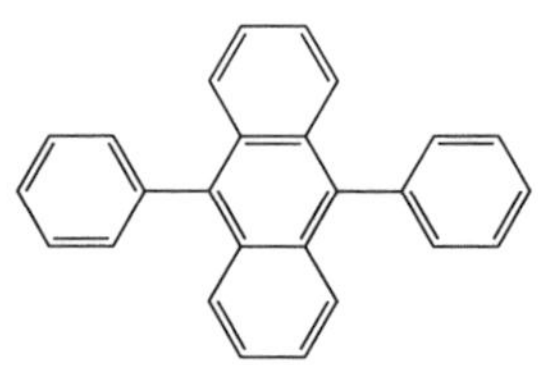

Lucigenin blaugrün

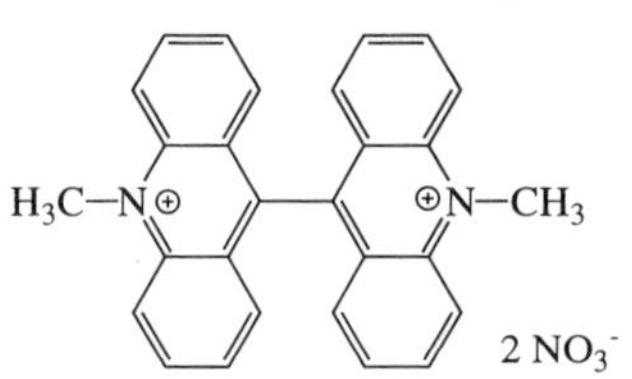

Luminol lavendelblau

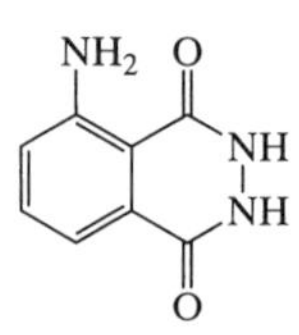

Rhodamin 6G rot

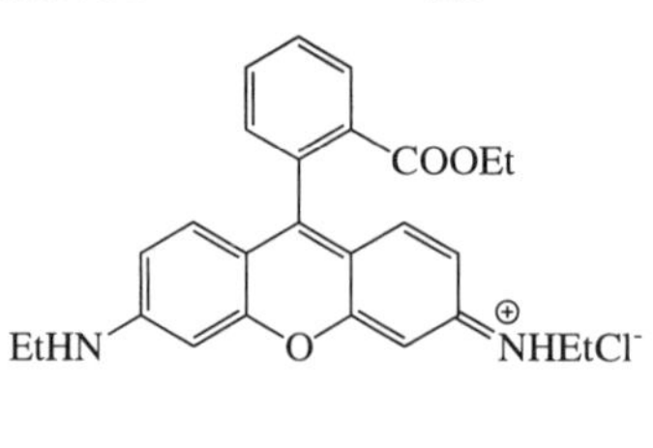

Rubren rot

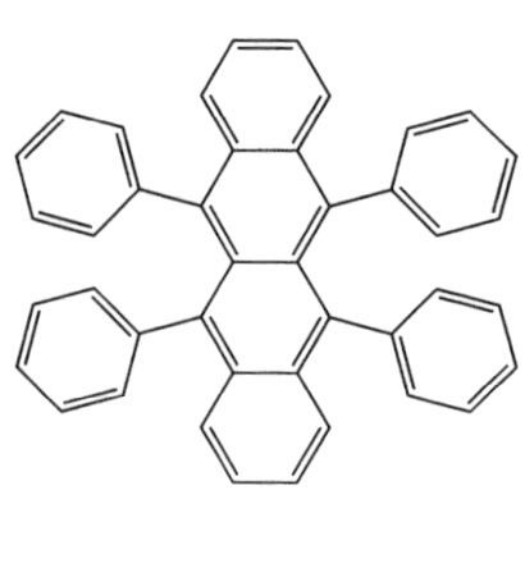

Indanthren-Brillantblau purpurrot

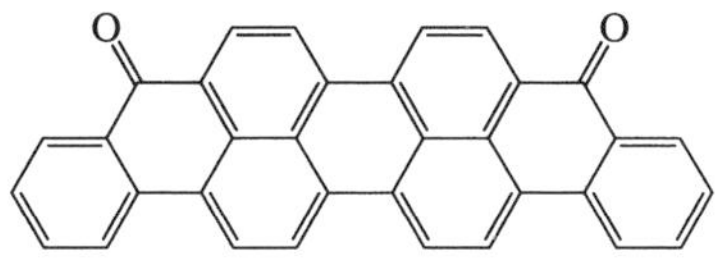

Fluorescein grün

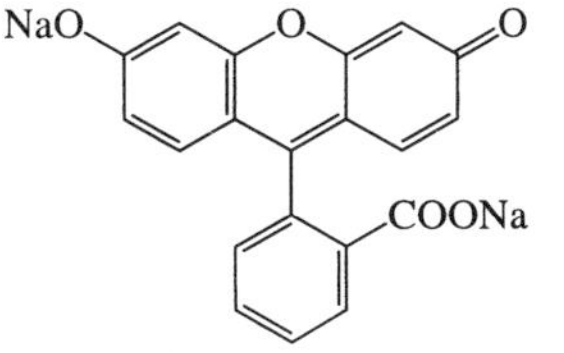

Entsorgung

Die Rückstände werden als halogenhaltige, organische Lösungsmittel entsorgt.

Literatur

[1] L. C. R. Mallet, Acad. Sci. Paris 185 (1927) 352.
[2] A. U. Khan, M. Kasha, J. Am. Chem. Soc. 92 (1970) 3293.
[3] W. Adam, W. Baader, Singulettsauerstoff – Chemische Erzeugung und Chemolumineszenz, Chemie in unserer Zeit 16 (1982) 169.

16
Gase und Ballone

„Der Ballon ist von einer hier noch nie gesehenen Größe, ohne gerade erstaunlich oder schauderhaft zu sein, und mit diesem wird sich der damit vertraute Aeronaut Max Joseph Hirlmayr aus der Au bei München als Luftpassagier erheben und so am Ziele einer gereifteren Jugend einem möglichst schönen Tod mutig entgegenfliegen, wenn es Zeit und Umstände erlauben."

Don Agosto el Mendoso da Ribeira y Quadalaxara, 1839

Man soll von Verstorbenen nichts Böses denken, doch der Verdacht liegt nahe, daß der Unterzeichner des obigen Plakates, „der nicht genug berühmte Luftmanipulant und Unternehmer Don Agosto", der, sehr im Gegensatz zu seinem pseudo-lateinamerikanischen Namen, ausgerechnet aus „Weißrußland" stammen wollte, wahrscheinlich wie sein „Aeronaut" ein Hallodri war. Dieser Verdacht wird zur Gewißheit, wenn man weiterlesend erfährt, daß es sich bei dem Dritten in diesem seltsamen Bunde um den „kaum genug berühmten Chymiker und Alchymisten Doctor Ludovicus Hydrogenius Pillifex aus Trichacropolis in Schwaben" handeln soll. Diese drei Scherzbolde – wenn es sie denn je gegeben hat – luden das Publikum mit einem übrigens durchaus echten Plakat zu einem „Schauspiel der Aerostatik" ein, das am 1. August 1839 im „fürstlichen Hofgarten zu Oettingen" stattfinden sollte. Liest man „Don Agostos" Plakat genau, so bemerkt man, daß hier wahrscheinlich ein politischer Agitator des Vormärz den blumigen Stil von Plakaten, die damals Ballonaufstiege ankündigen sollten, dazu mißbrauchte, eine politische Bosheit gegen das angeblich dem Aufstieg beiwohnende Fürstenpaar Maximilian und Mathilde von Thurn und Taxis unters Volk zu bringen: „Die Unternehmer ... geben die Versicherung, daß, höher als Ballon und Aeronaut, die frommen Wünsche für das höchste Wohl der durchlauchtigsten Anwesenden gen Himmel steigen, welche ihre, so wie aller Zuschauer Herzen, als ein nie verdunstendes Hydrogengas der Treue, Liebe und Dankbarkeit füllen." Man kann diesen Text kaum anders deuten, als daß „Don Agosto" der Meinung war, fromme Wünsche für ein Herrscherpaar seien eine etwas aufgeblasene Angelegenheit.

Vermutlich war die wahre Botschaft dieses Flugblattes der fromme politische Wunsch, das durchlauchtigste Fürstenpaar möge sich zum Teufel scheren. Auch die Schlußpassage klingt sehr eigenartig: „Der längst erkannte Tausendkünstler und Komiker Tillenius aus Island wird mit der großten Anstrengung das Publikum zu unterhalten suchen, und die Unternehmer garantieren für modeste Späße.“ Offensichtlich hatte sich ein Agitator die Popularität der Gaschemie und des Luftballons zunutze gemacht. Ein wenig erinnert der Stil des hier vorgestellten Flugblattes an den seinerzeitigen Angriff Lichtenbergs auf den Zauberer Philadelphia, den Lichtenberg in einem scheinbar von Philadelphia selbst stammenden Anpreis-Plakat so lächerlich machte, daß er ihm den Aufenthalt in Göttingen verleidete.

Daß ein Gemisch von Sauerstoff und Wasserstoff bei Zündung tatsächlich knallt, das hatte schon Lavoisier in seinen Experimenten zur Synthese des Wassers bewiesen. Alessandro Volta war es vergönnt, die chemische Reaktion zwischen Sauerstoff und Wasserstoff in seiner Knallgaspistole, der „Bombarda electrica“, ab 1774 einem gewissen experimentellen Höhepunkt entgegenzuführen.

Die Gebrüder Joseph Michel (1740–1810) und Jacques Etienne Montgolfier (1745–1799) hatten den Luftballon dank phantasiereicher, allerdings nicht übertrieben scharfer Überlegungen erfunden. Sie wollten fliegen und suchten nach Vorbildern. Gewitterwolken fliegen besonders gut. Daher entwickelten die Brüder durch Abbrennen von nassem Stroh und Papier rußige Wolken, ließen mit einer großen Elektrisiermaschine Blitze durchschlagen und stülpten über ihren dunklen Rauch eine große Papiertüte. Da sie selbst Papierfabrikanten waren, kam sie das Experiment nicht allzu teuer. Nach und nach erkannten sie, daß man durch Weglassen des Rußes und der Elektrisiermaschine das Experiment auch vereinfachen konnte. Nach einigen unbemannten Versuchen gelang der erste Aufstieg einer bemannten Montgolfière am 21. November 1783 vom Park des Schlosses La Muette aus. Der Ballon wurde von dem Chemiker und Physiker Jean Francois Pilâtre de Rozier (1756–1785) geführt. Als eine Art Edelpassagier flog der Marquis d’Arlandes mit.

Jacques Alexandre César Charles, Professor am Institut Royal de France und Mitglied der Académie des Sciences, konnte zunächst nicht in Erfahrung bringen, wie Montgolfièren tatsächlich funktionieren. Daher entwickelte er den mit Wasserstoff gefüllten Ballon, die „Charlière“. Der erste, noch unbemannte Aufstieg fand am 27. August 1783 statt, der erste bemannte mit Charles selbst und Nicolas Robert an Bord aus dem Tuileriengarten folgte bald darauf am 1. Dezember 1783.

Montgolfièren und Charlièren hatten beide gewisse Nachteile. Damals war es noch schwierig, für einen längeren Flug mit einer Montgolfière genügend Heizmaterial mitzuführen. Der Wasserstoff einer Charlière diffundierte dagegen allzu schnell durch die Ballonhüllen. Die Höhensteuerung erfolgte durch Abwerfen von Ballast bzw. Öffnen des Wasserstoff-Ventils in großen Höhen. Pilâtre de Rozier verfiel daher auf den nicht besonders glücklichen Einfall, Charlière und Montgolfière zur sogenannten „Rozière“ zu kombinieren – einem Wasserstoffballon, unter dem ein gummierter Stoffzylinder für die Aufnahme der Warmluft hing. Zusammen mit Pierre Ange Romain versuchte Rozier am 15. Juni 1785, mit seiner Rozière von der französischen Küste aus den Ärmelkanal zu überqueren. Kurz nach dem Start kam es zur Katastrophe. Die Rozière geriet in

Brand, explodierte und stürzte ab. Pilâtre de Rozier ging als erstes Opfer der Luftfahrt in die Geschichte ein.

Es ist das Schöne und Erhabene an Naturwissenschaftlern und Technikern, daß sich immer einige unter ihnen finden, die sich durch erste Mißerfolge nicht gleich entmutigen lassen. In der Nacht vom 3. zum 4. Oktober 1803 verunglückte der italienische Luftschiffer Pasquale Andreoli zusammen mit zwei Gefährten mit seiner Rozière bei Verada über der Adria. Doch die drei wurden, wenn auch arg durchnäßt, von Fischern gerettet. Trotz dieses Scheiterns versuchte Andreoli 1809 hartnäckig noch einmal, mit einer Rozière zu fliegen.

Doch reifte schließlich allgemein die Erkenntnis, daß es unvernünftig sei, das gleiche gefährliche Experiment allzu oft zu wiederholen. Experimentelle Zurückhaltung verhilft vielleicht nicht unbedingt zu ewigem Ruhm, verlängert aber doch häufig das Leben!

16.1 Heliumreden

Sicherheitshinweis Helium unterhält die Atmung nicht!

Chemikalien

- Helium-Druckgasbehälter.

Geräte

- Druckminderer,
- Haltevorrichtung für den Druckgasbehälter,
- PVC-Schlauch, ungefähr 2 m lang.

Versuch

Man stellt am Druckminderer einen schwachen Heliumfluß ein. Vor dem Publikum atmet man kräftig mehrere Male über den PVC-Schlauch Helium ein. Beim anschließenden Sprechen hat man infolge der kleinen Masse des Heliums eine sehr hohe Stimme ähnlich den Figuren bei Walt Disney.

Physik

Die möglichen Eigenschwingungen einer Luftsäule in einem einseitig geschlossenen Rohr (Quinckesches Resonanzrohr, vgl. auch Kundtsches Rohr) hängen von der Höhe l der Luftsäule sowie von der Schallgeschwindigkeit c im betreffenden Stoff (Gas) wie folgt ab [1]:

$$\nu_k = \frac{2k+1}{4l} c \qquad (k = 0, 1, 2, \ldots)$$

Bei gegebener Länge l der Luftsäule wird die Tonlage somit von der Schallgeschwindigkeit c in dem betreffenden Gas bestimmt. Diese ergibt sich aus der Laplaceschen Gleichung, wobei p der Druck, ρ die Dichte und c_p sowie c_v die spezifischen Wärmekapazitäten bei konstantem Druck bzw. konstantem Volumen sind.

$$c = \sqrt{\frac{c_p\, p}{c_v\, \rho}}$$

Schallgeschwindigkeiten in ausgewählten Gasen [c in ms^{-1}]:

Kohlenstoffdioxid	266
Sauerstoff	326
Luft	331
Stickstoff	349
Helium	1007
Wasserstoff	1309

Letzlich bestimmt das Atom- bzw. Molekulargewicht die Dichte ρ eines Gases und somit über die Schallgeschwindigkeit auch die Frequenz der schwingenden Luftsäule (vgl. auch Versuch *Wasserstoffdiffusion*).

Literatur

[1] Ch. Gerthsen, H. O. Kneser, *Physik, ein Lehrbuch zum Gebrauch neben Vorlesungen*, Springer-Verlag, Berlin, Heidelberg, New York, 1966, S. 95 ff.

16.2 Wasserstoffdiffusion

Sicherheitshinweis

Wasserstoff ist ein hochentzündliches Gas, das mit Luft (Explosionsgrenzen in Luft 4–75 Vol%) explosionsartig reagieren kann.

Chemikalien

- Wasserstoff-Druckgaszylinder,
- Indikator, z. B. Methylrot (siehe Versuch 22.7 *Trockeneis mit Indikatoren*).

Geräte

- 1 1-L-Becherglas,
- 1 2-L-Becherglas,
- Tonzylinder mit durchbohrtem Gummistopfen,
- Stativ,
- 3 Muffen,
- 3 Stativklammern,
- PVC-Schlauch,
- 1.2 m langes, unten um 180° gebogenes Glasrohr,
- Wasserstoff-Druckminderer,
- Blumendraht.

Versuch

Das Glasrohr wird an einem Ende zu einer kleinen Spitze ausgezogen und annähernd 5 cm davon entfernt um 180° gebogen. Wenn möglich, läßt man in der Mitte des Rohres vom Glasbläser eine kugelförmige Ausbauchung (∅ ca. 6 cm) blasen. Das obere Ende des Glasrohres wird in den Gummistopfen eingeschoben. Nun befestigt man das Glasrohr senkrecht so am Stativ, daß das um 180° gebogene untere Ende weit in das sich am Stativfuß befindende 1-L-Becherglas eintaucht. Auf den Gummistopfen steckt man den Tonzylinder und befestigt ihn ebenfalls am Stativ. Über den Tonzylinder stülpt man das mit einer Drahtkonstruktion gehaltene Becherglas, wobei der Draht an einer Stativklammer befestigt wird. Das untere Becherglas füllt man zu zwei Dritteln mit Wasser, welchem man zur Färbung einen Indikator (z. B. Methylrot) beifügt. Leitet man von unten mit dem Schlauch Wasserstoff in das obere Becherglas, so beobachtet man im unteren Becherglas ein starkes Sprudeln.

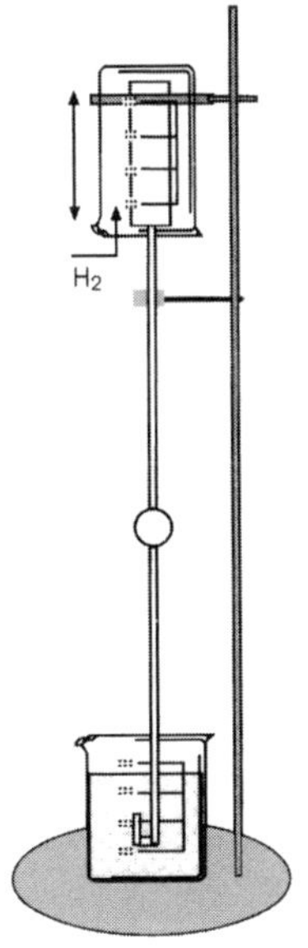

Sobald aus dem Wasser keine Gasblasen mehr aufsteigen, beendet man die Wasserstoffzufuhr und hebt das obere Becherglas vorsichtig (ohne zu kippen) soweit nach oben, bis der Tonzylinder nicht mehr in das Becherglas hineinragt. Jetzt steigt in dem Glasrohr das Wasser nach oben und füllt – falls vorhanden – die kugelförmige Ausbauchung.

Senkt man nun das obere Becherglas wieder vollständig über den Tonzylinder, beginnt sich im unteren Becherglas ein kleiner Springbrunnen zu entwickeln; gleichzeitig sinkt die Wassersäule im Glasrohr.

Der Vorgang – Heben und Senken des oberen Becherglases mit aufsteigendem Wasser im Glasrohr bzw. Fontäne – kann öfters wiederholt werden.

Physik

Beim Einleiten von Wasserstoff in das über den Tonzylinder gestülpte Becherglas strömt Wasserstoff schneller durch die poröse Wand des Tonzylinders nach innen als Luft nach außen. Dies führt im Inneren des Tonzylinders zu einem leichten Überdruck, der sich über das Glasrohr – erkennbar am Aufsteigen von Glasblasen im unteren Becherglas – abbaut.

Beim anschließenden Heben des Becherglases strömt Wasserstoff schneller nach außen als Luft nach innen. Der dadurch entstehende Unterdruck im Tonzylinder bewirkt ein Ansteigen des Wasserpegels im Glasrohr.

Das relative Verhältnis der Diffusionsgeschwindigkeiten bei Gasen hängt von deren Molmassen ab, wobei gilt [1]:

$$E_{kin}\,(Gas1) = E_{kin}\,(Gas2)$$

$$\frac{1}{2}m_1v_1^2 = \frac{1}{2}m_2v_2^2$$

$$\frac{v_1}{v_2} = \sqrt{\frac{m_2}{m_1}}$$

z.B. Wasserstoff/Sauerstoff $v(H_2):v(O_2) = \sqrt{32:2} = 4$

Literatur

[1] Holleman-Wiberg, *Lehrbuch der Anorganischen Chemie*, Walter de Gruyter, Berlin, New York, 1995, S. 257.

16.3 Knallgasexplosion in der Glasglocke

Sicherheitshinweis

Das Tragen eines Gehörschutzes wird empfohlen. Wasserstoff ist ein hochentzündliches Gas, das mit Luft (Explosionsgrenzen in Luft 4–75 Vol.%) explosionsartig reagieren kann. Zuschauer vor dem Experiment vor dem lauten Knall warnen! Glasglocke mit Sicherheitsfolie umwickeln!

Chemikalien

- Wasserstoff-Druckgaszylinder.

Geräte

- Glasglocke ∅ ca. 20 cm, Höhe ca. 30 cm,
- Stativ,
- 2 Muffen,
- 2 Stativklammern,
- PVC-Schlauch,
- Glasrohr ∅ ca. 1 cm, ca. 40 cm lang,
- Wasserstoff-Druckminderer.

Versuch

Man spannt die Glasglocke mit der Öffnung nach unten in das Stativ ein. Der Glasstab wird zu einem U-Rohr mit ungefähren Schenkellängen von 15 cm und 20 cm gebogen und mit dem kürzeren Schenkel von unten in die Glasglocke so eingepaßt, daß zwischen dem Schenkelende und der Wölbung der Glasglocke ein vertikaler Abstand von ca. 5 cm bleibt. Vom längeren Schenkel führt dann ein Schlauch zum Wasserstoff-Druckgaszylinder. Bei der Vorführung füllt man zuerst die Glasglocke über das Glasrohr mit Wasserstoff (Dauer 1–2 Minuten) und verdunkelt den Hörsaal. Anschließend zieht man den PVC-Schlauch vom Glasrohr ab und entzündet sofort den aus dem längeren Schenkel entweichenden Wasserstoff. Dieser verbrennt anfangs mit einer ruhigen Flamme, die nach einiger Zeit immer lebhafter zu flattern beginnt. Der Versuch endet unter Rückschlagen der Flamme durch das Glasrohr in die Glasglocke mit einer kleinen Explosion.

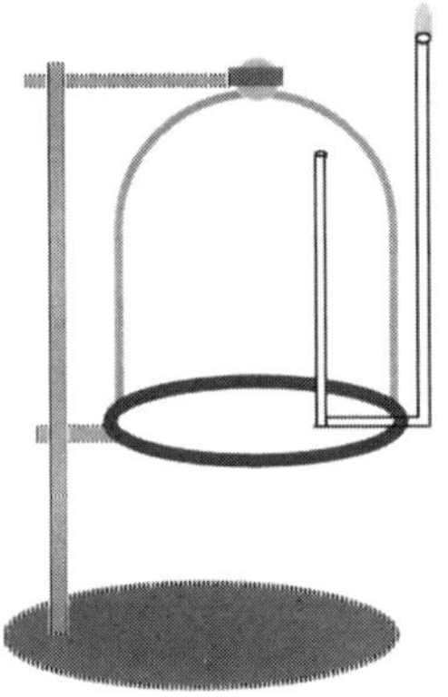

Physik

Anfangs entweicht der leichtere Wasserstoff durch das Glasrohr und verbrennt zu Wasser, während gleichzeitig Luft von unten in die Glasglocke einströmt. Gegen Ende des Versuchs verringert sich die Strömungsgeschwindigkeit des Wasserstoffs im Glasrohr so weit, daß die Flamme durch das Rohr zurückschlagen und das mittlerweile in der Glasglocke entstandene Wasserstoff-Luft-Gemisch entzünden kann.

16.4 Explosion von Methan, Ethylen und Acetylen mit Luft

Sicherheitshinweis

Acetylen, Ethylen und Methan sind leicht entflammbare Gase, die mit Luft explosionsartig reagieren können. Das Tragen einer Schutzbrille und von Handschuhen ist erforderlich, Gehörschutz wird nachhaltig empfohlen.

Chemikalien

- Acetylen-Druckgaszylinder,
- Ethylen-Druckgaszylinder,
- Methan-Druckgaszylinder,
- Sauerstoff-Druckgaszylinder.

Geräte

- Stativ,
- Muffe,
- Stativklammer,
- Glasrohr,
- Gummischlauch,
- Druckminderer für Sauerstoff,
- Druckminderer für Acetylen,
- Druckminderer für Ethylen/Methan,
- 2-L-Kristallisierschale,
- 3 aus Reagenzgläsern zu kerzenförmigen 100-mL-Kolben aufgeblasene dünnwandige Glaskolben mit Gummistopfen,
- Bunsenbrenner,
- Sicherheitssprengscheibe,
- 3–4 dicke Putzlappen.

Versuch

Vor dem Versuch wird je ein Glaskolben zuerst mit Wasser gefüllt und dann umgekehrt in die Stativklammer eingespannt, wobei der Kolbenhals sich unterhalb der Wasseroberfläche in der Kristallisierschale befinden muß. Nun leitet man zu 1/3 das betreffende Gas (Methan, Ethylen, Acetylen) und zu 2/3 Sauerstoff ein und verschließt den Kolben mit einem Gummistopfen.

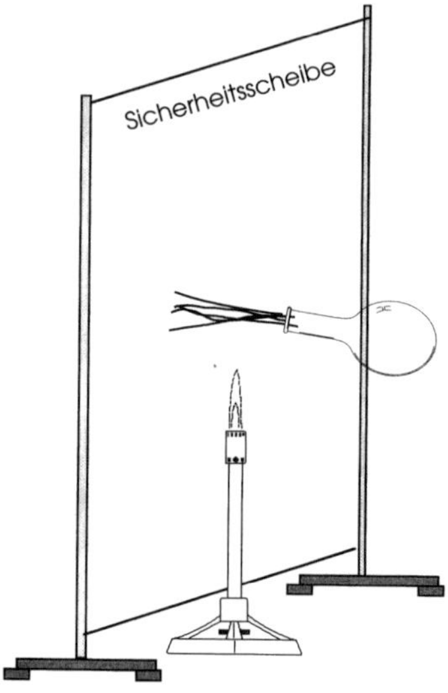

Bei der Vorführung stellt man zwischen sich und den Zuschauern eine Sicherheitssprengscheibe auf und umwickelt den Glaskolben mit drei bis vier Putzlappen. Den so präparierten Kolben hält man unmittelbar nach dem Entfernen des Gummistopfens mit dem Kolbenhals in die Flamme des Bunsenbrenners. Mit einem heftigen Knall explodiert das Kohlenwasserstoff-Sauerstoff-Gemisch, wobei der Kolben in viele kleine Glassplitter zerfällt. Anschließend zündet man das Ethylen-Sauerstoff-Gemisch und zuletzt das Acetylen-Sauerstoff-Gemisch. Die Lautstärke der Explosion nimmt in der Reihe Methan/Sauerstoff, Ethylen/Sauerstoff und Acetylen/Sauerstoff zu.

Chemie

In einer stark exothermen Reaktion setzen sich die drei Kohlenwasserstoffe mit Sauerstoff zu Wasser und einem von den Mischungsverhältnissen und der Reaktionstemperatur abhängigen Gemisch aus Kohlenstoffmonoxid und Kohlenstoffdioxid um [1,2].

$$CH_4 + 2\ O_2 \rightarrow CO_2 + 2\ H_2O_{(g)} \qquad \Delta H = -802.3\ kJ$$
$$C_2H_4 + 3\ O_2 \rightarrow 2\ CO_2 + 2\ H_2O_{(g)} \qquad \Delta H = -1322.9\ kJ$$
$$C_2H_2 + 2.5\ O_2 \rightarrow 2\ CO_2 + H_2O_{(g)} \qquad \Delta H = -1497.4\ kJ$$

Das Acetylen-Luft-Gemisch weist hierbei die höchste Verbrennungswärme auf. Für die Gase gelten in Luft folgende Explosionsgrenzen: Acetylen 1.5–82 Vol.%, Ethylen 2.7–28.6 Vol.%, Methan 5–15 Vol.%.

Literatur

[1] Landolt-Börnstein, *Zahlenwerke und Funktionen aus Physik, Chemie, Astronomie, Geophysik und Technik*, Springer-Verlag, Berlin, Göttingen, Heidelberg, 1991, Band II, 4. Teil, S. 180.

[2] K. P. C. Vollhardt, *Organische Chemie*, VCH Verlagsgesellschaft, Weinheim, 1988.

16.5 Flüssiger Stickstoff

Sicherheitshinweis

Flüssiger Stickstoff kann auf der Haut starke Erfrierungen hervorrufen, Ringe und Armbanduhr sind vorher abzulegen. Vorsicht! Bei längerem offenen Stehenlassen kondensiert im flüssigen Stickstoff Sauerstoff ein. Das Tragen einer Schutzbrille und von Handschuhen wird empfohlen.

Chemikalien

- Flüssiger Stickstoff.

Geräte

- Mehrere ummantelte Dewargefäße,
- Stativ mit Muffe und Klammer,
- Glastrichter mit ca. 1.5 m langem Gummischlauch,
- Gummiball,
- Blume,
- Banane,
- Nagel,
- Holzstück,
- Luftballons,
- Filzhut,
- Butterplätzchen.

Versuch

a) In ein großes, breites Standdewargefäß mit flüssigem Stickstoff taucht man eine Blume und/oder einen hohlen (!) Gummiball ein. Anschließend zerschlägt man die Blume auf dem Tisch und/oder wirft den Ball gegen eine Wand. Blume und Ball zerspringen.

b) Eine im flüssigen Stickstoff ausreichend gekühlte Banane eignet sich als Hammerersatz zum Einschlagen eines Nagels in ein kleines Holzbrett.

c) Man bläst vor der Vorführung einige Luftballons auf und drückt sie dann langsam in ein Dewargefäß mit flüssigem Stickstoff, wobei sie sich nahezu ganz zusammenziehen. Vor dem Publikum deckt man einen geschrumpften Luftballon mit einem schwarzen Tuch ab und läßt ihn durch gelegentliches Streicheln des Tuches langsam wieder zur ursprünglichen Größe heranwachsen.

d) Auf den Auslauf eines Trichters steckt man einen Gummischlauch, klemmt den Trichter am Stativ fest, hebt den Gummischlauch seitlich an und gießt aus einem Dewargefäß langsam flüssigen Stickstoff in den Trichter. Nachdem anfangs aus dem Trichter und dem Schlauchende stoßweise flüssiger Stickstoff verdampft ist, wird der Schlauch steif und schwebt seitlich in der Luft. Nach einiger Zeit erschlaffen die magischen Kräfte wieder.

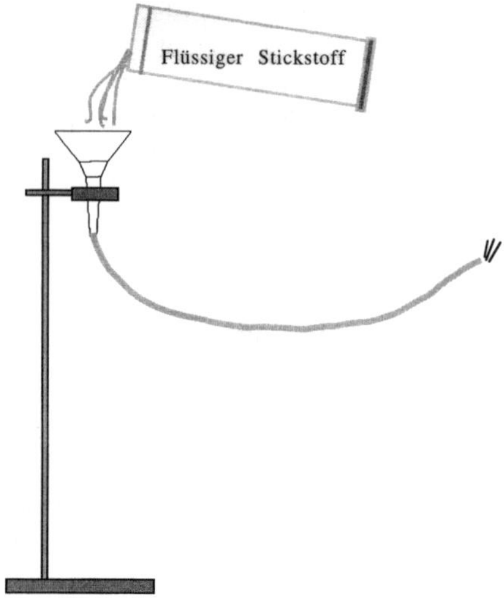

e) Schüttet man in den Filzhut flüssigen Stickstoff, so fließt dieser durch den Hut wie durch ein grobmaschiges Sieb. Anschließend setzt man den Hut auf, wobei einem dann so richtig der Kopf raucht.
f) Wenn man von einem kurzzeitig im flüssigen Stickstoff gekühlten Butterplätzchen vorsichtig abbeißt, strömt wie bei einem fauchenden Stier Nebel aus Mund und Nase.
g) Das Leidenfrostsche Phänomen (Johann Gottlieb Leidenfrost, Arzt und Physiker, 1715–1794) demonstriert man durch Ausgießen von flüssigem Stickstoff auf dem Labortisch oder durch kurzzeitiges Eintauchen der Finger oder der Hand. (Vorsicht, Ringe abnehmen, da sonst schlimme Erfrierungen erfolgen!!)

Physik

Bei der Verflüssigung von Luft nach dem Linde-Verfahren (Carl v. Linde, 1842–1934) bedient man sich des Joule-Thomson-Effektes (J. P. Joule und W. Thomson, 1852). Aus der so gewonnenen flüssigen Luft lassen sich anschließend die Hauptbestandteile Stickstoff (78.03 Vol.%, Sdp. –195.8 °C) und Sauerstoff (20.99 Vol.%, Sdp. –183.0 °C) durch fraktionierte Destillation isolieren [1].

Literatur

[1] Holleman-Wiberg, *Lehrbuch der Anorganischen Chemie*, Walter de Gruyter, Berlin, New York, 1995, S. 13.

16.6 Wasserstoffballons

Sicherheitshinweis

Das Tragen eines Gehörschutzes wird empfohlen. Wasserstoff ist ein hochentzündliches Gas, welches mit Luft (Explosionsgrenzen in Luft 4–75 Vol. %) explosionsartig reagieren kann. Die Zuschauer sind vor dem Experiment auf den lauten Knall hinzuweisen!

Chemikalien

- Wasserstoff-Druckgaszylinder.

Geräte

- Druckminderer,
- mehrere Luftballons,
- dünne Schnur,
- langer Zeigestab mit Kerze.

Versuch

Man bläst mehrere Luftballons mit Wasserstoff auf, verknotet sie und befestigt sie dann mit einer dünnen Schnur einzeln und zum Teil auch nebeneinander. Die Länge der Schnur hängt vom erforderlichen Sicherheitsabstand – einige Meter – ab. Im abgedunkelten Raum zündet man die Wasserstoffballons durch Berühren mit der an einem langen Zeigestab befestigten Kerze oder mit einer selbst gefertigten Zündschnur (Siehe Versuch *Zündschnur*). Mit einem dumpfen Knall und einem gelben Leuchten explodieren die Ballons. Werden diese nebeneinander aufgereiht, erfolgt eine optisch und akustisch gut wahrnehmbare kleine Kettenreaktion.

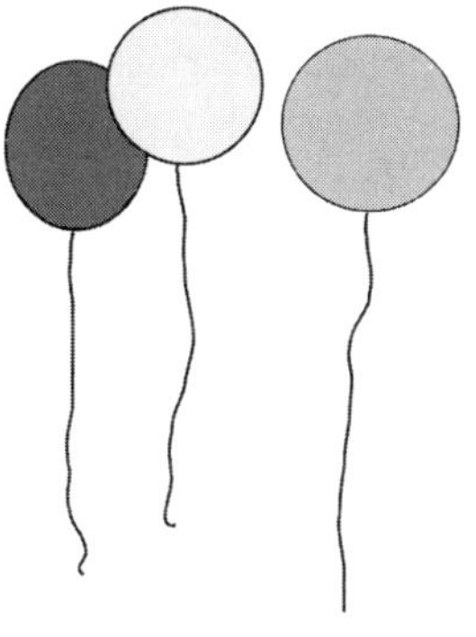

Chemie

Wasserstoff und Sauerstoff setzen sich in einer stark exothermen Knallgasreaktion zu Wasser um [1]:

$$2\,H_2 + O_2 \rightarrow 2\,H_2O_{(g)} \qquad \Delta H = -241.8\ \text{kJ/mol}$$

Literatur

[1] Holleman-Wiberg, *Lehrbuch der Anorganischen Chemie*, Walter de Gruyter, Berlin, New York, 1995, S. 259.

16.7 Knallgasballon

Sicherheitshinweis

Wasserstoff ist ein hochentzündliches Gas, welches mit Luft (Explosionsgrenzen in Luft 4–75 Vol.%) explosionsartig reagieren kann. Sauerstoff ist stark brandfördernd. Das Tragen eines Gehörschutzes wird empfohlen. Das maximale Volumen des Luftballons hängt von der Größe des Hörsaals ab. Der Versuch muß unbedingt vorher ohne Zuschauer getestet werden! Die Zuschauer **müssen** vor dem lauten Knall gewarnt werden!

Chemikalien

- Sauerstoff-Druckgaszylinder,
- Wasserstoff-Druckgaszylinder.

Geräte

- Druckminderer für Sauerstoff und für Wasserstoff,
- Schnur,
- langer Zeigestab mit Kerze.
- 1 Luftballon, dessen Umfang nicht größer als 70 cm sein soll.

Versuch

Man bläst einen Luftballon zuerst mit Sauerstoff zu 1/3 auf und füllt dann das verbleibende Volumen mit Wasserstoff. Dann verknotet man ihn und befestigt ihn an einer langen Schnur, wobei deren Länge vom erforderlichen Sicherheitsabstand – einige Meter – abhängt. Im abgedunkelten Raum zündet man den mit Knallgas gefüllten Ballon durch Berühren mit einer an einem langen Zeigestab befestigten Kerze oder mit einer selbst gefertigten Zündschnur (siehe Versuch 10.11 *Zündschnur*). Mit einem durchdringenden, harten, kurzen Knall und einem heftigem Feuerblitz explodiert der Knallgasballon.

Chemie

Wasserstoff und Sauerstoff setzten sich in einer stark exothermen Knallgasreaktion zu Wasser um:

$$2\ H_2 + O_2 \rightarrow 2\ H_2O_{(g)} \qquad \Delta H = -241.8\ \text{kJ/mol}$$

Literatur

[1] Holleman-Wiberg, *Lehrbuch der Anorganischen Chemie*, Walter de Gruyter, Berlin, New York, 1995, S. 259.

16.8 Knallgaskanone

Sicherheitshinweis

Wasserstoff ist ein hochentzündliches Gas, das mit Luft (Explosionsgrenzen in Luft 4–75 Vol.%) explosionsartig reagieren kann. Sauerstoff ist stark brandfördernd. Das Tragen eines Gehörschutzes wird empfohlen. Die Zuschauer sind vor dem lauten Knall zu warnen!

Chemikalien

- Sauerstoff-Druckgaszylinder,
- Wasserstoff-Druckgaszylinder.

Geräte

- Druckminderer für Sauerstoff und für Wasserstoff,
- Kanone,
- Funkeninduktor,
- PVC-Schläuche,
- Tennisbälle.

Versuch

Aus einem Messingblock wird eine Kanone mit annähernd folgenden Maßen gefertigt, wobei Innendurchmesser und Innenwulst auf den Umfang der Tennisbälle abzustimmen sind. Am hinteren Teil der Kanone werden drei Gewinde für die Zündkerze und zwei Gashähne gebohrt. Getragen wird die Kanone von einer vorne höhenverstellbaren Halterung.

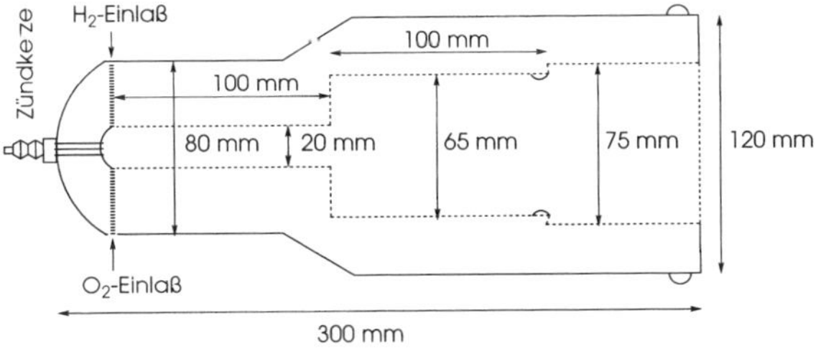

Zur Vorführung setzt man in die Kanone einen Tennisball ein, spült kurz mit Wasserstoff sowie Sauerstoff und zündet schließlich durch Berühren der Zündkerze mit der Spitze des Funkeninduktors.

Chemie

Wasserstoff und Sauerstoff setzen sich in einer stark exothermen Knallgasreaktion zu Wasser um [1]. Der Tennisball schießt aus der Kanone.

$$2\ H_2 + O_2 \rightarrow 2\ H_2O_{(g)} \qquad \Delta H = -241.8\ \text{kJ/mol}$$

Literatur

[1] Holleman-Wiberg, *Lehrbuch der Anorganischen Chemie*, Walter de Gruyter, Berlin, New York, 1995, S. 259.

17
Chemie im Dienst der Schönheit:
Spiegel

„Giulietta: … Was ich von dir erbitte, ist dein getreues Bildnis, dein liebes Angesicht, deinen Blick, dein ganzes Wesen, gib mir dein Spiegelbild …
Hoffmann: Ach, was sagst du? Das ist ja Wahnsinn …"

Jules Barbier, Libretto zu „Hoffmanns Erzählungen" von Jacques Offenbach, Uraufführung 1881, nach dem gleichnamigen Bühnenstück von Michel Carré und Jules Barbier nach Motiven von E. T. A. Hoffmann

Das Bild eines Menschen im Spiegel galt vielfach als ein Abbild seiner Seele: Raubte man das Spiegelbild, so wurde nach einem weit zurückreichenden Aberglauben auch die Seele zerstört.

Spiegel hatten zu allen Zeiten etwas Magisches. Sprach man früher an bestimmten Tagen des Jahres um Mitternacht gewisse Zaubersprüche und Gebete, konnte man mit einem Spiegel in die Zukunft sehen. Hielt man in heiligen Jahren in Aachen einen Spiegel solcherart in die Höhe, daß man in ihm den ausgestellten heiligen Rock Christi erblickte, so wandelte sich der Spiegel zu einem „Heiltumsspiegel", und immer, wenn man in ihn hineinsah, wurde einem ein wenig von der Gnade des Herrn zuteil.

Doch Spiegeleien waren auch Teil des sinnlichen Luxus. Casanova liebte es, ausgelassene Feste in rundum verspiegelten Separées zu feiern. Beeinflußt von der hochverfeinerten Kultur der Araber gab es im Mittelalter und auch noch später in Süditalien und Spanien Schloßteiche, die mit spiegelndem Quecksilber gefüllt waren und auf denen man Damen bei Mondschein und dem Klang von Musikinstrumenten in Barken spazierenruderte. Da der Wind meist nicht ausreichte, um Wellen auf der Metalloberfläche zu erzeugen, mußten am Ufer Sklaven das Quecksilber peitschen. In die Wasserkanäle der Alhambra hat man einst Quecksilber eingefüllt, das den Boden bedeckte. Erst über dieser Quecksilberschicht floß Wasser. So erzielte man raffinierte Mehrfach-Spiegelungen, einmal durch die Wasseroberfläche, dann aber auch durch die Oberfläche des Quecksilbers, in der sich überdies noch die Trennschicht Luft/Wasser, sozusagen die „Unterseite" der Wasseroberfläche, widerspiegelte. Brachte man in dieses System betrachtenswerte, im Wasser schwimmende Objekte, wie nackte Frauenkörper, ein, so ergab sich – jedenfalls nach Meinung damaliger, wohl eher männlicher Betrachter – ein reizvolles Schauspiel.

Spiegel brauchte man sowohl auf der Theaterbühne, als auch auf dem Jahrmarkt für zahllose Zaubertricks. Nur mit Hilfe eines Spiegels gelingt es, Damen den Unterleib zu „rauben“. Spiegel herzustellen, war ein lukratives Geschäft. 1835 hatte Liebig gefunden, daß Formaldehyd Silbersalzlösungen zu metallischem Silber zu reduzieren vermag und dies als Nachweisreaktion für Aldehyde empfohlen. 1856 fragte Carl von Steinheil (1801–1870) bei Liebig an, ob sich diese Reaktion vielleicht auch zum Belegen von Teleskopspiegeln eignen würde. Doch erst in Zusammenarbeit mit Johann Beeg (1809–1867), dem Rektor der Gewerbeschule in Fürth, gelang es Liebig dann – wenn auch zunächst eher bescheidene – wirtschaftliche Erfolge zu erzielen.

Es waren am Anfang viele Schwierigkeiten zu überwinden. Das seltsamste Problem war die Unzufriedenheit der Damenwelt, insbesondere in Frankreich: Der alte Amalgam-Spiegel, dessen spiegelnde Fläche aus einer Zinn-Quecksilber-Legierung bestand, hatte den Betrachter milchig hell, deutlich weißlicher als die Wirklichkeit, gezeigt. Der Liebigsche Silberspiegel war dagegen farbneutral. Damals war aber der bleiche Frauentyp Mode, und daher fanden Käuferinnen des Liebig-Spiegels ihren Teint nicht so hell wie gewohnt. Um diesen vermeintlichen Farbfehler auszugleichen, verfiel Liebig auf die Idee, grünliches Glas – gewissermaßen als Farbfilter – zu verwenden. Dies hatte auch den Vorteil, daß man auf billigere, eisenhaltige Glassorten ausweichen konnte.

Eine Betrachtung der Schnittkanten unserer jetzigen Spiegel lehrt, daß dieser Trick Liebigs noch heute angewandt wird.

17.1 Silberspiegel mit Hydraziniumsulfat

Sicherheitshinweis

Silbernitrat und Wasserstoffperoxid-Lösung sind ätzend, Ammoniak, Salpetersäure, Schwefelsäure und Salzsäure wirken ätzend und reizend. Hydraziniumsulfat ist krebserregend, giftig sowie sensibilisierend. Ein Kontakt dieser Stoffe mit der Haut muß vermieden werden. Das Tragen einer Schutzbrille und von Handschuhen ist erforderlich. Silbersalze dürfen nicht in das Abwasser gelangen, da sie Mikroorganismen der Kläranlagen abtöten.

Die unten beschriebene Silbersalz-Lösung ist **immer frisch** zuzubereiten, da sich beim Erhitzen einer stark alkalischen Mischung aus Silbernitrat und Ammoniak oder bei längerer Aufbewahrung bei Raumtemperatur ein explosiver Niederschlag aus Silbernitrid bilden kann [1].

Chemikalien

- 3.4 g Silbernitrat $AgNO_3$,
- 2.6 g Hydraziniumsulfat $N_2H_6SO_4$,
- konz. Ammoniak-Lösung NH_3,
- dest. Wasser,
- konz. Schwefelsäure H_2SO_4 und
- 30 %ige Wasserstoffperoxid-Lösung H_2O_2 oder konz. Salpetersäure HNO_3,
- Salzsäure HCl.

Geräte

- 500-mL-Erlenmeyerkolben,
- 100-mL-Becherglas,
- Spatel,
- Bunsenbrenner,
- 1-L-Stehkolben oder ein beliebiges zu verspiegelndes Glasgefäß,
- Glasstäbe.

Versuch

Man bereitet folgende Lösungen vor:

Silbersalz-Lösung A: Im 500-mL-Erlenmeyerkolben löst man 3.4 g Silbernitrat in 200 mL dest. Wasser auf und tropft unter Rühren so lange konz. Ammoniak-Lösung hinzu, bis der anfänglich auftretende, bräunliche Niederschlag wieder völlig verschwunden ist. Die Silbersalz-Lösung sollte man lichtgeschützt aufbewahren.

Hydraziniumsulfat-Lösung B: Man löst 2.6 g Hydraziniumsulfat im 100-mL-Becherglas in 100 mL dest. Wasser auf.

Der 1-L-Stehkolben oder ein anderes Glasgefäß nach Wahl muß vor der Verspiegelung gründlichst gereinigt werden (z. B. mit konz. Salpetersäure oder einem Gemisch aus konz. Schwefelsäure und Wasserstoffperoxid-Lösung behandeln und anschließend mehrmals mit dest. Wasser ausspülen) – der Kolben muß innen vollkommen fettfrei sein.

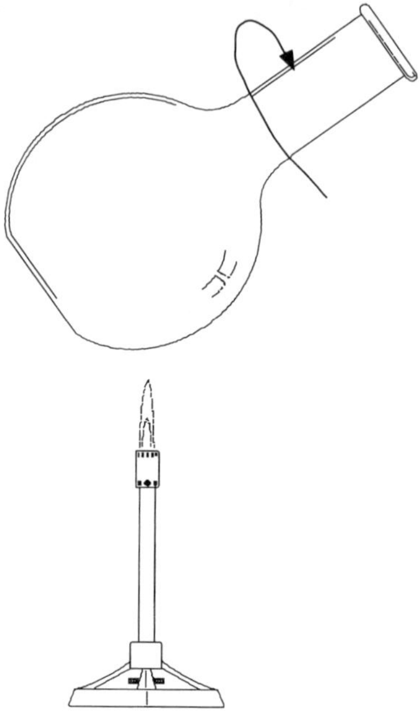

Bei der Vorführung (vgl. [2,3]) erwärmt man den Stehkolben kurz durch Füllen mit heißem dest. Wasser, entleert ihn, füllt dann die Silbersalz-Lösung A und anschließend die Hydraziniumsulfat-Lösung B hinein. Ein vollständiges Benetzen der Kolbeninnenseite erreicht man durch vorsichtiges Drehen und Schütteln, welches man so lange durchführt, bis der gesamte Kolben innen mit einer Silberschicht überzogen ist. Dann wird der Kolben entleert und mit dest. Wasser ausgewaschen.

Chemie

In Lösung erweist sich Hydrazin gegenüber einer Reihe von Oxidationsmitteln als vielseitiges Reduktionsmittel, dessen thermodynamisches Reduktionspotential dabei von der Art der Elektronenübergänge (Ein-, Zwei- bzw. Vierelektronenübergang) sowie vom pH-Wert der Reaktionslösung abhängt, wobei im basischen Bereich folgende Redoxteilreaktionen eine Rolle spielen [4].

$$N_2H_4 + OH^- \rightarrow NH_3 + 0.5\ N_2 + H_2O + e^-$$
$$N_2H_4 + 2.5\ OH^- \rightarrow 0.5\ NH_3 + 0.5\ N_3^- + 2.5\ H_2O + 2\ e^-$$
$$N_2H_4 + 4\ OH^- \rightarrow N_2 + 4\ H_2O + 4\ e^-$$

Die Umsetzung mit Silbernitrat läßt sich annähernd wie folgt beschreiben.

$$2\ AgNO_3 + 4\ NH_3 \rightarrow 2\ [Ag(NH_3)_2]^+ + 2\ NO_3^-$$
$$N_2H_6SO_4 + 2\ OH^- \rightarrow N_2H_4 \cdot H_2O + SO_4^{2-} + H_2O$$
$$4\ [Ag(NH_3)_2]^+ + N_2H_4 \cdot H_2O + 4\ OH^- \rightarrow 4\ Ag + N_2 + 8\ NH_3 + 5\ H_2O$$

Entsorgung

Durch Zugabe von ausreichend Salzsäure wird nicht umgesetztes Silbersalz in schwerlösliches Silberchlorid überführt, welches zusammen mit gebildetem elementarem Silber durch Filtrieren oder Sedimentieren/ Dekantieren von der Lösung abgetrennt und in einem Behälter für Silberrückstände gesammelt wird. Die silberfreie Lösung kann dann in stark verdünnter Form über das Abwasser entsorgt werden.

Literatur

[1] L. Bretherick, *Handbook of Reactive Chemical Hazards*, CRC Press, Cleveland, Ohio, 1975.

[2] J. Liebig, Liebigs Ann. Chem. 90 (1856) 132.

[3] H. Lux, *Anorganisch-Chemische Experimentierkunst*, 3. Auflage, Johann Ambrosius Barth, Leipzig, 1970, S. 657.

[4] N. N. Greenwood, A. Earnshaw, *Chemie der Elemente*, VCH Verlagsgesellschaft, Weinheim, 1988, S. 549.

17.2 Silberspiegel mit Dextrose

Sicherheitshinweis

Silbernitrat, Kaliumhydroxid und Wasserstoffperoxid-Lösung sind ätzend, Ammoniak, Salpetersäure, Schwefelsäure und Salzsäure wirken ätzend und reizend. Ein Kontakt dieser Stoffe mit der Haut muß vermieden werden. Das Tragen einer Schutzbrille und von Handschuhen ist erforderlich. Silbersalze dürfen nicht in das Abwasser gelangen, da sie Mikroorganismen der Kläranlagen abtöten.

Die unten beschriebene Silbersalz-Lösung ist **immer frisch** zuzubereiten, da sich beim Erhitzen einer Mischung aus Silbernitrat, Ammoniak und Kaliumhydroxid oder bei längerer Aufbewahrung bei Raumtemperatur ein explosiver Niederschlag aus Silbernitrid bilden kann [1].

Chemikalien

- 3.4 g Silbernitrat $AgNO_3$,
- 6 g Glucose (Traubenzucker, Dextrose) $C_6H_{12}O_6$,
- 4.5 g Kaliumhydroxid KOH,
- konz. Ammoniak-Lösung NH_3,
- dest. Wasser,
- konz. Schwefelsäure H_2SO_4 und
- 30 %ige Wasserstoffperoxid-Lösung H_2O_2 oder konz. Salpetersäure HNO_3,
- Salzsäure HCl

Geräte

- 500-mL-Erlenmeyerkolben,
- 2 100-mL-Bechergläser,
- Spatel,
- Bunsenbrenner,
- 1-L-Stehkolben mit passendem Gummistopfen oder ein beliebiges zu verspiegelndes Glasgefäß,
- Glasstäbe.

Versuch

Man bereitet folgende Lösungen:

Silbersalz-Lösung A: In einem 100-mL-Becherglas trägt man unter Rühren mit dem Glasstab 4.5 g Kaliumhydroxid in 100 mL dest. Wasser ein. Dann löst man im 500-mL-Erlenmeyerkolben 3.4 g Silbernitrat in

200 mL dest. Wasser auf und tropft unter Rühren so lange konz. Ammoniak-Lösung hinzu, bis sich der anfänglich auftretende, bräunliche Niederschlag wieder gelöst hat. Anschließend fügt man noch die vorher bereitete Kaliumhydroxid-Lösung (100 mL) hinzu. Eine sich hierbei möglicherweise ergebende Trübung beseitigt man durch Zusatz weniger Tropfen der konz. Ammoniak-Lösung. Die Lösung sollte man lichtgeschützt aufbewahren.

Glucose-Lösung B: Man löst 6 g Glucose im zweiten 100-mL-Becherglas in 100 mL dest. Wasser auf.

Der 1-L-Stehkolben oder ein anderes Glasgefäß muß vor der Verspiegelung gründlichst gereinigt werden (z. B. mit konz. Salpetersäure oder einem Gemisch aus konz. Schwefelsäure und Wasserstoffperoxid-Lösung (Perhydrol) behandeln und anschließend mehrmals mit dest. Wasser ausspülen).

Bei der Vorführung erwärmt man den Stehkolben kurz durch Füllen mit heißem dest. Wasser, entleert ihn, füllt dann zuerst die Dextrose-Lösung und anschließend die Silbersalz-Lösung hinein und verschließt mit dem Gummistopfen. Ein vollständiges Benetzen der Kolbeninnenseite erreicht man durch vorsichtiges Drehen und Schütteln, welches man so lange durchführt, bis der gesamte Kolben innen mit einer Silberschicht überzogen ist. Dann wird der Kolben entleert und mit dest. Wasser ausgewaschen.

Chemie

Die Verspiegelung [vgl. 2] beruht auf der Nachweisreaktion für Aldehyde mit dem Tollens-Reagenz [3]: Im alkalischen Medium reduziert die Aldehydgruppe der Dextrose Diamminsilbernitrat zu elementarem Silber, wobei die Aldehydfunktion selbst zur Carboxylatgruppe oxidiert wird.

$$2\ AgNO_3 + 4\ NH_3 \rightarrow 2\ [Ag(NH_3)_2]^+ + 2\ NO_3^-$$

$$2\ [Ag(NH_3)_2]^+ + 3\ OH^- + C_5H_{11}O_5CHO \rightarrow 2\ Ag + C_5H_{11}O_5COO^- + 4\ NH_3 + 2\ H_2O$$

Entsorgung

Durch Zugabe von ausreichend Salzsäure wird nicht umgesetztes Silbersalz als schwerlösliches Silberchlorid ausgefällt, welches zusammen mit gebildetem elementarem Silber durch Filtrieren oder Sedimentieren/Dekantieren von der Lösung abgetrennt und einem Sammelbehälter für Silberrückstände zugeführt wird. Die silberfreie Lösung kann dann in stark verdünnter Form über das Abwasser entsorgt werden.

Literatur

[1] L. Bretherick, *Handbook of Reactive Chemical Hazards*, CRC Press, Cleveland, Ohio, 1975.
[2] H. Lux, *Anorganisch-Chemische Experimentierkunst*, 3. Auflage, Johann Ambrosius Barth, Leipzig, 1970, S. 657.
[3] W. Hasselpusch, Chem. Zeitung 111 (1987) 57.

18
Schöne Spioninnen, finstere Verschwörer und Geheimtinten

„Man sollte immer ehrlich spielen – wenn man die Trümpfe in der Hand hat."

Oscar Wilde

Wenn man aber nicht alle Trümpfe in den eigenen Händen hält, dann muß man eben zu Listen greifen, so etwa zu Geheimtinten, wenn es gilt, Nachrichten zu übermitteln, in die nicht jeder seine Nase stecken soll.

Geheimtinten werden verwendet, seit es Geheimdienste gibt. Schon die Mitarbeiter des Kardinals Armand Jean du Plessis, Herzog von Richelieu (1585–1642), bedienten sich ihrer in dessen „Cabinet noir". Eine Blüte erlebten Geheimtinten während des Ersten Weltkrieges, wo sie insbesondere von Spioninnen verwendet wurden – wahrscheinlich, weil kleine Fläschchen mit Geheimtinten in den Köfferchen schöner Frauen unter Unmengen allerlei anderer Schönheitsmittelchen nicht besonders auffielen und sich so leicht tarnen ließen.

Die junge Holländerin Margaretha Zelle (1876–1917) war durch ihren „Hindu-Tempeltanz" berühmt geworden. Das Interesse des wohl meist männlichen Publikums scheint aber weniger den dargebotenen, vermeintlich fernöstlichen religiösen Riten, sondern mehr dem erfreulichen Mangel an Textilien der jungen Schönheit gegolten zu haben, die sich Mata Hari nannte. Im Laufe der Zeit ertanzte sie sich die Zuneigung zahlreicher, politisch einflußreicher, meist älterer Liebhaber. Dementsprechend interessierten sich zu Beginn des Ersten Weltkrieges die Geheimdienste für sie. 1914 überredete sie der deutsche Konsul in Amsterdam, ihre französischen Liebhaber zugunsten des Deutschen Reiches auszuhorchen. Mata Hari bot auch der französischen Seite ihre Hilfe an. Als eine Art Probestück verführte sie den deutschen Militärattaché in Madrid, den sie für die Franzosen auszuforschen gedachte. Doch war sie der Tätigkeit einer Doppelagentin nicht recht gewachsen. Es gelang dem französischen Geheimdienst, den deutschen Code und auch die deutsche Agentenliste zu knacken, auf der sie – nicht besonders einfallsreich – als „Agent H-21" geführt wurde – „H" für Hispanien, „21" für einundzwanzigster Agent, schlichter geht es wohl nicht!

Bei ihrer Rückreise nach Paris wurde Mata Hari verhaftet, vor ein Militärgericht gestellt, verurteilt und erschossen. Zwar war es allgemein üblich, Spione an die Wand zu stellen, aber das „schnöde Abknallen einer schönen Frau" – so die damalige deutsche Presse – führte in allen kriegführenden Ländern zu erregten Diskussionen.

Mata Hari hatte ihre Mitteilungen mit Hilfe von Geheimtinten abgefaßt. Bei der Gerichtsverhandlung war von den Anklägern und der Verteidigung besonders die Tauglichkeit einer Geheimtinte diskutiert worden, bei der es sich um eine damals allgemein bekannte Rezeptur der Damen-Hygiene handelte. Die wohl erste Erwähnung dieser Rezeptur, die Damen in jeder Hinsicht vor den Folgen einer Liebesnacht schützen sollte, findet sich in einem Roman des 18. Jahrhunderts mit dem bezeichnenden Titel „Der gelüftete Vorhang", den Honoré Gabriel de Riqueti, Graf Mirabeau (1749–1791), verfaßt haben soll. Schreibt man mit dieser quecksilberhaltigen Lösung eine Botschaft auf Papier, so ist diese erst sichtbar, wenn man das Blatt Papier mit einer Schwefelwasserstoff-Lösung entwickelt.

Als sich schließlich im Verlaufe des Ersten Weltkrieges der Argwohn der jeweiligen Gegenspionage mehr und mehr auf die Gesichtslotionen schöner Frauen konzentrierte, mußte man neue Wege zum Transport von Geheimtinten ersinnen. Eine besonders elegante Aufbewahrungsart fand Marie de Victorica (1882–1920) – angeblich hieß sie wirklich so –, eine deutsche Spionin, die bei ihrer Verhaftung durch den US-Militärgeheimdienst zwei mit wasserlöslichen Geheimtinten getränkte Seidenschals mit sich führte.

Merke: Auch und gerade als Spion sollte man nicht im Regen stehen!

18.1 Blaue Geheimschrift

Sicherheitshinweis Ethanol ist leichtentzündlich, Natriumcarbonat wirkt reizend.

Chemikalien

- 0.04 g Thymolphthalein $C_{28}H_{30}O_4$,
- 50 mL Ethanol,
- 0.5 g Natriumcarbonat Na_2CO_3 oder 1.35 g Natriumcarbonat-decahydrat $Na_2CO_3 \cdot 10\ H_2O$,
- dest. Wasser.

Geräte

- 1 50-mL-Becherglas
- 1 100-mL-Becherglas,
- Glasstäbe,
- Pinsel,
- große weiße Filterpapierbögen,
- Zerstäuber.

Versuch Vor der Vorführung löst man im 50-mL-Becherglas 0.04 g Thymolphthalein in 50 mL Ethanol und im 100-mL-Becherglas 0.5 g Natriumcarbonat in 50 mL dest. Wasser. Anschließend gießt man die farblose Thymolphthalein-Lösung zur alkalisch reagierenden Natriumcarbonat-Lösung, die sich dabei blau färbt.

Bei der Demonstration besprüht man einen weißen Filterpapierbogen oder „aus Versehen" den weißen Labormantel eines Mitarbeiters mit der blauen Thymolphthalein Lösung. Nach einigen Sekunden verschwindet die blaue Farbe auf dem Papier bzw. der Fleck auf dem Labormantel.

Chemie Die in wäßriger Lösung erfolgende Hydrolyse des Natriumcarbonats [1]

$$CO_3^{2-} + H_2O \rightarrow HCO_3^- + OH^-$$

führt zu einem alkalischen Milieu, bei dem der Indikator Thymolphthalein in seiner blauen, deprotonierten Form vorliegt [2,3].

Thymolphthalein

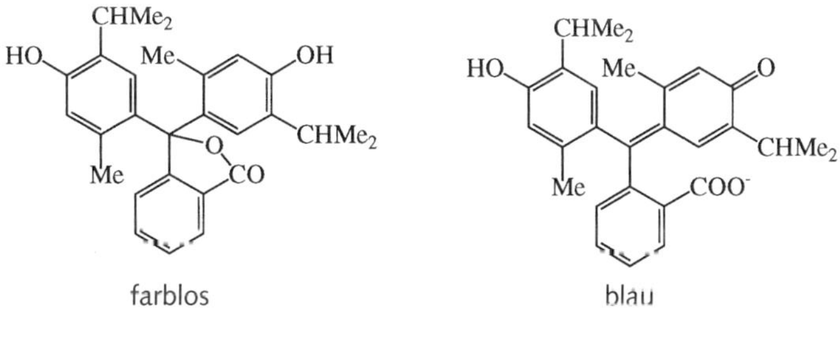

Setzt man einige Tropfen der blauen Lösung der Luft aus, neutralisiert das in der Atmosphäre mit 0.03 Volumenprozent enthaltene Kohlenstoffdioxid langsam die ursprünglich alkalische Lösung – der Indikator Thymolphthalein wird wieder protoniert und damit entfärbt.

$$CO_2 + H_2O \rightarrow HCO_3^- + H^+$$

Entsorgung

Mit Wasser verdünnt, kann der Rest der Lösung über das Abwasser entsorgt werden.

Literatur

[1] Holleman-Wiberg, *Lehrbuch der Anorganischen Chemie*, Walter de Gruyter, Berlin, New York, 1995, 201.
[2] Römpp *Chemie Lexikon*, Georg Thieme Verlag, Stuttgart, New York, 1995.
[3] D. A. Skoog, D. M. West, *Fundamentals of Analytical Chemistry*, CBS College Publishing, New York, 1982.

18.2 Kurzzeitig sichtbare Schrift

Sicherheitshinweis

Iod ist gesundheitsschädlich. Das Tragen einer Schutzbrille wird empfohlen.

Chemikalien

- 2.5 g Iod,
- 1.7 g Kaliumiodid KI,
- 1 g Stärke,
- 2.32 g Natriumthiosulfat-pentahydrat $Na_2S_2O_3 \cdot 5\,H_2O$,
- dest. Wasser.

Geräte

- 1 25-mL-Becherglas,
- 3 250-mL-Bechergläser,
- Glasstäbe,
- Pinsel,
- große weiße Filterpapierbögen,
- 2 Zerstäuber.

Versuch

Man bereitet folgende Lösungen:

Stärke-Lösung: In einem 25-mL-Becherglas rührt man 1 g lösliche Stärke in 10 mL dest. Wasser ein, gibt diese Mischung zu 50 mL kochendem, dest. Wasser in ein 250 mL Becherglas und erhitzt noch fast 5 Minuten zum Sieden. Darauf fügt man zu dieser Mischung unter Rühren 40 mL Eiswasser hinzu.

Iod-Lösung: In einem 250-mL-Becherglas trägt man in 100 mL dest. Wasser 1.7 g Kaliumiodid und anschließend 2.5 g Iod ein und rührt kurz.

Natriumthiosulfat-Lösung: In einem 250-mL-Becherglas löst man 2.32 g $Na_2S_2O_3 \cdot 5H_2O$ in 50 mL Wasser und füllt auf 100 mL auf.

Vor der Vorführung malt man mit der Stärke-Lösung auf dem Filterpapier ein Bild oder schreibt einen Text. Nach dem Trocknen sind die Pinselstriche nahezu unsichtbar.

Späteres Anfeuchten des Gemäldes mit der Iod-Lösung läßt das Bild vor den Augen des Zuschauers blau bis schwarz erscheinen. Nachfolgendes Besprühen mit der Natriumthiosulfat-Lösung führt wieder zum Verschwinden der Zeichnung.

Chemie

Die bei 25 °C nur äußerst geringe Löslichkeit von Iod in Wasser (0.0013 mol/L) wird durch Zugabe von Kaliumiodid entscheidend verbessert. Das hierbei gebildete Kaliumtriiodid ist gut wasserlöslich.

$$I_2 + KI \rightarrow KI_3$$

Mit der in der Stärke enthaltenen Amylose bildet Iod einen blauen Komplex, dessen Farbe auf einer linearen Anordnung der sich innerhalb der Amylose-Helix wiederholenden I_5^--Einheiten beruht [1]. Beim zweiten Teil des Versuchs wird Iod unter Entfärben zu Iodid-Ionen reduziert und gleichzeitig Thiosulfat zum Tetrathionat oxidiert. In der quantitativen Analyse spielt diese Reaktion in Rahmen der Iodometrie eine sehr wichtige Rolle [2].

$$2\ Na_2S_2O_3 + I_2 \rightarrow Na_2S_4O_6 + 2\ NaI$$

Literatur

[1] R. C. Teitelbaum, S. L. Ruby, T. J. Marks, J. Am. Chem. Soc. 100 (1978) 3215.
[2] D. A. Skoog, D. M. West, *Fundamentals of Analytical Chemistry*, CBS College Publishing, New York, 1982.

18.3 Unsichtbare Schrift

Sicherheitshinweis

Ethanol ist leichtentzündlich, Natriumhydroxid wirkt ätzend. Wenn auch die toxikologische Wirkung der Indikatoren o-Kresolphthalein, α-Naphtholbenzein, 3-Nitrophenol oder 4-Nitrophenol, Phenolphthalein sowie von Thymolphthalein noch nicht hinreichend bekannt ist, sind diese Stoffe vorerst als möglicherweise gesundheitsschädlich zu betrachten. Das Tragen einer Schutzbrille wird empfohlen.

Chemikalien

- 1 g o-Kresolphthalein $C_{22}H_{18}O_4$,
- 1 g α-Naphtholbenzein $C_{27}H_{20}O_2$,
- 4 g 3-Nitrophenol $C_6H_5NO_4$ oder 4-Nitrophenol $C_6H_5NO_4$,
- 1 g Phenolphthalein $C_{20}H_{14}O_4$,
- 1 g Thymolphthalein $C_{28}H_{30}O_4$,
- 250 mL 98 %iges Ethanol,
- 0.1 g Natriumhydroxid NaOH,
- dest. Wasser.

Geräte

- 5 50-mL-Bechergläser oder 50-mL-Rollrandgläser,
- 1 250 mL Becherglas,
- Glasstäbe,
- mehrere Pinsel,
- große weiße Filterpapierbögen,
- 1 Zerstäuber.

Versuch

Vor der Vorführung bereitet man im 250-mL-Becherglas eine stark verdünnte Natronlauge durch Lösen von 0.1 g Natriumhydroxid in 250 mL dest. Wasser (Rühren mit einem Glasstab). In den 50-mL-Becher- oder Rollrandgläsern setzt man einige Indikator-Lösungen (siehe nachfolgende Liste) durch Eintragen der betreffenden Menge Indikator in 50 mL Ethanol an.

Indikator	Menge	Umschlagbereich	Farbwechsel
o-Kresolphthalein	1 g	pH = 8.2–9.8	farblos–rotviolett
α-Naphtholbenzein	1 g	pH = 8.8–11.0	farblos–blaugrün
3-Nitrophenol	4 g	pH = 6.6–8.6	farblos–gelb
4-Nitrophenol	4 g	pH = 5.6–7.6	farblos–gelb
Phenolphthalein	1 g	pH = 8.4–10.0	farblos–purpur
Thymolphthalein	1 g	pH = 9.3–10.5	farblos–blau

Mit einigen feinen Pinseln zeichnet man unter Verwendung obiger Lösungen auf einem Filterpapier oder schreibt einen Text. Anschließend läßt man so lange trocknen, bis die Pinselstriche nahezu unsichtbar geworden sind.

Bei der Vorführung besprüht man das Kunstwerk mit der verdünnten Natronlauge, wobei sich vor den Augen der Zuschauer ein farbiges Bild entwickelt, dessen Farbtöne nach einiger Zeit langsam erblassen, um schließlich wieder völlig zu verschwinden.

Chemie

Die verwendeten pH-Indikatoren (siehe Versuch *Trockeneis mit Indikatoren*) sind schwache organische Säuren, bei denen die protonierte Form der Säure (HA) farblos und die der konjugierten Base A^- farbig (siehe Tabelle) ist.

$$HA \rightleftharpoons H^+ + A^-$$

Nach dem Besprühen mit verdünnter Natronlauge liegen die Indikatoren wegen des alkalischen Mediums farbig vor. Die nun feuchten Bilder absorbieren Kohlenstoffdioxid aus der Luft (Volumenanteil ca. 0.03 %). Dies führt zu einer langsamen Neutralisation der Natronlauge und somit zu einer Senkung des pH-Wertes. Die Indikatoren liegen dann wieder in der farblosen Form der Säure HA vor [1–3].

$$CO_2 + NaOH \rightarrow NaHCO_3$$

Entsorgung

Mit Wasser verdünnt kann der Rest der Lösung über das Abwasser entsorgt werden.

Literatur

[1] Holleman-Wiberg, *Lehrbuch der Anorganischen Chemie*, Walter de Gruyter, Berlin, New York, 1995.
[2] Römpp *Chemie Lexikon*, Georg Thieme Verlag, Stuttgart, New York, 1995.
[3] D. A. Skoog, D. M. West, *Fundamentals of Analytical Chemistry*, CBS College Publishing, New York, 1982.

18.4 Farbige Zauberschrift

Sicherheitshinweis

Eisen(III)-chlorid, Kaliumthiocyanat und Salicylsäure sind gesundheitsschädlich und reizend, Natriumcarbonat ist reizend, Ethanol ist leichtentzündlich.

Chemikalien

- 10 g Eisen(III)-chlorid-hexahydrat $FeCl_3 \cdot 6\,H_2O$,
- 1 g Kaliumhexacyanoferrat(II) $K_4[Fe(CN)_6]$,
- 2 g Kaliumthiocyanat KSCN,
- 0.2 g Tannin,
- 2 g Salicylsäure $C_6H_4(OH)COOH$,
- 4 g Natriumcarbonat Na_2CO_3,
- 20 mL Ethanol C_2H_5OH,
- dest. Wasser.

Geräte

- 5 25-mL-Bechergläser,
- 1 400-mL-Becherglas,
- Pinsel,
- Glasstäbe,
- große weiße Filterpapierbögen,
- Zerstäuber.

Versuch

Vor der Vorführung löst man 10 g Eisen(III)-chlorid unter Rühren in 300 mL dest. Wasser und bereitet zusätzlich folgende Lösungen:

a) 1 g Kaliumhexacyanoferrat(II) in 20 mL dest. Wasser,
b) 2 g Kaliumthiocyanat in 20 mL dest. Wasser,
c) 0.2 g Tannin in 20 mL dest. Wasser,
d) 2 g Salicylsäure in 20 mL Ethanol sowie
e) 4 g Natriumcarbonat in 20 mL dest. Wasser.

Mit diesen fünf Lösungen malt man auf dem Filterpapier oder schreibt einen Text. Anschließend läßt man so lange trocknen, bis die Pinselstriche fast unsichtbar geworden sind.

Bei der Vorführung besprüht man das Gemälde mit der Eisenchlorid-Lösung, worauf sich vor den Augen der Zuschauer ein Bild mit folgenden Farben entwickelt.

Kaliumhexacyanoferrat(II)	dunkelblau
Kaliumthiocyanat	blutrot
Salicylsäure	violett
Tannin/Gallussäure	schwarz
Natriumcarbonat	hellbraun

Chemie

Beim Besprühen reagiert Eisen(III)-chlorid mit Kaliumhexacyanoferrat(II) zum Berliner Blau, einem tiefblauen Komplex $Fe_4[Fe(CN)_6]_3$ [3]. Mit Kaliumthiocyanat entsteht blutrotes Eisen(III)-thiocyanat $[Fe(SCN)_3(H_2O)_3]$.

$$4\,Fe^{3+} + 3\,[Fe(CN)_6]^{4-} \rightarrow Fe_4[Fe(CN)_6]_3$$
$$[Fe(H_2O)_6]^{3+} + 3\,SCN^- \rightarrow [Fe(SCN)_3(H_2O)_3] + 3\,H_2O$$

Salicylsäure sowie die im Tannin enthaltene Gallussäure $C_6H_2(OH)_3COOH$ bilden mit Eisen(III)-chlorid einen violetten bzw. einen schwarzen Eisenkomplex [1,2]. Wäßriges Natriumcarbonat reagiert infolge der eintretenden Hydrolyse alkalisch und bildet bei Zugabe von Eisen(III)-chlorid braunes Eisen(III)-hydroxid.

$$Fe^{3+} + 3\ OH^- \rightarrow Fe(OH)_3$$

Entsorgung

In stark verdünnter Form können die Lösungen über das Abwasser entsorgt werden.

Literatur

[1] Gmelin, *Handbuch der Anorganischen Chemie*, Verlag Chemie, Berlin, 1932, Band 59 B.
[2] C. F. Schönbein, J. Pr. Ch. 61 (1854) 199.
[3] H. J. Buser, D. Schwarzenbach, W. Petter, A. Ludi, Inorg. Chem. 16 (1977) 2704.

19
Oszillierende Reaktionen und Selbstorganisation der Materie

„Wer den Oel hat,
der läßt ihn denn so brennen."

Friedlieb Ferdinand Runge, 1855

Diesen Wahlspruch – über dessen grammatikalische Seite man durchaus diskutieren könnte und dessen Aussage sich wohl aus der biblischen Parabel von den klugen und den törichten Jungfrauen herleitet – stellte Friedlieb Ferdinand Runge (1794–1867) 1855 seinem noch heute berühmten Werk „Der Bildungstrieb der Stoffe, veranschaulicht in selbständig gewachsenen Bildern" voran. Runge, dem „der Oel" wohl in ausreichender Menge zur Verfügung stand, hatte etwas herausragend Neues entdeckt: Man nimmt zwei Lösungen A und B, die miteinander einen schwerlöslichen Niederschlag bilden. Um ein „Musterbild" Runges zu erhalten, mischt man nicht einfach, sondern tropft eine kleine Menge der Lösung A auf die Mitte eines ungeleimten, saugfähigen Papierblattes, das anschließend getrocknet wird. Dann wird ebenfalls tropfenweise die Lösung B aufgebracht. Im Reagenzglas entstünde ein unstrukturierter Niederschlag, auf Papier dagegen bilden sich bizarre farbige Formen von hohem ästhetischem Reiz. Runge sah darin – durchaus prophetisch und angeregt durch die Schriften Goethes – das Wirken des „Bildungstriebes der Stoffe". Er hatte recht, auch wir erblicken heute darin ein Beispiel für die Selbstorganisation der Materie.

1896 beobachtete Raphael Eduard Liesegang (1869–1947) bei seinen Forschungen über photographische Schichten, daß sich das beim Eindiffundieren von Silbernitratlösung in ein bichromathaltiges Gelatinegel gebildete, schwerlösliche Silberchromat nicht als kontinuierlicher Niederschlag absetzt, sondern in scharf voneinander getrennten Ringen, die später nach ihrem Entdecker „Liesegangsche Ringe" genannt wurden. Liesegang erkannte, daß sich die Strukturen durch rhythmische Diffusion und Ausfällung bilden. Er diskutierte die Ähnlichkeit, aber auch die Unterschiede seiner Ringe im Vergleich zu den „Musterbildern" Runges. Liesegang führte mehrere tausend Diffusionsversuche durch, um Manifestationen rhythmischer biologisch-physiologischer Erscheinungen zu klären. Auch setzte er sich insbesondere mit der Bildung von Achaten auseinander.

1899 untersuchte Wilhelm Ostwald (1853–1932, Nobelpreis 1909) die Auflösung von Chrom in Säuren. Das Chrom stammte aus dem damals gerade entwickelten Goldschmidtschen Thermit-Verfahren. Ostwald hatte erwartet, daß sich das Chrom gleichmäßig lösen würde. Doch überraschenderweise trat eine im Minutenbereich liegende und daher leicht zu beobachtende Periodizität auf: Unter bestimmten Bedingungen wurde die sonst gleichmäßige Wasserstoffentwicklung regelmäßig von Ruheperioden unterbrochen.

Später beschrieb Ostwald seine Entdeckung: „Diese freiwillige Periodizität fesselte meine Aufmerksamkeit, denn die allgemeine Frage, wie aus stetigen Verhältnissen überhaupt ein periodischer Vorgang entstehen kann, war mir schon bei ganz anderen Bedingungen entgegen getreten. Nämlich bei den von R. Liesegang entdeckten periodischen Niederschlägen in Gallerten, den ‚Liesegangschen Ringen'. Damals hatte ich eine leidliche Erklärung gefunden, die aber nur den Sonderfall erfaßte, und die ganz allgemeine Frage war dadurch nur dringlicher geworden. Die erste Aufgabe gegenüber der neuen Erscheinung war die Erfindung eines Verfahrens, die erforderlichen Messungen mit geringstem Zeitaufwand … auszuführen. Einen Assistenten mit der stumpfsinnigen Aufgabe zu belasten, brachte ich nicht übers Herz. Beim Nachdenken fragte ich mich, ob der Vorgang sich nicht selbst aufschreiben könne."

Ausgehend von medizinischen Instrumenten zur Beobachtung von Atembewegungen und Blutdruckschwankungen, sogenannten „Kymographen", entwickelte Ostwald seinen „Chemographen". Er ließ den rhythmisch entstehenden Wasserstoff durch eine enge Kapillare entweichen. So wandelte er die Gasentwicklungsgeschwindigkeit in Druckschwankungen um, die er auf eine Gummimembran wirken ließ, die ihrerseits ein Hebelwerk mit einem Tintenschreiber steuerte. Ein Uhrwerk bewegte einen Papierstreifen, auf dem die Schwankungen aufgezeichnet wurden. Diese Forschungen setzten 1901 Ostwalds Schwiegersohn Eberhard Breuer und 1912 August Adler fort.

Der große Durchbruch kam erst 1950 mit den ersten Erfolgen eines russischen Forschers. Boris Pavlovich Belousov (1893–1970) hatte an der Eidgenössischen Technischen Hochschule in Zürich Chemie studiert. Nach der „Großen Sozialistischen Oktoberrevolution" kehrte er nach Rußland zurück und arbeitete als Chemiker im Dienste der Sowjetarmee. 1939 berief man ihn als Leiter eines Laboratoriums an das Institut für Biophysik des Ministeriums für Gesundheitswesen der UdSSR. Insbesondere setzte er sich mit Problemen der Krebsentstehung auseinander. Bei Forschungen über den Citronensäure-Zyklus entdeckte er 1950 das erste Beispiel der dann später nach ihm und Zhabotinsky benannten Reaktion, nämlich die Reduktion der Citronensäure mit saurer Bromat-Lösung in Gegenwart von Cer.

Anatoli Markovic Zhabotinsky (geb. 1938 in Moskau) habilitierte sich 1971 an der Moskauer Lomonossov-Universität und wurde 1980 auf eine Professur am Moskauer Physikalisch-Technischen Institut berufen. Gleichzeitig leitete er das „Laboratorium für Mathematische Modelle am Moskauer Institut für biologische Untersuchungen chemischer Verbindungen". Er lieferte ab 1955 grundlegende Beiträge zum Chemismus von Oszillationen und Wellenphänomenen chemischer Systeme. Daneben beschäftigte er sich vor dem Hintergrund seiner Krebsforschungen ganz allgemein mit chemischen und biologischen Kinetiken.

1980 erhielten beide Forscher den Lenin-Preis. Belousov wurde postum ausgezeichnet. Die Vergabe postumer Belohnungen ist angesichts der ja eher etwas reduzierten Jenseits-Vorstellungen des Marxismus-Leninismus ein wenig verwirrend.

Zwar ist die Belousov-Zhabotinsky-Reaktion heute als eine Art Wunder-Experiment aus den großen Experimentalvorlesungen nicht mehr wegzudenken, doch sollte man den düsteren Hintergrund ihrer Entdeckung darüber nicht vergessen!

Nebenbei bemerkt: Angesichts der eminenten biologischen Bedeutung des Citronensäure-Zyklus wurden für Forschungen auf diesem Gebiet zahlreiche Nobelpreise vergeben, so 1953 an Sir H. Krebs, Sir R. Peters und F. Lipmann, 1959 an S. Ochoa und H. R. Kornberg sowie 1964 an F. Lynen.

19.1 Oszillierende Reaktion zwischen Blau und Farblos

Sicherheitshinweis

Kaliumiodat ist brandfördernd, Perchlorsäure wirkt brandfördernd und ätzend, Malonsäure ist reizend, Wasserstoffperoxid-Lösung verhält sich ätzend und Mangansulfat gesundheitsschädlich. Das Tragen einer Schutzbrille ist erforderlich.

Chemikalien

- 240 mL 30%ige Wasserstoffperoxid-Lösung H_2O_2,
- 25.8 g Kaliumiodat KIO_3,
- 13.8 mL 70 %ige Perchlorsäure $HClO_4$,
- 9 g Malonsäure HOOC–CH_2–COOH,
- 1.8 g Mangansulfat-monohydrat $MnSO_4 \cdot H_2O$,
- 0.2 g lösliche Stärke,
- dest. Wasser,
- Natriumthiosulfat $Na_2S_2O_3$,
- Kaliumiodat kann durch das besser in Wasser lösliche Natriumiodat (23.86 g $NaIO_3$) ersetzt werden.

Geräte

- 1 3-L-Standzylinder,
- 2 800-mL-Bechergläser,
- 250-mL-Becherglas,
- 250-mL-Meßzylinder,
- 10-mL-Meßzylinder,
- Magnetrührer mit Rührstab,
- Glasstab.

Versuch

Vor der Vorführung bereitet man folgende 3 Lösungen:

Lösung A: In einem 800-mL-Becherglas mischt man 240 mL 30 %ige Wasserstoffperoxid-Lösung mit 360 mL dest. Wasser.

Lösung B: Im 250-mL-Becherglas rührt man 0.2 g Stärke in 200 mL kochendes, dest. Wasser ein, läßt noch gegebenenfalls 5 Minuten kochen und kühlt dann ab. Die Stärkelösung gibt man dann zusammen mit 9 g Malonsäure sowie 1.8 g Mangansulfat in das zweite 800-mL-Becherglas und füllt mit dest. Wasser auf 600 mL auf.

Lösung C: Im 3-L-Standzylinder versetzt man zuerst 400 mL dest. Wasser mit 25.8 g Kaliumiodat und 13.8 mL 70 %iger Perchlorsäure und rührt unter leichtem Erwärmen, bis sich das Kaliumiodat vollständig gelöst hat. Dann füllt man mit dest. Wasser auf 600 mL auf.

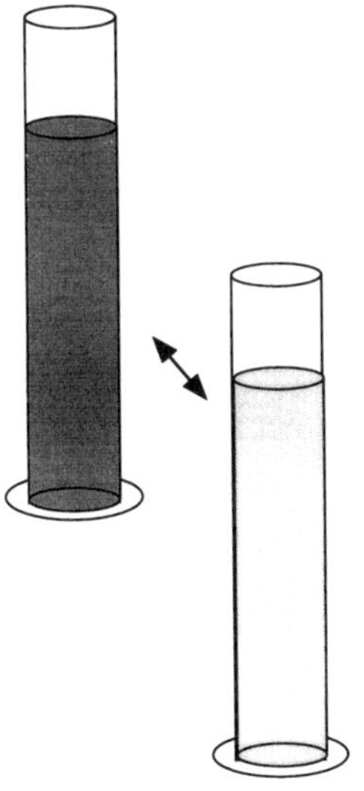

Zur Vorführung gießt man nacheinander und unter stetem Rühren die Lösungen A und B zur Lösung C, wobei das anfangs farblose Reaktionsgemisch rasch bernsteinfarben wird. Nach einigen Sekunden leitet ein Farbwechsel nach Blau die Oszillation Blau–Farblos ein.

Chemie

Die von Th. S. Briggs und W. C. Rauscher 1973 beschriebene oszillierende Reaktion [1] verwendet Bausteine der Belousov-Zhabotinsky- (siehe Versuch 19.2 *Belousov-Zhabotinsky-Reaktion*) sowie der Bray-Liebhafsky-Reaktion. Eine bestimmende Rolle kommt hierbei der iodkatalysierten Disproportionierung von Wasserstoffperoxid zu Sauerstoff und Wasser zu [2].

$$2\ H_2O_2 \rightarrow O_2 + 2\ H_2O$$

Entsorgung

Die Reaktionslösungen werden so lange mit Natriumthiosulfat (in kleinen Portionen) versetzt, bis die Blaufärbung verschwunden ist (Reduktion des Iods zu Iodid-Ionen). Dann erfolgt die Entsorgung über das Abwasser.

Literatur

[1] Th. S. Briggs, W. C. Rauscher, J. Chem. Educ. 50 (1973) 496.
[2] B. Z. Shakhashiri, *Chemical Demonstrations. A Handbook for Teachers of Chemistry*, The University of Wisconsin Press, Madison, 1985.

19.2 Belousov-Zhabotinsky-Reaktion

Sicherheitshinweis

Kaliumbromat ist brandfördernd, krebserregend und giftig, 1,10-Phenanthrolin ist giftig, Schwefelsäure wirkt ätzend sowie reizend, Natriumhydroxid ist ätzend, Malonsäure und Eisen(II)-sulfat sind gesundheitsschädlich. Das Tragen einer Schutzbrille ist erforderlich.

Chemikalien

- 30 g Kaliumbromat $KBrO_3$,
- 120 mL konz. Schwefelsäure H_2SO_4,
- 5.5 g Kaliumbromid KBr,
- 25.3 g Malonsäure HOOC–CH_2–COOH,
- 8.4 g Ammoniumcer(IV)-nitrat $Ce(NH_4)_2(NO_3)_6$,
- 96 mg Eisen(II)-sulfat-heptahydrat $FeSO_4 \cdot 7\,H_2O$,
- 185 mg 1,10-Phenanthrolin,
- dest. Wasser,
- Natriumhydroxid NaOH.

Geräte

- 1 50-mL-Becherglas,
- 3 1-L-Bechergläser,
- 1 3-L-Standzylinder,
- Magnetrührer,
- Rührstab,
- Glasstäbe.

Versuch

Vor der Vorführung bereitet man folgende Lösungen:

Kaliumbromat-Lösung A:	Im ersten 1-L-Becherglas gibt man zu 795 mL dest. Wasser vorsichtig 5 mL konz. Schwefelsäure und gibt unter Rühren noch 30 g Kaliumbromat hinzu.
Kaliumbromid-Lösung B:	Im zweiten 1-L-Becherglas löst man 5.5 g Kaliumbromid und 25.3 g Malonsäure in 800 mL dest. Wasser.
Ammoniumcer(IV)-nitrat-Lösung C:	Im dritten 1-L-Becherglas versetzt man 300 mL dest. Wasser vorsichtig mit 115 mL konz. Schwefelsäure, füllt mit dest. Wasser auf 800 mL auf und fügt unter Rühren mit einem Glasstab 8.4 g Ammoniumcer(IV)-nitrat hinzu.
Ferroin-Lösung D:	In einem 50-mL-Becherglas löst man zuerst 96 mg Eisen(II)-sulfat-heptahydrat in 40 mL dest. Wasser und rührt dann 185 mg 1,10-Phenanthrolin ein.

Vorführung

Im Abzug vereinigt man ca. 20 Minuten vor der eigentlichen Vorführung des Experiments im 3-L-Standzylinder die Lösungen A (Kaliumbromat) und B (Kaliumbromid/Malonsäure) und rührt kräftig bis zur Bildung eines Wirbels in der anfangs gelbroten Mischung. Sobald diese farblos geworden ist, kann man das eigentliche Experiment vorführen.

Zur gut gerührten Mischung gibt man zuerst die Ammoniumcer(IV)-nitrat-Lösung C und anschließend 30 mL der Ferroin-Lösung D. Die Farbe der anfangs grünen Lösung wechselt über Blau und Violett langsam nach Rot und zurück. Dieser Zyklus ist dann für mehrere Minuten zu beobachten.

Chemie

Oszillierende Reaktionen [1–4] zählen zweifellos zu den beeindruckendsten, aber auch geheimnisvollsten Demonstrationsversuchen in der experimentellen anorganischen Chemie. Gesteuert werden diese rhythmischen Reaktionen von Rückkopplungsmechanismen, bei welchen zwischenzeitig gebildete Moleküle oder Ionen vorgelagerte Start- oder Zwischenreaktionen entscheidend beeinflussen.

Zu den bekanntesten oszillierenden Reaktionen gehören die Belousov-Zhabotinsky-Reaktion [5,6] mit ihren Variationen und die Briggs-Rauscher-Reaktion [7] (Siehe Versuch 19.1 *Oszillierende Reaktion zwischen Blau und Farblos*). Die 1958 von Belousov [5] bei der Umsetzung von Kaliumbromat mit Cer(IV)-sulfat und Citronensäure zufällig entdeckte oszillierende Reaktion ist in den folgenden Jahren von Zhabotinsky [6] ausführlich untersucht und ausgebaut worden. Inzwischen hat sich gezeigt, daß das Redoxsystem Ce^{3+}/Ce^{4+} durch Elektronenübertäger wie Mn^{2+}/Mn^{3+}, Ferroin/Ferriin, $Ru(bipy)_3^{2+}/Ru(bipy)_3^{3+}$, $Ru(phen)_3^{2+}/Ru(phen)_3^{3+}$ ersetzt werden kann. Anstatt der ursprünglich verwendeten Zitronensäure eignen sich auch andere Carbonsäuren wie Malonsäure, Brommalonsäure, Äpfelsäure, Gallussäure, Acetondicarbonsäure sowie Aceton, 2,4-Pentadion oder 2,5-Hexadion.

Bei der Reaktion anwesende Chlorid-Ionen können die Oszillation unterbinden [8]!

Die Belousov-Zhabotinsky-Reaktion [9,10] kann prinzipiell auf zwei unterschiedlichen, sich gegenseitig ausschließenden Wegen verlaufen. In der reduzierenden Phase werden Ce^{4+}-Ionen in Gegenwart von Bromid-Ionen zu Ce^{3+}-Ionen reduziert und zusätzlich die Malonsäure bromiert:

$$BrO_3^- + 2\,CH_2(COOH)_2 + 4\,Ce^{4+} \rightarrow$$
$$BrCH(COOH)_2 + 4\,Ce^{3+} + 3\,CO_2 + 3\,H^+ + H_2O$$

In der zweiten Phase erfolgt bei Abwesenheit von Bromid-Ionen die Oxidation der Ce^{3+}- wieder zu Ce^{4+}-Ionen mit Hilfe noch vorhandener Bromat-Ionen.

$$BrO_3^- + CH_2(COOH)_2 + 4\,Ce^{3+} + 5\,H^+ \rightarrow$$
$$BrCH(COOH)_2 + 4\,Ce^{4+} + 3\,H_2O$$

Der Gesamtprozeß der Oszillation ergibt sich schließlich durch Zusammenfassung der beiden Teilschritte [2].

$$2\,BrO_3^- + 3\,CH_2(COOH)_2 + 2\,H^+ \rightarrow 2\,BrCH(COOH)_2 + 3\,CO_2 + 4\,H_2O$$

Beteiligt sind bei der oszillierenden Reaktion sowohl Zweielektronen-Übergänge bei diamagnetischen Verbindungen als auch Einelektronen-Prozesse an Radikalen. So bildet sich zu Beginn der Umsetzungen in einem über mehrere Teilschritte ablaufenden Prozeß elementares Brom (gelbrote Lösung),

$$BrO_3 + 5\,Br^- + 6\,H^+ \rightarrow 3\,Br_2 + 3\,H_2O$$

welches dann unter Entfärben der Lösung die Enol-Form der Malonsäure bromiert.

$$(HO)_2C{=}CH{-}COOH + Br_2 \rightarrow (HO)_2C{=}C(Br){-}COOH + H^+ + Br^-$$

Die jedoch nur in geringer Konzentration vorliegende Enol-Form wird dabei erst langsam aus dem bevorzugten Disäure-Isomeren gebildet.

$$\underset{\text{Disäure}}{HOOC{-}CH_2{-}COOH} \leftrightarrow \underset{\text{Enol}}{(HO)_2C{=}CH{-}COOH}$$

Entsorgung

Man setzt der Lösung so lange Natriumhydroxid zu, bis sie alkalisch reagiert. Durch Sedimentieren und Dekantieren trennt man die Feststoffe ab, welche als anorganischer Sondermüll entsorgt werden. Die Flüssigkeit wird mit Wasser stark verdünnt und dann über das Abwasser entsorgt.

Literatur

[1] W. C. Bray, J. Am. Chem. Soc. 43 (1921) 1262.
[2] U. F. Franck, Angew. Chem. 90 (1978) 1.
[3] K. R. Sharma, R. M. Noyes, J. Am. Chem. Soc. 98 (1976) 4345.
[4] J. J. Tyson, in: *Oscillations and Traveling Waves in Chemical Systems*, eds. R. J. Field and M. Burger, Interscience Publishers, John Wiley and Sons, New York, 1985.
[5] B. P. Belousov, Ref. Radiats. Med. (1958) 145.
[6] N. A. Zaikin, A. M. Zhabotinsky, Nature 225 (1970) 535.
[7] T. S. Briggs, W. C. Rauscher, J. Chem. Educ. 50 (1973) 496.
[8] S. S. Jacobs, I. R. Epstein, J. Am. Chem. Soc. 98 (1976) 1721.
[9] R. J. Field, R. M. Noyes, Faraday Symp. Chem. Soc. 9 (1974) 21.
[10] R. J. Field, E. Körös, R. M. Noyes, J. Am. Chem. Soc. 94 (1972) 8649.

19.3 Modifizierte Belousov-Zhabotinsky-Reaktion mit Methylmalonsäure

Sicherheitshinweis

Kaliumbromat ist brandfördernd, krebserregend und giftig, 1,10-Phenanthrolin ist giftig, Schwefelsäure wirkt ätzend und reizend, Eisen(II)-sulfat ist gesundheitsschädlich, Ammoniumcer(IV)-nitrat brandfördernd und reizend, Natriumhydroxid wirkt ätzend. Das Tragen einer Schutzbrille ist erforderlich.

Chemikalien

- 10 g Kaliumbromat $KBrO_3$,
- 33 mL konz. Schwefelsäure H_2SO_4,
- 2.4 g Kaliumbromid KBr,
- 12 g Methylmalonsäure HOOC–CH(CH_3)–COOH,
- 3.4 g Ammoniumcer(IV)-nitrat $Ce(NH_4)_2(NO_3)_6$,
- 96 mg Eisen(II)-sulfat-heptahydrat $FeSO_4 \cdot 7\,H_2O$,
- 185 mg 1,10-Phenanthrolin,
- dest. Wasser,
- Natriumhydroxid NaOH.

Geräte

- 1 50-mL-Becherglas,
- 3 800-mL-Bechergläser,
- 1 1-L-Becherglas,
- 1 2-L-Becherglas,
- Magnetrührer,
- Rührstab.

Versuch

Vor der Vorführung bereitet man folgende 5 Lösungen:

Schwefelsäure A:	In einem 1-L-Becherglas gibt man zu 500 mL dest. Wasser vorsichtig 33 mL konz. Schwefelsäure und füllt dann mit dest. Wasser auf 1 L auf.
Kaliumbromat-Lösung B:	Im ersten 800-mL-Becherglas trägt man 10 g Kaliumbromat in 500 mL Schwefelsäure (Lösung A) ein.
Kaliumbromid-Lösung C:	Im zweiten 800-mL-Becherglas löst man 2.4 g Kaliumbromid und 12 g Methylmalonsäure in 500 mL dest. Wasser.
Ammoniumcer(IV)-nitrat-Lösung D:	Zum dritten 800-mL-Becherglas gibt man 500 mL Schwefelsäure (Lösung A) und löst darin 3.4 g Ammoniumcer(IV)-nitrat.
Ferroin-Lösung E:	In einem 50-mL-Becherglas löst man zuerst 96 mg Eisen(II)-sulfat-heptahydrat in 40 mL dest. Wasser und rührt dann 185 mg 1,10-Phenanthrolin ein.

Vorführung

Zirka 20 Minuten vor der eigentlichen Vorführung des Experiments vereinigt man im Abzug in einem 2-L-Becherglas die Lösungen B (Kaliumbromat) und C (Kaliumbromid/Methylmalonsäure) und rührt kräftig bis zur Bildung eines Wirbels in der zuerst gelbroten Mischung. Sobald diese farblos geworden ist, kann die Vorführung beginnen.

Zur gut gerührten Mischung gibt man dann zuerst die Ammoniumcer(IV)-nitrat-Lösung D und anschließend 30 mL der Ferroin-Lösung E. Die Farbe der anfangs grünen Lösung wechselt über Blau und Violett langsam nach Rot und zurück. Dieser Zyklus ist dann für mehrere Minuten zu beobachten [1].

Chemie

Die Reaktion verläuft analog der Umsetzung mit Malonsäure (siehe Versuch 19.2 *Belousov-Zhabotinsky-Reaktion)*, wobei auch hier anwesende Chlorid-Ionen die Oszillation unterbinden können [2]!

Entsorgung

Man setzt der Lösung so lange Natriumhydroxid zu, bis sie alkalisch reagiert. Durch Sedimentieren und Dekantieren trennt man die Feststoffe ab, welche als anorganischer Sondermüll entsorgt werden. Die Flüssigkeit wird mit Wasser stark verdünnt und dann über das Abwasser entsorgt.

Literatur

[1] B. Z. Shakhashiri, *Chemical Demonstrations. A Handbook for Teachers of Chemistry*, The University of Wisconsin Press, Madison, 2 (1985) 262.

[2] S. S. Jacobs, I. R. Epstein, J. Am. Chem. Soc. 98 (1976) 1721.

19.4 Modifizierte Belousov-Zhabotinsky-Reaktion mit Ethylacetoacetat

Sicherheitshinweis

Kaliumbromat ist brandfördernd, krebserregend und giftig, 1,10-Phenanthrolin giftig, Schwefelsäure wirkt ätzend und reizend, Eisen(II)-sulfat ist gesundheitsschädlich, Ammoniumcer(IV)-nitrat brandfördernd und reizend, Natriumhydroxid wirkt ätzend. Das Tragen einer Schutzbrille ist erforderlich.

Chemikalien

- 19 g Kaliumbromat $KBrO_3$,
- 83 mL konz. Schwefelsäure H_2SO_4,
- Natriumhydroxid NaOH,
- 11 mL Ethylacetoacetat $CH_3–CO–CH_2–CO–OC_2H_5$,
- 4.5 g Ammoniumcer(IV)-nitrat $Ce(NH_4)_2(NO_3)_6$,
- 96 mg Eisen(II)-sulfat-heptahydrat $FeSO_4 \cdot 7\,H_2O$,
- 185 mg 1,10-Phenanthrolin,
- dest. Wasser.

Geräte

- 1 50-mL-Becherglas,
- 3 600-mL-Bechergläser,
- 1 1-L-Becherglas,
- 1 2-L-Becherglas,
- Magnetrührer,
- Rührstab,
- 1 10-mL-Fortunapipette,
- 1 100-mL-Meßzylinder,
- Glasstäbe.

Versuch

Vor der Vorführung bereitet man folgende 5 Lösungen:

Schwefelsäure A: In einem 1-L-Becherglas gibt man zu 500 mL dest. Wasser vorsichtig 83 mL konz. Schwefelsäure und füllt dann mit dest. Wasser auf 1 L auf.

Kaliumbromat-Lösung B:	In einem 600-mL-Becherglas trägt man 19 g Kaliumbromat in 500 mL Schwefelsäure (Lösung A) ein.
Ethylacetoacetat-Lösung C:	Im zweiten 600-mL-Becherglas löst man 11 mL Ethylacetoacetat in 400 mL dest. Wasser und füllt dann mit dest. Wasser auf 500 mL auf.
Ammoniumcer(IV)-nitrat-Lösung D:	In das dritte 600-mL-Becherglas gibt man 500 mL der Schwefelsäure (Lösung A) und löst darin 4.5 g Ammoniumcer(IV)-nitrat.
Ferroin-Lösung E:	In einem 50-mL-Becherglas löst man zuerst 96 mg Eisen(II)-sulfat-heptahydrat in 40 mL dest. Wasser und rührt dann 185 mg 1,10-Phenanthrolin ein.

Vorführung

Man vereinigt im 2-L-Becherglas die Lösungen B (Kaliumbromat) und C (Ethylacetoacetat) und rührt kräftig bis zur Bildung eines Wirbels. Dann gibt man nacheinander 30 mL der Ferroin-Lösung (E) (Blaufärbung) und die Ammoniumcer(IV)-nitrat-Lösung (D) hinzu. Die Mischung wird zuerst grün und dann wieder blau. Nach einigen Wechseln zwischen Blau und Grün beginnt die mehrere Minuten zu beobachtende Oszillation in den Farbtönen Grün, Blau, Violett, Rot und Schwarz.

Chemie

Ethylacetoacetat $CH_3–CO–CH_2–CO–OC_2H_5$ enthält wie Zitronensäure oder Malonsäure eine leicht bromierbare Methyleneinheit zwischen zwei Carbonylgruppen [1]. Erklärung siehe Versuch 19.2 *Belousov-Zhabotinsky-Reaktion*.

Auch hier können anwesende Chlorid-Ionen die Oszillation unterbinden [2]!

Entsorgung

Man setzt der Lösung so lange Natriumhydroxid zu, bis sie alkalisch reagiert. Durch anschließendes Sedimentieren und Dekantieren trennt man die Feststoffe ab, welche als anorganischer Sondermüll entsorgt werden. Die Flüssigkeit wird mit Wasser stark verdünnt und dann über das Abwasser entsorgt.

Literatur

[1] E. J. Heilweil, M. J. Henchman, I. R. Epstein, J. Am. Chem. Soc. 101 (1979) 3698.
[2] S. S. Jacobs, I. R. Epstein, J. Am. Chem. Soc. 98 (1976) 1721.

19.5 Oszillierende Reaktion mit Mangansulfat

Sicherheitshinweis

Kaliumbromat ist brandfördernd, krebserregend und giftig, Schwefelsäure wirkt ätzend und reizend, Malonsäure ist reizend, Mangansulfat gesundheitsschädlich, Natriumhydroxid wirkt ätzend. Das Tragen einer Schutzbrille ist erforderlich.

Chemikalien

- 150 mL konz. Schwefelsäure H_2SO_4,
- 16 g Kaliumbromat $KBrO_3$,
- 18 g Malonsäure HOOC–CH_2–COOH,
- 3.6 g Mangansulfat-monohydrat $MnSO_4 \cdot H_2O$,
- dest. Wasser,
- Natriumhydroxid NaOH.

Geräte

- 1 3-L-Becherglas,
- Magnetrührer mit Rührstab,
- Glasstab,
- 3 kleine Rollrandgläser.

Versuch

In einem 3-L-Becherglas rührt man in 1.5 L dest. Wasser vorsichtig 150 mL konz. Schwefelsäure ein und läßt auf Raumtemperatur abkühlen. In je ein Rollrandglas wiegt man 16 g Kaliumbromat, 18 g Malonsäure bzw. 3.6 g Mangansulfat-monohydrat ein.

Zur Vorführung stellt man das 3-L-Becherglas auf einen Magnetrührer. Unter Rühren setzt man nacheinander 18 g Malonsäure, 16 g Kaliumbromat $KBrO_3$ und zuletzt 3.6 g Mangansulfat-monohydrat hinzu, wobei nach jeder Zugabe das vollständige Auflösen der betreffenden Substanz abzuwarten ist. Nach dem Zusatz des Mangansulfats ist die Lösung orange, um anschließend wieder langsam farblos zu werden. Die Farbe der Lösung wechselt dann für einige Minuten zwischen Orange und Farblos hin und her. Ansprechzeit nach rund 5 Minuten.

Chemie

Bei dieser modifizierten Belousov-Zhabotinsky Reaktion [1] kann Mangansulfat die Rolle von Cersulfat (Siehe Versuch 19.2 *Belousov-Zhabotinsky-Reaktion*) übernehmen, da beide Redoxsyteme vergleichbare Potentiale besitzen [2].

$$Mn^{2+} \rightleftharpoons Mn^{3+} + e^- \qquad E° = 1.50\ V$$
$$Ce^{3+} \rightleftharpoons Ce^{4+} + e^- \qquad E° = 1.44\ V$$

Als wichtige Teilschritte bei dieser Oszillationsreaktion werden die Reduktion der Bromat- durch Mangan(II)-Ionen, die Bromierung der Malonsäure (Enolform) sowie die Oxidation der Brommalonsäure durch die dreiwertige Mangan(III)-Spezies diskutiert [3].

$$BrO_3^- + 4\ Mn^{2+} + 5\ H^+ \rightarrow HOBr + 4\ Mn^{3+} + 2\ H_2O$$
$$CH_2(COOH)_2 + HOBr \rightarrow BrCH(COOH)_2 + H_2O$$
$$BrCH(COOH)_2 + 4\ Mn^{3+} + 2\ H_2O \rightarrow 4\ Mn^{2+} + 2\ CO_2 + HCOOH + 5\ H^+ + Br^-$$

Bei der Reaktion anwesende Chlorid-Ionen können die Oszillation unterbinden [4]!

Entsorgung

Man setzt der Lösung so lange Natriumhydroxid zu, bis sie alkalisch reagiert. Durch Sedimentieren und Dekantieren trennt man die Feststoffe ab, welche als anorganischer Sondermüll entsorgt werden. Die Flüssigkeit wird mit Wasser stark verdünnt und dann über das Abwasser entsorgt.

Literatur

[1] U. F. Franck, Angew. Chem. 90 (1978) 1.
[2] F. Seel, *Grundlagen der analytischen Chemie*, Verlag Chemie, Weinheim, 1965.
[3] B. Z. Shakhashiri, *Chemical Demonstrations. A Handbook for Teachers of Chemistry*, The University of Wisconsin Press, Madison, 2 (1985) 273.
[4] S. S. Jacobs, I. R. Epstein, J. Am. Chem. Soc. 98 (1976) 1721.

19.6 Farbwellen

Sicherheitshinweis

Kaliumbromat ist brandfördernd, krebserregend und giftig, 1,10-Phenanthrolin giftig, Schwefelsäure wirkt ätzend und reizend, Malonsäure ist reizend und Eisen(II)-sulfat gesundheitsschädlich, Natriumhydroxid wirkt ätzend. Das Tragen einer Schutzbrille ist erforderlich.

Chemikalien

- 4.2 g Kaliumbromat $KBrO_3$,
- 16.5 mL konz. Schwefelsäure H_2SO_4,
- 2.95 g Kaliumbromid KBr,
- 2.6 g Malonsäure $HOOC–CH_2–COOH$,
- 0.35 g Eisen(II)-sulfat-heptahydrat $FeSO_4 \cdot 7\,H_2O$,
- 0.68 g 1,10-Phenanthrolin,
- dest. Wasser,
- Natriumhydroxid NaOH.

Geräte

- 1 50-mL-Becherglas,
- 5 100-mL-Bechergläser,
- 1 Petrischale ∅ ca. 10 cm,
- 1 5-mL-Fortunapipette,
- 2 5-mL-Fortunapipetten,
- 1 10-mL-Meßzylinder,
- Glasstäbe.

Versuch

Vor der Vorführung bereitet man folgende 5 Lösungen:

Kaliumbromat-Lösung A: In einem 100-mL-Becherglas löst man 4.2 g Kaliumbromat in 40 mL dest. Wasser und füllt anschließend mit dest. Wasser auf 50 mL auf.

Schwefelsäure B: In einem 100-mL-Becherglas gibt man zu 30 mL dest. Wasser vorsichtig 16.5 mL konz. Schwefelsäure und füllt dann mit dest. Wasser auf 50 mL auf.

Kaliumbromid-Lösung C:	In einem 100-mL-Becherglas rührt man 2.95 g Kaliumbromid in 40 mL dest. Wasser ein und füllt anschließend mit dest. Wasser auf 50 mL auf.
Malonsäure-Lösung D:	In einem 100-mL-Becherglas löst man 2.6 g Malonsäure in 40 mL dest. Wasser und füllt mit dest. Wasser auf 50 mL auf.
Ferroin-Lösung E:	In einem 100-mL-Becherglas löst man zuerst 0.35 g Eisen(II)-sulfat-heptahydrat in 40 mL dest. Wasser, rührt dann 0.68 g 1,10-Phenanthrolin ein und füllt die Lösung wiederum auf 50 mL auf.

Vorführung

5–10 Minuten vor der eigentlichen Vorführung des Experiments vereinigt man in einem 50-mL-Becherglas der Reihe nach 12 mL der Lösung A (Kaliumbromat), 1.2 mL Schwefelsäure B, 2 mL der Lösung C (Kaliumbromid) sowie 5 mL der Lösung D (Malonsäure). Man rührt, bis der entstandene gelbliche Farbton verschwunden ist, und gibt dann 2 mL der Ferroin-Lösung E zu, worauf die Lösung zuerst blau und dann rotorange wird.

Zur Vorführung auf dem Overhead-Projektor (die freie Projektorfläche mit einem schwarzen Papier abdecken!) gießt man den Inhalt des 50-mL-Becherglases in die Petrischale und verteilt ihn gleichmäßig. Innerhalb weniger Minuten bilden sich einige blaue Punkte in der Lösung, die sich langsam ausbreiten. Von diesen Flecken ausgehend entstehen konzentrische Ringe mit abwechselnden Farben blau bzw. rotorange. Nach einem Vermischen der Lösung kann das Farbspiel erneut beginnen.

Chemie

Das Auftreten der Farbwellen ist ebenfalls auf eine von A. B. Rovinsky und A. M. Zhabotinsky beschriebene Modifikation der Belousov-Zhabotinsky-Reaktion zurückzuführen [1–5]. Der wechselseitige Farbumschlag zwischen Rot und Blau beruht dabei auf Redoxvorgängen, an welchen das Eisen im Ferroin-Indikator beteiligt ist. Gesteuert werden die periodischen Vorgänge durch die begleitende Bromierung der Malonsäure sowie ihrer Oxidation. Bei der Reaktion anwesende Chlorid-Ionen können die Oszillation unterbinden [6]!

Entsorgung

Man setzt der Lösung so lange Natriumhydroxid zu, bis sie alkalisch reagiert. Durch anschließendes Sedimentieren und Dekantieren trennt man die Feststoffe ab, welche als anorganischer Sondermüll entsorgt werden. Die Flüssigkeit wird mit Wasser stark verdünnt und dann über das Abwasser entsorgt.

Literatur

[1] U. F. Franck, Angew. Chem. 90 (1978) 1.
[2] K. R. Sharma, R. M. Noyes, J. Am. Chem. Soc. 98 (1976) 4345.
[3] J. J. Tyson, in: *Oscillations and Traveling Waves in Chemical Systems*, eds. R. J. Field and M. Burger, Interscience Publishers, John Wiley and Sons, New York, 1985.

[4] R. J. Field, R. M. Noyes, Faraday Symp. Chem. Soc. 9 (1974) 21.
[5] A. B. Rovinsky, A. M. Zhabotinsky, J. Phys. Chem. 88 (1984) 6081.
[6] S. S. Jacobs, I. R. Epstein, J. Am. Chem. Soc. 98 (1976) 1721.

19.7 Landoltsche Zeitreaktion

Sicherheitshinweis

Kaliumiodat ist brandfördernd, Natriumhydrogensulfit gesundheitsschädlich und reizend, Eisessig ist entzündlich und ätzend. Das Tragen einer Schutzbrille ist erforderlich.

Chemikalien

- 20.8 g Natriumhydrogensulfit $NaHSO_3$,
- 10 g lösliche Stärke,
- 21.4 g Kaliumiodat KIO_3. Kaliumiodat kann durch das in Wasser besser lösliche Natriumiodat (19.79 g $NaIO_3$) ersetzt werden,
- Eisessig CH_3COOH,
- Natriumthiosulfat $Na_2S_2O_3$.

Geräte

- 1 100-mL-Becherglas,
- 3 1.5-L-Bechergläser,
- Glasstäbe,
- 250-mL-Meßzylinder,
- 400-mL- und 800-mL-Bechergläser nach Bedarf.

Versuch

Vor der Vorführung bereitet man folgende Stammlösungen:

Stärke-Lösung:	In einem 100-mL-Becherglas verrührt man 10 g lösliche Stärke in 60 mL dest. Wasser, gibt diese Mischung in ein 1.5-L-Becherglas zu 500 mL kochendem dest. Wasser und läßt alles noch 5 Minuten kochen. Anschließend fügt man zu dieser Mischung unter Rühren 440 mL Eiswasser (dest. Wasser) hinzu.
Natriumhydrogensulfit-Lösung:	In einem 1.5-L-Becherglas löst man unter Rühren 20.8 g Natriumhydrogensulfit in 500 mL dest. Wasser und füllt sodann mit dest. Wasser auf 1 L auf.
Kaliumiodat-Lösung:	In einem 1.5-L-Becherglas werden 21.4 g Kaliumiodat in 1 L dest. Wasser aufgenommen.

Ausführung

Durch Verdünnnen der einzelnen Stammlösungen (Stärke-, Natriumhydrogensulfit- sowie Kaliumiodat-Lösung) mit wechselnden Mengen an dest. Wasser bereitet man mehrere Reaktionslösungen unterschiedlichster Konzentrationen. Bei der Vereinigung der Lösungen erfolgt der Farbumschlag nach Blau dann zeitlich in Abhängigkeit von den jeweils gewählten Konzentrationen der Natriumhydrogensulfit- bzw. Kaliumiodat-Lösung.

Beispiel: Man gibt in 4 400-mL-Bechergläser jeweils 150 mL der Kaliumiodat-Lösung, 75 mL der Stärke-Lösung und 150 mL dest. Wasser. Davor stellt man 4 800-mL-Bechergläser mit a) 20 mL Natriumhydrogensulfit-Lösung und 150 mL dest. Wasser, b) 40 mL Natriumhydrogensulfit-Lösung und 130 mL dest. Wasser, c) 60 mL Natriumhydrogensulfit-Lösung und 110 mL dest. Wasser sowie d) 80 mL Natriumhydrogensulfit-Lösung und 90 mL dest. Wasser.

Zur Vorführung gießt man den Inhalt jedes 400-mL-Becherglases in das direkt davor stehende 800-mL-Becherglas. Anhand der bis zum Farbumschlag nach Blau verstreichenden Sekunden zeigt sich sehr deutlich die Abhängigkeit der Reaktionsgeschwindigkeit von der Natriumhydrogensulfit-Konzentration.

Eine weitere Variation für die Landoltsche Zeitreaktion ergibt sich aus verschiedenen Reaktionstemperaturen. Hierzu bereitet man zwei Sätze an Reaktionslösungen mit jeweils gleicher Konzentration vor. Während man einen Ansatz bei Raumtemperatur beläßt, erwärmt man den zweiten in einem kochenden Wasserbad. Beim Zusammengießen der beiden Versuchsansätze verläuft die Umsetzung bei höheren Temperaturen deutlich rascher.

Chemie

Bei der von H. Landolt (1831–1910) im Jahre 1886 entdeckten Reaktion [1–3] setzt man Hydrogensulfit- mit Iodat-Ionen in Gegenwart von Stärke um. Nach einer längeren Induktionsperiode färbt sich die Stärke plötzlich blau, da freies Iod erst nach vollständiger Oxidation der Hydrogensulfit-Ionen gebildet wird. Die Gesamtgeschwindigkeit dieser gekoppelten Reaktion bestimmt die langsamste Teilreaktion (a), wobei die Reaktionsgeschwindigkeit von den Konzentrationen der Hydrogensulfit-Ionen, der Iodat-Ionen sowie nach Svante A. Arrhenius (1857–1927) gemäß $k = A\,e^{-EA/RT}$ von der Temperatur abhängt. Mit steigender Temperatur verkürzt sich die Zeit bis zum Auftreten einer Blaufärbung. Einen ähnlichen Effekt erreicht man durch Senken des pH-Wertes, z. B. durch zusätzliche Zugabe von Essigsäure.

Die Amylose der Stärke bildet mit dem gebildeten Iod einen blauen Komplex mit linear angeordneten Pentaiodid-Einheiten I_5^- innerhalb der Amylose-Helix [4].

Folgende Teilreaktionen spielen im Verlauf der Landoltschen Zeitreaktion eine wichtige Rolle:

$$IO_3^- + 3\,HSO_3^- \rightarrow I^- + 3\,HSO_4^- \quad (a)$$
$$IO_3^- + 5\,I^- + 6\,H^+ \rightarrow 3\,I_2 + 3\,H_2O \quad (b)$$
$$HSO_3^- + I_2 + H_2O \rightarrow 2\,I^- + HSO_4^- + 2\,H^+ \quad (c)$$

Entsorgung

Die Reaktionslösungen werden so lange mit Natriumthiosulfat (in kleinen Portionen) versetzt, bis die Blaufärbung (Reduktion des Iods zu Iodid-Ionen) verschwunden ist.

$$2\,Na_2S_2O_3 + I_2 \rightarrow Na_2S_4O_6 + 2\,NaI$$

Dann erfolgt die Entsorgung über das Abwasser.

Literatur

[1] H. Landolt, Chem. Ber. 19 (1886) 1317.
[2] H. Landolt, Chem. Ber. 20 (1887) 745.
[3] H. v. Euler, H. Hasselquist, Z. Naturforsch. B 12 (1957) 600.
[4] R. C. Teitelbaum, S. L. Ruby, T. J. Marks, J. Am. Chem. Soc. 100 (1978) 3215.

19.8 Farbige Landoltsche Zeitreaktion

Sicherheitshinweis

Kaliumiodat ist brandfördernd, Natriumhydrogensulfit gesundheitsschädlich und reizend. Das Tragen einer Schutzbrille ist erforderlich.

Chemikalien

- 13 g Natriumhydrogensulfit $NaHSO_3$,
- 1 g lösliche Stärke,
- dest. Wasser,
- 10.7 g Kaliumiodat KIO_3, Kaliumiodat kann durch das besser in Wasser lösliche Natriumiodat (9.89 g $NaIO_3$) ersetzt werden,
- Natriumthiosulfat $Na_2S_2O_3$.

Geräte

- 100-mL-Becherglas,
- 3 600-mL-Bechergläser,
- 3 1-L-Bechergläser,
- 500-mL-Erlenmeyerkolben,
- 50-mL-Vollpipette,
- 100-mL-Meßzylinder,
- 50-mL-Bürette,
- Stativ,
- Stativklammer,
- Muffe,
- 6 Glasstäbe.

Versuch

Zuerst werden die Stärke-Lösung, die Natriumhydrogensulfit-Lösung und die Kaliumiodat-Lösung vorbereitet.

Stärke-Lösung:	In einem 100-mL-Becherglas rührt man in 40 mL kochendes, destilliertes Wasser 1 g lösliche Stärke ein und läßt alles noch 5 min. kochen. Anschließend fügt man zu dieser Mischung unter Rühren 60 mL Eiswasser (dest. Wasser) hinzu.
Natriumhydrogensulfit-Lösung:	In einem 800-mL-Becherglas löst man unter Rühren 13 g Natriumhydrogensulfit in 300 mL dest. Wasser und füllt auf 500 mL auf.
Kaliumiodat-Lösung:	Man löst in einem 800-mL-Becherglas unter Rühren 10.7 g Kaliumiodat in 400 mL dest. Wasser und füllt nachfolgend auf 500 mL auf.

In den Erlenmeyerkolben pipettiert man mit der 50-mL-Vollpipette 100 mL der Natriumhydrogensulfit-Lösung und ermittelt durch Titration mit der Kaliumiodat-Lösung die bis zum Farbumschlag nach Gelb benötigte Menge an Kaliumiodat-Lösung.

In die 1-L-Bechergläser (mit A, B und C kennzeichnen) gibt man jeweils 200 mL dest. Wasser sowie 100 mL der Natriumhydrogensulfit-Lösung und rührt kurz.

Hinter die 1-L-Bechergläser stellt man die ebenfalls mit A, B oder C gekennzeichneten 600-mL-Bechergläser. In diese werden jeweils 400 mL dest. Wasser und mittels Bürette die vorher durch Titration bestimmte Menge der Kaliumiodat-Lösung gegeben. Bei A und C fügt man noch zusätzlich 10 mL, bei B 2 mL der Kaliumiodat-Lösung hinzu. Die Lösung in C wird außerdem mit 2 mL der Stärke-Lösung versetzt. Anschließend erfolgt kurzes Rühren.

Zur Vorführung gießt man den Inhalt des 600-mL-Becherglases A in das davor stehende 1-L-Becherglas und zählt die Sekunden bis zum plötzlichen Farbumschlag nach Rot. Bei der anschließenden Vereinigung der Lösungen B sollte nach der gleichen Zeitspanne wie bei A die anfangs farblose Reaktionslösung gelb werden. Im Fall C färbt sich die Lösung nach der gleichen Reaktionsdauer plötzlich blau.

Chemie

Alle drei Reaktionen beruhen auf der klassischen Landoltschen Zeitreaktion [1–3] (siehe Landolt-Reaktion):

$$IO_3^- + 3\ HSO_3^- \rightarrow I^- + 3\ HSO_4^- \qquad (a)$$
$$IO_3^- + 5\ I^- + 6\ H^+ \rightarrow 3\ I_2 + 3\ H_2O \qquad (b)$$
$$HSO_3^- + I_2 + H_2O \rightarrow 2\ I^- + HSO_4^- + 2\ H^+ \qquad (c)$$
$$I^- + I_2 \rightarrow I_3^- \qquad (d)$$
$$I_3^- + I_2 \rightarrow I_5^- \qquad (e)$$

Die Titration der Natriumhydrogensulfit-Lösung erlaubt es, die Mengenverhältnisse so einzustellen, daß bei A aufgrund eines größeren Überschusses an Iodat-Ionen (Gleichung b) letztlich eine hohe Konzentration an Iod und folglich auch an Triiodid-Ionen (Gleichung d) vorliegt. Diese verleiht der Lösung schließlich den rötlichen Farbton.

Im Falle von B kommt ein sehr geringer Überschuß an Iodat-Ionen zum Einsatz, der lediglich zu einer sehr geringen Triiodid-Konzentration mit einer Gelbfärbung der Lösung führt. Der Ansatz C unterscheidet sich vom Versuch A lediglich durch die zusätzliche Verwendung von Stärke. Für die Blaufärbung ist die Einlagerung der entstandenen I_5^--Ionen (Gleichung e) in die Einschlußkanäle der Amylose verantwortlich [4].

Entsorgung

Die Reaktionslösungen werden so lange mit Natriumthiosulfat (in kleinen Portionen) versetzt, bis die jeweiligen Farben (Reduktion des Iods zu Iodid-Ionen) verschwunden sind. Dann erfolgt die Entsorgung über das Abwasser.

Literatur

[1] H. Landolt, Chem. Ber. 19 (1886) 1317.
[2] H. Landolt, Chem. Ber. 20 (1887) 745.
[3] H. v. Euler, H. Hasselquist, Z. Naturforsch. B 12 (1957) 600.
[4] R. C. Teitelbaum, S. L. Ruby, T. J. Marks, J. Am. Chem. Soc. 100 (1978) 3215.

19.9 Golduhr

Sicherheitshinweis

Natriumarsenit ist krebserregend und gesundheitsschädlich, Essigsäure (Eisessig) ist entzündlich und ätzend, Natriumsulfid und Wasserstoffperoxid-Lösung wirken ätzend. Das Tragen einer Schutzbrille ist erforderlich.

Chemikalien

- 9 g Natriumarsenit $NaAsO_2$,
- 49.5 mL Eisessig CH_3COOH,
- 90 g Natriumthiosulfat-pentahydrat $Na_2S_2O_3 \cdot 5\,H_2O$,
- dest. Wasser,
- Natriumsulfid Na_2S,
- Wasserstoffperoxid H_2O_2.

Geräte

- 2 600-mL-Bechergläser,
- 1 1.5-L-Erlenmeyerkolben,
- 50-mL-Meßzylinder,
- Glasstäbe.

Versuch

Zuerst werden folgende Lösungen vorbereitet:

Natriumarsenit-Lösung A:	In einem 600-mL-Becherglas löst man unter Rühren mit dem Glasstab 9 g Natriumarsenit in einer Mischung aus 450 mL dest. Wasser und 49.5 mL Eisessig.
Natriumthiosulfat-Lösung B:	Im zweiten 600-mL-Becherglas gibt man unter Rühren 90 g Natriumthiosulfat-pentahydrat in 450 mL dest. Wasser.

Bei der Vorführung vereinigt man im Erlenmeyerkolben die beiden Lösungen A und B unter leichtem Schütteln. Für ungefähr 20 Sekunden bleibt die Mischung farblos, danach bildet sich rasch ein goldgelb glitzernder Niederschlag [1].

Chemie

Die von G. Vortmann 1889 beschriebene Umsetzung von Natriumarsenit mit Natriumthiosulfat [2] ist im Jahre 1922 eingehend untersucht und dabei als Zeitreaktion erkannt worden [3]. Als zeitbestimmende Zwischenstufen werden hierbei Polythionate $HS{-}S_n{-}SO_3^-$ diskutiert [4], die in Gegenwart von Natriumarsenit plötzlich zur Ausbildung von feinkristallinem, glitzerndem Arsensulfid führen.

Entsorgung

Die Reaktionslösung versetzt man in einem gut ziehenden Abzug mit ausreichend Natriumsulfid, um nicht verbrauchtes Natriumarsenit als unlösliches Arsensulfid auszufällen, welches man anschließend durch Filtrieren oder Sedimentieren/Dekantieren abtrennt und als Sondermüll entsorgt. Nachdem restliches Natriumsulfid durch Oxidation mit Wasserstoffperoxid beseitigt worden ist, kann die Lösung über das Abwasser entsorgt werden.

Literatur

[1] P. S. Bailey, C. A. Bailey, P. G. Koski, J. Andersen, V. Techsteiner, J. Chem. Educ. 52 (1975) 524.

[2] G. Vortmann, Chem. Ber. 22 (1889) 2307.

[3] G. S. Forbes, H. W. Estill, O. J. Walker, J. Am. Chem. Soc. 44 (1922) 97.
[4] A. Kurtenacker, K. Matejka, Z. Anorg. Chem. 229 (1939) 19.

19.10 Bierbrauen wider das Bayerische Reinheitsgebot

Sicherheitshinweis

Kaliumiodat ist brandfördernd, Natriumhydrogensulfit gesundheitsschädlich und reizend. Kaliumhydrogensulfat ist reizend und ätzend. Das Tragen einer Schutzbrille ist erforderlich.

Chemikalien

- 2 g Natriumhydrogensulfit $NaHSO_3$,
- 15 mL Pril,
- 0.75 g Kaliumhydrogensulfat $KHSO_4$ bei Bedarf,
- 1.5 g Kaliumiodat KIO_3, Kaliumiodat kann durch das besser in Wasser lösliche Natriumiodat (1.39 g $NaIO_3$) ersetzt werden,
- Natriumthiosulfat $Na_2S_2O_3$.

Geräte

- 2 Maßkrüge aus Glas,
- 2 500-mL-PE-Weithalsflaschen mit Schraubverschluß,
- 1 kleines Rollrandglas.

Versuch

Vor der Vorführung bereitet man folgende Lösungen vor:

Lösung A: In einer 500-mL-PE-Flasche löst man 1.5 g Kaliumiodat in 50 mL Wasser auf und verschließt die Flasche. Bei sehr kaltem Wasser (siehe *Chemie*) fügt man noch 0.75 g Kaliumhydrogensulfat hinzu.

Lösung B: In die zweite 500-mL-PE-Flasche gibt man 2 g Natriumhydrogensulfit und ungefähr 50 mL Wasser, verschließt ebenfalls und schüttelt kurz.

In einem Maßkrug gibt man 15 mL Pril und stellt ihn vor sich auf.

Bei der Vorführung füllt man vor den Zuschauern die beiden PE-Flaschen aus der Wasserleitung mit Wasser auf und schüttelt kräftig durch. Dann gießt man **mit Schwung** die Inhalte beider PE-Flaschen gleichzeitig in den Maßkrug. Hierbei bewirkt das zugesetzte Pril die Ausbildung einer Schaumkrone. Nach rund 20 Sekunden färbt sich die anfangs farblose Lösung schlagartig dunkelbraun, und man erhält so „Dunkles Bier".

Bevor man dieses Chemie-Bier trinken kann, muß es – wie in der Brauindustrie üblich – kurz „reifen" oder „lagern", genug Zeit für ein anderes, die Zuschauer möglichst fesselndes Experiment. Während man selbst den neuen Versuch (sehr gut eignen sich Experimente mit Verdunklung) vorführt, tauscht ein Mitarbeiter den Maßkrug mit „Chemie-Bier" gegen einen mit echtem Gerstensaft gefüllten Maßkrug aus.

Diesen kostet man dann nach dem „Ablenkungsversuch" genüßlich vor den Zuhörern und/oder läßt diese ebenfalls den Gerstensaft probieren.

Historie

Das Bayerische Reinheitsgebot ist am Georgitag, dem 23. April 1516, auf dem Landständetag (Zusammenkunft der Vertreter des Adels, der Prälaten und der Abgesandten der Städte und Märkte) zu Ingolstadt durch die beiden damals Bayern gemeinsam regierenden Herzöge Wilhelm IV. und seinen jüngeren Bruder Ludwig X. erlassen worden [1,2].

Reinheitsgebot

„So – da ham S' Ihrn Chemieplempl"

Zeichnung: Ernst Hürlimann

Bayerisches Reinheitsgebot von 1516

Wie das Bier im Sommer und Winter im Lande ausgeschenkt und gebraut werden soll.

Wir verordnen, setzen und wollen mit dem Rat unser Landschaft, daß forthin überall im Fürstentum Bayern sowohl auf dem Lande, wie auch in unseren Städten und Markten, die keine besondere Ordnung dafür haben, von Michaeli bis Georgi eine Maß [1)] oder ein Kopf [2)] Bier für nicht mehr als einen Pfennig Münchner Währung, und von Georgi bis Michaeli [3)] die Maß für nicht mehr als zwei Pfennig derselben Währung, der Kopf Bier für nicht mehr als drei Heller [4)] bei Androhung unten angeführter Strafe gegeben und ausgeschenkt werden soll. Wo aber einer nicht Märzen [5)] sondern anderes Bier braut oder sonstwie [6)] haben würde, soll er es keineswegs höher als um einen Pfennig die Maß ausschenken und verkaufen.

Ganz besonders wollen wir, daß forthin allenthalben in unseren Städten und Märkten und auf dem Lande zu keinem Bier mehr Stücke als allein Gerste, Hopfen und Wasser verwendet und gebraut werden sollen.

Wer diese Anordnung wissentlich übertritt, und nicht einhält, dem soll von seiner Gerichtsobrigkeit zur Strafe dieses Faß Bier, so oft es vorkommt unnachsichtlich weggenommen werden. Wo jedoch ein Gäuwirt von einem Bierbräu in unseren Städten und Märkten und auf dem Lande einen, zwei oder drei Eimer Bier [7] kauft und wieder ausschenkt an das gemeine Bauernvolk, soll ihm allein und sonst niemand erlaubt und unverboten sein, die Maß oder den Kopf Bier um einen Heller teurer, als oben vorgeschrieben ist, zu geben und auszuschenken.

1) 1.07 Liter.
2) halbkugelförmiges Gefäß für Flüssigkeiten, nicht ganz eine Maß.
3) Sommerbier.
4) ca. 1 1/2 Pfennig.
5) letztes Sommerbier, im März eingebraut.
6) schwächeres Bier, auch Winterbier genannt.
7) Eimer = 60 Maß.

Diese heute bekannteste Fassung des „Reinheitsgebotes" war keineswegs der erste Versuch, die Produktion des bedeutenden Grundnahrungsmittels Bier in geordnete Bahnen zu lenken. Sie ist vielmehr Höhepunkt und Abschluß einer sich über mehrere Jahrhunderte hinweg erstreckenden rechtlichen Entwicklung, im Rahmen derer die jeweiligen Obrigkeiten und Instanzen nur ein Ziel verfolgten: die Versorgung der Bevölkerung mit hochwertigem und preiswertem Bier sicherzustellen.

Frühe Vorschriften, die Qualität und Preis des Bieres betrafen, wurden beispielsweise bereits 1156 für Augsburg, 1293 für Nürnberg, 1363 für München sowie 1447 für Regensburg erlassen. In der zweiten Hälfte des 15. und anfangs des 16. Jahrhunderts häuften sich vielerorts regionale Erlasse zur Herstellung des Bieres und zur Preisfestsetzung.

Eine genaue Festlegung auf bestimmte Rohstoffe beim Brauvorgang erfolgte für München am 30. November 1487 durch Herzog Albrecht IV. (der Weise), der verfügte, daß zur Bierbereitung nur **Wasser, Malz** und **Hopfen** verwendet werden dürfen.

Noch heute verpflichten sich die Münchner Braumeister gemäß dieser Tradition alljährlich anläßlich des Münchner Stadtgründungsfestes in einem öffentlichen Gelöbnis auf dem Münchner Marienplatz zur strikten Einhaltung des Reinheitsgebots von 1516.

Chemie

Bei der von H. Landolt 1886 entdeckten Reaktion [3–5] setzt man Hydrogensulfit- mit Iodat-Ionen um. Nach einer längeren Induktionsperiode färbt gebildetes Iod die Lösung schlagartig braun. Die Gesamtgeschwindigkeit dieser gekoppelten Reaktion wird von der langsamsten Teilreaktion (a) bestimmt, wobei die Reaktionsdauer von den Konzentrationen der Hydrogensulfit-Ionen, der Iodat-Ionen sowie nach Svante A. Arrhenius gemäß $k = A\,e^{-EA/RT}$ von der Temperatur abhängt.

Die Verwendung von sehr kaltem Leitungswasser kann die Reaktionsgeschwindigkeit stark herabsetzen. Da sich eine Erhöhung der Protonenkonzentration auf die Landoltsche Zeitreaktion (siehe Versuch 19.7 *Landoltsche Zeitreaktion*) katalytisch auswirkt, ist es ratsam, zur Kaliumiodat-Lösung noch Kaliumhydrogensulfat zuzusetzen.

Folgende Teilreaktionen spielen im Verlauf der Landoltschen Zeitreaktion eine Rolle:

$$IO_3^- + 3\,HSO_3^- \rightarrow I^- + 3\,HSO_4^- \qquad (a)$$
$$IO_3^- + 5\,I^- + 6\,H^+ \rightarrow 3\,I_2 + 3\,H_2O \qquad (b)$$
$$HSO_3^- + I_2 + H_2O \rightarrow 2\,I^- + HSO_4^- + 2\,H^+ \qquad (c)$$

Entsorgung

Die Reaktionslösungen werden so lange mit Natriumthiosulfat (in kleinen Portionen) versetzt, bis die Braunfärbung verschwunden ist (Reduktion des Iods zu Iodid-Ionen). Dann erfolgt die Entsorgung über das Abwasser.

Literatur

[1] M. Spindler, *Handbuch der bayerischen Geschichte*, Band III, C. H. Beck'sche Verlagsbuchhandlung, München, 1971 und Bayerisches Hauptstaatsarchiv München, Staatsverwaltung, 1966.
[2] K. Hackel-Stehr, **Unser Bier**, Gesellschaft für Öffentlichkeitsarbeit der Deutschen Brauwirtschaft e. V., Bonn–Bad Godesberg, 1989.
[3] H. Landolt, Chem. Ber. 19 (1886) 1317.
[4] H. Landolt, Chem. Ber. 20 (1887) 745.
[5] H. v. Euler, H. Hasselquist, Z. Naturforsch. B 12 (1957) 600.

19.11 Landoltsche Zeitreaktion mit Zusatz von Quecksilberchlorid

Sicherheitshinweis

Quecksilber(II)-chlorid ist sehr giftig und ätzend. Kaliumiodat wirkt brandfördernd, Natriumhydrogensulfit gesundheitsschädlich und reizend, Natriumsulfid und Wasserstoffperoxid-Lösung wirken ätzend. Das Tragen einer Schutzbrille ist erforderlich.

Chemikalien

- 10.4 g Natriumhydrogensulfit $NaHSO_3$,
- 2 g lösliche Stärke,
- 1.9 g Quecksilber(II)-chlorid $HgCl_2$,
- 10.7 g Kaliumiodat KIO_3. Kaliumiodat kann durch das besser in Wasser lösliche Natriumiodat (9.89 g $NaIO_3$) ersetzt werden,
- Natriumsulfid Na_2S,
- Wasserstoffperoxid H_2O_2.

Geräte

- 1 50-mL-Becherglas,
- 1 250 mL Becherglas,
- 4 1 L Bechergläser,
- 3 1.5-L-Bechergläser,
- 3 250-mL-Meßzylinder,
- 8 Glasstäbe.

Versuch

Vor der Vorführung bereitet man folgende Lösungen:

Stärke-Lösung: In einem 50-mL-Becherglas verrührt man 2 g lösliche Stärke in 20 mL dest. Wasser, gibt dann diese Mischung in ein 250-mL-Becherglas zu

	100 mL kochendem, dest. Wasser und erhitzt noch ungefähr fünf Minuten zum Sieden. Anschließend fügt man zu dieser Mischung unter Rühren 80 mL Eiswasser (dest. Wasser) hinzu.
Natriumhydrogensulfit-Lösung A:	In einem 1.5-L-Becherglas werden unter Rühren 10.4 g Natriumhydrogensulfit in 500 mL dest. Wasser gelöst. Danach setzt man 100 mL der frisch bereiteten 1 %igen Stärke-Lösung zu und füllt mit dest. Wasser auf 1 L auf.
Quecksilber(II)-chlorid-Lösung B:	in einem 1.5-L-Becherglas werden 1.9 g Quecksilber(II)-chlorid in 700 mL dest. Wasser gelöst.
Kaliumiodid-Lösung C:	Im dritten 1.5-L-Becherglas werden 10.7 g Kaliumiodat in 1 L dest. Wasser aufgenommen.

Vorführung

Ansatz 1:	Nacheinander werden mit Hilfe eines Meßzylinders je 200 mL der Lösungen A und C unter Rühren in ein 1-L-Becherglas gegeben. Nach kurzer Zeit schlägt die Farbe der anfangs farblosen Lösung nach Blau um.
Ansatz 2:	Der Reihe nach werden mit Hilfe der Meßzylinder je 200 mL der Lösungen A, B und C unter Rühren in ein 1-L-Becherglas gegeben. Nach einigen Sekunden zeigen sich in der anfangs farblosen Lösung zuerst ein orangefarbener Niederschlag und dann eine Blaufärbung.
Ansatz 3:	Nacheinander werden mit Hilfe der Meßzylinder 100 mL der Lösung A sowie je 200 mL der Mischungen B und C unter Rühren in ein 1-L-Becherglas gegeben. Nach einigen Sekunden fällt in der farblosen Lösung ein orangefarbener Niederschlag aus.
Ansatz 4:	Der Reihe nach werden mit Hilfe der Meßzylinder 400 mL der Lösung A sowie je 200 mL der Mischungen B und C unter Rühren in ein 1-L-Becherglas gegeben. Nach einigen Sekunden fällt aus der farblosen Lösung ein orangefarbener Niederschlag aus, der sich nach kurzer Zeit wieder auflöst.

Chemie

Bei diesen modifizierten Landoltschen Zeitreaktionen [1,2] (siehe Versuch *Landoltsche Zeitreaktion*) entspricht der Ansatz 1 mit seiner Blaufärbung dem klassischen Typ.

$$IO_3^- + 3\ HSO_3^- \rightarrow I^- + 3\ HSO_4^- \qquad (a)$$
$$IO_3^- + 5\ I^- + 6\ H^+ \rightarrow 3\ I_2 + 3\ H_2O \qquad (b)$$
$$HSO_3^- + I_2 + H_2O \rightarrow 2\ I^- + HSO_4^- + 2\ H^+ \qquad (c)$$

Die Ansätze 2 bis 4 weisen infolge des Zusatzes an Quecksilber(II)-chlorid einen jeweils geringfügig anderen Reaktionsverlauf auf.

Die beim Ansatz 2 nach Gleichung (a) im Verlauf der Umsetzung gebildeten Iodid-Ionen werden sogleich in Form von unlöslichem, orangefarbenem Quecksilber(II)-iodid abgefangen. Erst nachdem sämtliche Quecksilber(II)-Ionen gebunden sind, setzen sich weiterhin anfallende Iodid-Ionen mit Kaliumiodat über die Stufe des elementaren Iods und des Triiodids zur blauen Einlagerungsverbindung des Pentaiodids in der Amylose um [3].

$$Hg^{2+} + 2\ I^- \rightarrow HgI_2$$
$$I^- + I_2 \rightarrow I_3^-$$
$$I_3^- + I_2 \rightarrow I_5^-$$

Der Ansatz 3 gleicht dem Versuch 1, wobei wegen der fehlenden Stärke-Lösung die blaue Einlagerungsverbindung der Amylose nicht gebildet wird. Der große Überschuß an Natriumhydrogensulfit führt schließlich beim Ansatz 4 im Verlauf der Zeitreaktion zu einer sehr hohen Konzentration an Iodid-Ionen, die mit dem anfangs ausgefallenen Quecksilber(II)-iodid zu löslichen Tri- und Tetraiodomercuraten weiterreagieren.

$$HgI_2 + I^- \rightarrow [HgI_3]^-$$
$$[HgI_3]^- + I^- \rightarrow [HgI_4]^{2-}$$

Entsorgung

Die Reaktionslösungen versetzt man in einem gut ziehenden Abzug mit ausreichend Natriumsulfid, um die Quecksilber(II)-salze als unlösliches Quecksilber(II)-sulfid auszufällen. Diese werden durch Filtrieren oder Sedimentieren/Dekantieren abgetrennt und als Sondermüll entsorgt. Nachdem Sulfidreste durch Oxidation mit Wasserstoffperoxid beseitigt worden sind, kann die Lösung über das Abwasser entsorgt werden.

Literatur

[1] H. N. Alyea, J. Chem. Educ. 32 (1955) 9.
[2] H. N. Alyea, J. Chem. Educ. 54 (1977) 166.
[3] R. C. Teitelbaum, S. L. Ruby, T. J. Marks, J. Am. Chem. Soc. 100 (1978) 3215.

19.12 Landoltsche Zeitreaktion – Periodat-Thiosulfat-Reaktion

Sicherheitshinweis

Cadmiumsalze sind sehr giftig beim Einatmen und bei Aufnahme, sie können Krebs erregen! Salzsäure, Natriumsulfid und Wasserstoffperoxid-Lösung sind ätzend, Natriumperiodat wirkt brandfördernd, Aceton ist leicht entflammbar. Das Tragen einer Schutzbrille ist erforderlich.

Chemikalien

- 2,2′,4,4′,4″-Pentamethoxytriphenylmethanol $C_{24}H_{26}O_2$,
- Thymolphthalein $C_{28}H_{30}O_4$,
- Natriumthiosulfat-pentahydrat $Na_2S_2O_3 \cdot 5\,H_2O$,
- 1 M Salzsäure HCl,
- Aceton CH_3COCH_3,
- Natriumperiodat $NaIO_4$,
- Cadmiumnitrat-tetrahydrat $Cd(NO_3)_2 \cdot 4\,H_2O$,
- dest. Wasser,
- Natriumsulfid Na_2S,
- Wasserstoffperoxid H_2O_2.

Geräte

- 500-mL-Becherglas,
- 800-mL-Becherglas,
- 1.5-L-Becherglas,
- 2-L-Becherglas,
- 500-mL-Standzylinder,
- Magnetrührer mit Rührstab.

Versuch

Vor der Vorführung bereitet man folgende 3 Lösungen:

Lösung A: Im 500-mL-Becherglas werden 85 mg Pentamethoxytriphenylmethanol und 170 mg Thymolphthalein in 280 mL Aceton aufgenommen. Anschließend löst man im 800-mL-Becherglas 42.5 g Natriumthiosulfat-pentahydrat in 425 mL dest. Wasser vollständig auf, gießt mit einem Schwung den Inhalt des 500-mL-Becherglases hinzu und rührt, worauf sich die Mischung leicht trübt. Sollte die Farbe der vereinten Lösungen nach Blau umschlagen, gibt man unter stetigem Rühren so lange tropfenweise Salzsäure hinzu, bis die Blaufärbung gerade verschwunden ist.

Lösung B: Im 1.5-L-Becherglas löst man in einer Mischung aus 340 mL dest. Wasser und 12.5 mL 1 M Salzsäure 226 mg Cadmiumnitrat-tetrahydrat auf.

Lösung C: Im 2-L-Becherglas werden 15.3 g Natriumperiodat in 700 mL dest. Wasser gelöst.

Bei der Vorführung gießt man zuerst die Lösung A zur Lösung B, wobei die Farbe augenblicklich nach Rot umschlägt. Gibt man anschließend die entstandene rote Mischung zur Lösung C, so zeigt sich zunächst eine tiefrote Färbung, die bald unter gleichzeitiger Bildung eines weißen Niederschlags verblaßt. Zuletzt ändert sich die Farbe der Reaktionslösung unter leichter Trübung nach Blau.

Chemie

Die oben beschriebene Umsetzung ist mit einer allmählichen Verschiebung des pH-Wertes vom sauren in den alkalischen Bereich verbunden, die zuerst das Entfärben des im sauren Bereich roten 2,2′,4,4′,4″-Pentamethoxytriphenylmethanol-Indikators und später das Umschlagen des Thymolphthaleins nach Blau bewirkt.

Pentamethoxytriphenylmethanol:

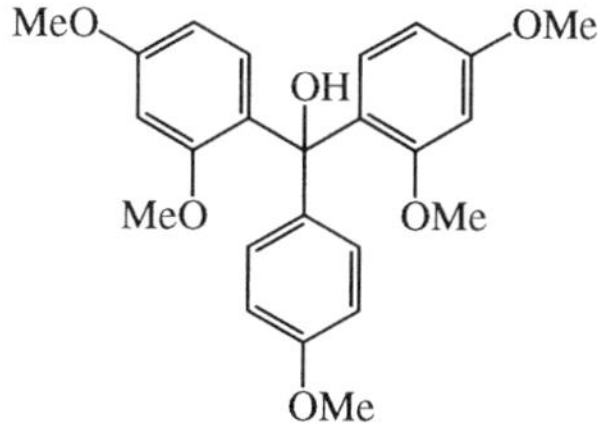

rot–farblos

Thymolphthalein:

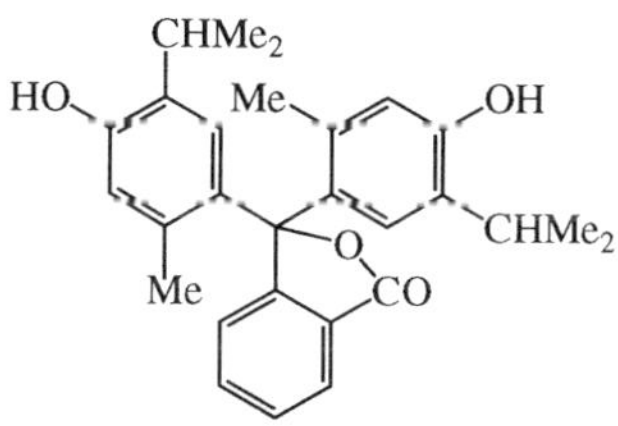

farblos–blau

Mit der Erhöhung des pH-Wertes geht die Fällung eines basischen Cadmiumperiodats einher.

Als zeitbestimmende Reaktionen werden vornehmlich die Bildung von Sulfit-Ionen,

$$2\ IO_4^- + S_2O_3^{2-} + H_2O \rightarrow 2\ IO_3^- + 2\ SO_3^{2-} + 2\ H^+$$

die Bildung von Sulfat-Ionen

$$IO_4^- + SO_3^{2-} \rightarrow IO_3^- + SO_4^{2-}$$

sowie von Tetrathionat diskutiert [1]

$$IO_4^- + 2\ S_2O_3^{2-} + 2\ H^+ \rightarrow IO_3^- + S_4O_6^{2-} + H_2O$$

Entsorgung

Die Reaktionslösung versetzt man in einem gut ziehenden Abzug mit ausreichend Natriumsulfid, um Cadmium-Ionen als unlösliches Cadmiumsulfid auszufällen, welches man anschließend durch Filtrieren oder Sedimentieren/Dekantieren abtrennt und als Sondermüll entsorgt. Nachdem restliches Natriumsulfid durch Oxidation mit Wasserstoffperoxid beseitigt worden ist, kann die Lösung über das Abwasser entsorgt werden.

Literatur

[1] J. L. Lambert, M. J. Cheijlava, G. T. Fina, N. L. Luce, J. Chem. Educ. 60 (1983) 141.

19.13 Landoltsche Zeitreaktion – Aldehyd-Aceton-Kondensation

Sicherheitshinweis

Kaliumhydroxid ist ätzend, Aceton und Ethanol sind leichtentzündlich, Benzaldehyd und Zimtaldehyd sind gesundheitsschädlich und reizend. Das Tragen einer Schutzbrille und von Handschuhen ist erforderlich.

Chemikalien

- 30 mL Aceton CH_3COCH_3,
- 25 g Kaliumhydroxid KOH,
- 375 mL 98 %iges Ethanol,
- 60 mL Benzaldehyd oder 60 mL Zimtaldehyd,
- dest. Wasser.

Geräte

- 1-L-Becherglas,
- 250-mL-Becherglas,
- 25-mL-Meßzylinder,
- Magnetrührer mit Rührstab.

Versuch

Vor der Vorführung bereitet man folgende Lösungen:

Lösung A: Im 250-mL-Becherglas löst man 25 g KOH in 230 mL dest. Wasser.

Lösung B: Im 1-L-Becherglas gibt man 60 mL Benzaldehyd bzw. 60 mL Zimtaldehyd zu 375 mL Ethanol, schüttet dann unter Rühren die Lösung A hinzu und rührt so lange, bis eine homogene Lösung entstanden ist.

Vorführung

Zur Vorführung gibt man zu den vereinten Lösungen A und B unter kräftigem Rühren 30 mL Aceton. Beim Versuch mit Benzaldehyd fallen aus der sich langsam dunkelrot färbenden Lösung dann gelbe Kristalle aus, während sich die Lösung beim Einsatz von Zimtaldehyd zuerst gelb färbt, bevor plötzlich ein goldgelb glitzernder Niederschlag ausfällt.

Chemie

Zwischen dem Aldehyd und dem Keton erfolgt im alkalischen Milieu eine Kupplungsreaktion, die auf zwei sukzessiven Aldolkondensationen beruht [1–3].

$$2\ RCHO + CH_3{-}CO{-}CH_3 \rightarrow R{-}CH{=}CH{-}CO{-}CH{=}CH{-}R + 2\ H_2O$$

$$R = C_6H_5\ \text{Benzaldehyd},\ R = C_6H_5{-}CH{=}CH\ \text{Zimtaldehyd}$$

Entsorgung

Die Stoffe werden mit dem organischen Sondermüll entsorgt.

Literatur

[1] L. C. King, G. K. Ostrum, J. Chem. Educ. 41 (1964) A 139.

[2] K. P. C. Vollhardt, *Organische Chemie*, VCH Verlagsgesellschaft, Weinheim, 1988.

[3] U. Lüning, *Reaktivität, Reaktionswege, Mechanismen*, Hochschultaschenbücher, Spektrum Akademischer Verlag, Heidelberg, 1997.

20
Quacksalber und fahrendes Volk:
Die Chemie auf dem Jahrmarkt

„solus sicut sol"
„einzig wie die Sonne"

Manfredi

Dies behauptete in aller Bescheidenheit der Klein-Quacksalber und „Wassertrinker" Manfredi im 17. Jahrhundert von sich. Er nahm große Mengen Wasser zu sich, ließ dann aus seinem Munde einen „Picken hoch sprudelnden Weinbrunnen in mancherlei Farben springen" und pflegte „Branntwein, Engelswasser, Rosenwasser, Milch, Öl, Blumen, Konfekt und eingemachte Sachen" auszugießen. Sein Repertoire umfaßte weiterhin, „mit den Locken seiner Haare einen Stein von 700 Pfund zu tragen, dann ein(en) Flug von dem Seil in der Höhe eines Hauses herunter". Als Quacksalber offerierte er noch „einen vortrefflichen Balsam für den verderbten Magen, das Lot für 6 Thaler". Dies bedeutet, daß er lediglich vier Tricks beherrschte, wenn auch offenbar außerordentlich vollkommen, und als Quacksalber nur eine einzige Medizin verkaufte. Chirurgische Eingriffe führte er nicht aus. Auch hatte er offenbar keine weiteren, vor Publikum agierenden Mitarbeiter.

Die ältesten Quacksalber sind aus der Antike überliefert. Vermutlich gab es sie über alle Jahrhunderte hinweg, wenn sich auch zuweilen ihre Spur in der Überlieferung verliert. Die vielleicht letzte Beschreibung eines besonders eindrucksvollen, farbenprächtigen Quacksalbers findet sich in einem Brief, den 1853 Agnes Carrière, die älteste Tochter Justus von Liebigs, von ihrer Hochzeitsreise aus Italien an ihren Vater schrieb: „Kamen wir durch ... Orvieto. Hier hatten wir einen Anblick, welchen man nur noch auf dem Theater zu finden glaubt, und der uns köstlich amüsierte. Als wir nämlich am Sonntag von einem Gang in dem Städtchen zurückkamen, sehe ich plötzlich auf dem Markt einen offenen Wagen halten, auf dessen Bock zwei phantastisch gekleidete Trommler einen gewaltigen Lärm vollführen, und darum herum die Bauern und Bäuerinnen in ihrer hübschen bunten Tracht, dazu den warmen glanzend blauen Himmel. Jetzt schwiegen die Trommler und aus dem Wagen erhob sich ein schwarzbärtiger Mann in goldgesticktem türkischem Anzug. ‚Wer ist das?', fragte Moriz (Anm.: Liebigs Schwiegersohn Carrière), ‚un Dentista!' war die Antwort – wir gingen näher hinzu und hörten nun, wie dieser, der Wunderdoktor, nicht allerlei Zahnweh, – *nein, jedes* Übel, und *jede* Krankheit, welche er alle *mit lauter Stimme* ausrief und abdeutete – heile, und das mittels eines aromatischen *Öles.* – hier wurde er etwas geniert durch einige hinter ihm schwatzende Mädchen und Burschen. ‚Wer stört mich da in meiner Rede?‘, ruft er mit donnernder Stimme, wendet sich gebieterisch um und setzt hinzu ‚habt ihr nicht mehr Achtung vor *Kunst* und *Wissenschaft*? Wie? Ich habe mit diesem Öl den König von Neapel geheilt.‘ Letzteres in feierlichem Tone. Darauf wird es still wie zuvor und die Bauern sperren die Mäuler auf. – Nun fangen die Trommler wieder an. Er hält das Fläschchen in die Höhe: ‚und kostet nur *einen Paul*/etwa 12 Kreuzer/‘ – Aber dieses Zuströmen hättet ihr sehen sollen, zu zweit teilten sie Zettel und Fläschchen aus. Moriz mußte auch zum Spaß eines haben. – Es war ein *Charlatan in der Vollkommenheit.*“

Noch immer wird auf den Opernbühnen „L’Elisir d’Amore“ – „Der Liebestrank“ – von Gaetano Donizetti (1797–1848), eine Oper in zwei Akten, gegeben, die er 1832 komponierte. Ein musikalisches Glanzstück ist darin die Auftrittsarie des Quacksalbers Doktor Dulcamara in der V. Szene des 1. Aktes. In den Regieanweisungen des Librettos von Felice Romani heißt es dazu: „Doktor Dulcamara auf einem vergoldeten (!!) Wagen stehend, schwingt Rezepte und Flaschen in der Hand. Hinter ihm ein Diener, der die Trompete bläst.“ Tatsächlich pflegten größere Quacksalbertruppen ihre Darbietungen – jeden Trick und die Anpreisung jeder Medizin – mit Musik zu begleiten. Im allgemeinen bot man Blechmusik: Trompeten und Posthörner sind unter freiem Himmel auf Jahrmärkten eindeutig praktischer als Konzertflügel. Doktor Dulcamara nahm den Mund reichlich voll. Seine Universalmedizin half gegen praktisch alles: „Hier seht ihr mein Spezifikum, /es wirkt auf seltne Weise; /schnell bringt es alle Wanzen um, /die Ratten und die Mäuse, /…/Durch dieses mein Spezifikum, /ein stärkendes Antitoxikum, /ward neulich erst ein Alter/noch seines Stamms Erhalter; /Mit diesem Elixiere/still ich der Witwe Sehnen, /es schwindet ihre Tränenflut/beim ersten Schluck dahin!/Und Du, verehrte Damenwelt, /willst Du dich jung erhalten?/Dann schaff dir nur dies Mittel an, /es glättet alle Falten.“

Kleinere Unternehmer wie jener „herumziehende Händler“, der auf dem Marktplatz von Darmstadt den noch jungen Justus Liebig dazu brachte, sich mit der Chemie der Knallerbsen zu beschäftigen, führten ihre chemischen Manipulationen vor Publikum unter freiem Himmel auf dem Jahrmarkt aus. In Liebigs Erinnerungen heißt es dazu: „Auf dem Markte zu Darmstadt sah ich einem herumziehenden Händler allerlei ab, wie er Knallsilber zu seinen Knallerbsen machte. An den roten Dämpfen, die sich bildeten, als er sein Silber auflöste, sah ich, daß er Salpetersäure dazu nahm und dann eine Flüssigkeit, mit der er den Leuten schmutzige Rockkragen reinigte und die nach Branntwein roch.“ Ob hier auch Pharmazeutisches geboten wurde, hat Liebig leider nicht überliefert.

Größere Quacksalbertruppen verfügten über stehende Laboratorien, die gleichzeitig als Winterquartiere dienten. Vor einigen Jahren hat Siegfried Lenz in seinem Roman „Heimatmuseum“ die Figur des Quacksalbers in dessen heimischem Laboratorium noch einmal – wenn auch literarisch überhöht – auferstehen lassen: „Ohne Unterlaß schleppten sich mehrfarbige Dämpfe aus seinem sogenannten Laboratorium, in allen Räumen blühte Nebel, über unserm kleinen Haus standen Wölkchen von bengalischem Reiz. Tag und Nacht kochte es in seiner geheimnisvollen wissenschaftlichen Küche, es briet, es gluckerte und schmolz dort, gelegentlich hallten gemäßigte Explosionen zu uns herauf, und in Stichflammen wurden Gerüche entbunden, die uns farbig tagträumen ließen."

Naturgemäß dachten niedergelassene Ärzte mit festen Praxen schlecht von ihren landfahrenden Kollegen. Ein anonym bleiben wollender niedergelassener Arzt gab 1694 ein Buch mit dem schönen Titel „Der entlarvte Marktschreier" in Druck, in dem sich ein hübsches Spottgedicht findet, aus dem hier zwei Strophen zitiert seien: „Mit dem großen Messer schneiden, /Wann der Kranke leidet Not, /Ihm für Einhorn geben Kreiden, /Und für Ambra Ratten Kot./So durchstreicht man manches Land, /Eh der Possen wird erkannt./Will das Pulver kundbar werden, /Streicht man ihm ein Färblein an, /Von Zinnober, gelber Erden, /Röthel, und was färben kann./So wird unsre Kunst versteckt, /Die sonst bliebe unentdeckt."

Historische Studien haben erbracht, daß diese Vorurteile zumindest bei großen Quacksalber-Truppen unberechtigt waren. Aus Biographien über Dr. Johann Andreas Eisenbarth (1663–1727) wissen wir, daß er in seiner Glanzzeit als eine Art Groß-Schausteller durch die Lande zog und zu seinen 160 Mitarbeitern neben Schauspielern, Musikanten, Seiltänzern, Hilfsärzten und Chirurgen zeitweilig auch zwei lebende Dromedare zählten. Doch Eisenbarth war ein äußerst geschickter Chirurg, und da er im Feuer sterilisierte Instrumente verwendete, waren seine Heilerfolge beachtenswert und die Lebenserwartung seiner Patienten hoch.

Daß Quacksalber gleichzeitig auch als Artisten auftraten, war zwar nicht die Regel, kam aber gar nicht so selten vor. Das hatte zuweilen schlimme Folgen, insbesondere dann, wenn die chirurgischen Fähigkeiten die artistischen Begabungen übertrafen. So stürzte 1673 der fahrende Arzt und Bruchschneider Karl Bernardin in Regensburg vom schräggespannten Seil, mit dem er vom Dach eines Hauses hatte herabgleiten wollen. Er hatte sich jedoch mit brennenden Feuerwerkskörpern umgürtet und verbrannte jämmerlich.

Die für uns heute eigenartige Symbiose von Medizin, Pharmazie und Schaustellerei bedeutet, daß ursprünglich so gut wie alle dargebotenen chemischen und physikalischen Tricks irgendeinen Zusammenhang mit den anzupreisenden Medikamenten hatten. Feuerspucken oder Feuerschlucken – so der Verzehr brennender Kerzen – waren Anpreisdarbietungen für den Vertrieb von Brandsalben. Mit dem Sprengen von Ketten demonstrierte man die Wirkung von Stärkungsmitteln. Mit vorgeblichen Degenstechereien wurde der Verkauf blutstillender Präparate begleitet, und Schießtricks waren für die Anpreisung von Medizinen bestimmt, die „schußfest" machen sollten. Es dürfte außer Frage stehen, daß diese zuweilen versagten – trotzdem waren Reklamationen vergleichsweise selten. Manche Experimente, wie der brennende Schneeball, verschönerten nur die Theaterstücke der Quacksalbertruppen, mit deren Hilfe man das Zähneziehen, Bruchschneiden, Starstechen etc. – übrigens alles vor Publikum von höchstem circensischem Reiz, denn welches Vergnügen auf Erden gleicht auch nur annähernd dem der Schadenfreude – und den Verkauf von Medikamenten umgab.

Was immer man von den Jahrmärkten alter Zeiten halten mag: Teuer waren Ärzte und Medizin schon immer, aber früher bot man ungleich mehr Unterhaltung!

20.1 Pharaoschlange

Sicherheitshinweis Ethanol ist leichtentzündlich.

Chemikalien

- Emser Pastillen (Apotheke oder Drogerie),
- Ethanol C_2H_5OH.

Geräte

- Isoplanplatte 30 × 30 cm,
- Porzellanschale,
- Sand,
- kleines Rollrandglas.

Versuch In der sich auf der Isoplanplatte befindenden Porzellanschale häuft man aus dem Sand einen kleinen Kegel. In die Spitze des Kegels steckt man 2–3 Emser Pastillen, die man vorher in einem Rollrandglas in wenig Ethanol eingelegt hat. Nun durchtränkt man die Spitze des Sandkegels gründlich mit Alkohol und entzündet ihn. Zuerst verbrennt das Ethanol mit bläulicher Flamme und erhitzt dabei die Emser Pastillen. Diese beginnen sich zu schwärzen, blähen sich auf, und dann wächst aus den Emser Pastillen langsam eine fingerdicke und bis zu einem Meter lange schwarze Schlange heraus [1].

Chemie Die Emser Pastillen bestehen vornehmlich aus Natriumhydrogencarbonat und Zucker, welcher unter den herrschenden Reaktionsbedingungen schmilzt und teilweise karamelisiert. Die bei der thermischen Zersetzung des Natriumhydrogencarbonats entstehenden Gase Wasserdampf und Kohlenstoffdioxid wirken als Treibmittel und blähen so die Pyrolyseprodukte des Zuckers auf.

Entsorgung Die Verbrennungsrückstände können zum Hausmüll gegeben werden.

Literatur

[1] O. Krätz, *Historische chemische und physikalische Versuche*, Aulis Verlag Deubner & Co. KG, Köln, 1979, S. 64.

20.2 Eßbare Kerze

Sicherheitshinweis Ethanol ist leichtentzündlich.

Chemikalien

- Ethanol C_2H_5OH

Geräte

- Marzipan,
- Mandelsplitter oder Miniaturkerze,
- Kerzenständer.

Vorbereitung Man formt aus Marzipan eine Kerze und steckt als Dochtersatz einen Mandelsplitter (oder eine Miniaturkerze) hinein. Zur Verbesserung der

Brennbarkeit kann es hilfreich sein, den Mandelsplitter vorher einen Tag lang in Alkohol oder in Speiseöl einzulegen.

Versuch

Vor dem Publikum läßt man die „Marzipankerze" einige Zeit brennen, beißt dann ohne Vorwarnung von der noch brennenden Kerze ein Stück ab und verspeist es genußvoll [1]!

Vorsicht: Mit der Zunge dabei nicht den heißen Mandelsplitter berühren!

Chemie

Die im Mandelsplitter enthaltenen etherischen Öle dienen als Brennstoff.

Literatur

[1] O. Krätz, *Historische chemische und physikalische Versuche*, Aulis Verlag Deubner & Co. KG, Köln, 1979, S. 44.

20.3 Bärlappsporen

Sicherheitshinweis

In der Nähe des Versuchs dürfen sich keine brennbaren Stoffe befinden. Das Glasrohr soll wegen der von den brennenden Bärlappsporen ausgestrahlten Hitze nicht zu kurz sein.

Chemikalien

- Bärlappsporen (Drogerie oder Apotheke).

Geräte

- Bunsenbrenner oder Kerze,
- Glasrohr ca. 40 cm lang,
- evtl. Exsikkator.

Versuch

Die – wenn nötig zuvor im Exsikkator getrockneten – Bärlappsporen werden mittels Glasrohr in die Flamme eines Bunsenbrenners oder einer Kerze geblasen. Mit einem von der Lungenkraft des Experimentators abhängigen Feuerstoß verbrennen die Bärlappsporen eindrucksvoll [1].

Chemie

Als brennbare Stoffe dienen hierbei die in den Sporen enthaltenen etherischen Öle.

Literatur

[1] O. Krätz, *Historische chemische und physikalische Versuche*, Aulis Verlag Deubner & Co. KG, Köln, 1979, S. 39.

20.4 Brennender Schneeball

Chemikalien

- Campferstück $C_{10}H_{16}O$,
- Schnee oder fein zerstoßenes Eis.

Geräte

- Bunsenbrenner.

Versuch

Das fast gleiche Aussehen von Schnee und Campfer wird beim Versuch ausgenützt.

Man läßt zuerst einen Zuschauer aus Schnee (oder aus fein zerstoßenem Eis) einen Schneeball formen. Dabei hält man in einer Hand ein für das Publikum nicht erkennbares Stück Campfer. Während des anschließenden „unbedingt erforderlichen Nachformens" des Schneeballs drückt man ein Stück Campfer in den Schneeball und hält ihn dann mit der Seite, an der sich der Campfer befindet, in die Flamme des Bunsenbrenners [1]. Auf diese Weise läßt sich die „Brennbarkeit" von Schnee demonstrieren!

Chemie

An der Luft verbrennt Campfer mit rußender, leuchtender Flamme.

Literatur

[1] O. Krätz, *Historische chemische und physikalische Versuche*, Aulis Verlag Deubner & Co. KG, Köln, 1979, S. 44.

20.5 Brennendes Taschentuch – brennender Geldschein

Sicherheitshinweis

Ethanol und Isopropanol sind leichtentzündlich.

Chemikalien

- 100 mL Ethanol C_2H_5OH oder Isopropanol C_3H_7OH,
- Wasser.

Geräte

- Baumwolltaschentuch oder Geldschein,
- 1 1-L-Kristallisierschale,
- Tiegelzange,
- Bunsenbrenner,
- Waschbecken oder mit Wasser gefüllter Eimer.

Versuch

Man durchtränkt das Baumwolltaschentuch in der Kristallisierschale mit einer Mischung aus 100 mL Alkohol und 100 mL Wasser und hält es anschließend mit der Tiegelzange kurz in die Flamme eines Bunsenbrenners, worauf das Taschentuch zu brennen beginnt. Nach ungefähr 20 Sekunden taucht man das lodernde Taschentuch – sofern das Feuer noch nicht von selbst erloschen ist – ins Wasser. Dem staunenden Publikum kann man anschließend das Taschentuch unversehrt und ohne jegliche Brandspuren präsentieren.

Der Versuch läßt sich ebenso mit einem Geldschein durchführen.

Chemie

Die Verbrennungswärme von reinem Ethanol oder Isopropanol wäre zwar alleine ausreichend, um das Taschentuch oder den Geldschein zu entflammen. Jedoch entzieht die Verdampfungswärme des zugesetzten Wassers dem System so viel Energie, daß nur die niedrigsiedenden und leicht entflammbaren Alkohole [1] (Ethanol 78 °C, Isopropanol 82 °C), nicht aber der Geldschein oder das Baumwolltaschentuch verbrennen.

Entsorgung

In verdünnter Form können die Alkohole über das Abwasser entsorgt werden.

Literatur

[1] *Handbook of Chemistry and Physics*, CRC Press, Cleveland, 1975.

20.6 Feuerspucken – die Kunst der Gaukler

Sicherheitshinweis

Das Tragen einer Schutzbrille ist erforderlich. Es ist dringend auf einen ausreichenden Abstand zu den Zuschauern sowie zu brennbaren Stoffen zu achten! Das Feuerspucken darf nur von erfahrenem Personal durchgeführt werden! Der Versuch ist vorher im Freien zu testen.

Es empfiehlt sich nachdrücklich, das Feuerspucken zuvor mehrmals mit Wasser zu üben. Bartträger sollten vom Feuerspucken besser Abstand nehmen!

Chemikalien

- Petroleum p. a.,
- Trockeneis.

Geräte

- Holzstab ∅ ca. 3 cm, Länge ca. 40 cm,
- Putzlappen,
- Draht,
- 100-mL-Becherglas,
- Blechbüchse,
- 100-mL-Flasche mit Schraubverschluß,
- CO_2-Feuerlöscher.

Versuch

Zur Herstellung einer Fackel umwickelt man das Ende eines Holzstabes mit einigen Putzlappen und befestigt diese mit einem Draht.

In die Blechbüchse gibt man einige Stücke Trockeneis oder ein wenig Wasser zum Löschen der Fackel nach dem Versuch.

Bei der Vorführung sprüht man stoßweise mit kräftigem Atem Petroleum aus dem Mund gegen die ungefähr 1/2 m entfernt gehaltene brennende Fackel (zuvor mit ein bißchen Petroleum übergießen), worauf sich ein Feuerball mit einigen Metern Länge ausbreitet. Zu beachten ist hierbei, daß man nicht zu wenig Petroleum in den Mund nimmt, da andernfalls das nötige stoßweise Versprühen des Petroleums nur ungenügend erreicht wird.

Nach dem Feuerspucken eignet sich ein kleines Glas Cognac oder Obstler bestens zum Ausspülen des Mundes. Nicht trinken!

20.7 Künstliches Blut – Fingerschneiden

Sicherheitshinweis

Salzsäure ist ätzend und reizend, Ammonium- und Kaliumthiocyanat sind gesundheitsschädlich.

Chemikalien

- 1 g Ammonium- NH_4SCN oder Kalium-thiocyanat KSCN,
- 3 g Eisen(III)-chlorid-hexahydrat $FeCl_3 \cdot 6\,H_2O$,
- 0.5 %ige Salzsäure HCl,
- dest. Wasser.

Geräte

- 1 farblose 100-mL-Glasflasche mit Schraubverschluß,
- 1 braune 100-mL-Glasflasche mit Schraubverschluß,
- Verbandwatte,
- große Kristallisierschale oder flache Kunststoffwanne,
- Pinzette,
- (Holz-) Messer.

Versuch

Vor der Vorführung bereitet man folgende Lösungen:

„Alkoholische Lösung" A: In der farblosen Glasflasche löst man 1 g Kaliumthiocyanat in 95 mL dest. Wasser und versetzt noch mit einigen Tropfen der verd. Salzsäure.

„Iod-Lösung" B: In der braunen Glasflasche werden 3 g Eisen(III)-chlorid-hexahydrat in 90 mL dest. Wasser gelöst.

Vorführung

Bei der Vorführung wird der Unterarm der Versuchsperson mit Hilfe eines in der „Iod-Lösung" getränkten Wattebausches „desinfiziert", wobei man möglichst viel Eisenchlorid-Lösung aufträgt – hierbei den Unterarm waagrecht halten. Das Messer reinigt man mit einem ebenfalls stark getränkten, „alkoholischen" Wattebausch.

Beim Berühren des Unterarms der Versuchsperson mit dem getränkten Messer fließt Blut. Ein zusätzliches Ausdrücken des mit „Iod-Lösung" getränkten Wattebausches am Unterarm sowie den „alkoholischen" Wattebausches am Messer verstärkt den „Blutfluß".

Chemie

Eisen(III)-Salze reagieren mit Thiocyanat-Ionen zu kräftig rot gefärbtem Eisen(III)-thiocyanat (Nachweisreaktion für Fe^{3+}-Ionen) [1,2].

$$[Fe(H_2O)_6]^{3+} + 3\,SCN^- \rightarrow [Fe(SCN)_3(H_2O)_3] + 3\,H_2O$$

Entsorgung

Mit Wasser verdünnt, können die Lösungen über das Abwasser entsorgt werden.

Literatur

[1] Holleman-Wiberg, *Lehrbuch der Anorganischen Chemie*, Walter de Gruyter, Berlin, New York, 1995.

[2] Römpp *Chemie Lexikon*, Georg Thieme Verlag, Stuttgart, New York, 1995.

20.8 Rote Nelke oder Rose

Sicherheitshinweis

Salzsäure ist ätzend sowie reizend, Diethylether ist hochentzündlich. Das Tragen einer Schutzbrille und von Handschuhen ist erforderlich!

Chemikalien

- Schwefelpulver S_8,
- konz. Salzsäure HCl,
- Diethylether $(C_2H_5)_2O$.

Geräte

- Rote Nelke oder Rose,
- Glasglocke,
- kleine Porzellanschale,
- 100-mL-Erlenmeyer-kolben,
- 2 250-mL-Bechergläser,
- Isoplanplatte.

Versuch

Man wäscht die rote Nelke oder Rose in einem 250-mL-Becherglas mit etwas Diethylether zur Entfernung vorhandener Konservierungsrückstände. Dann stellt man die Blume in dem als Vase dienenden Erlenmeyerkolben auf die Isoplanplatte, entzündet in der Porzellanschale ein wenig Schwefel und stülpt anschließend über Blume und Porzellanschale die Glasglocke. Nach einiger Zeit ist die Nelke bzw. die Rose weiß gebleicht.

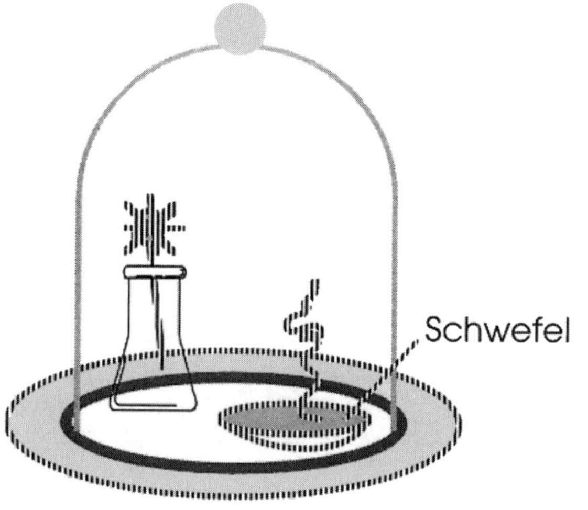

Besteht wieder der Wunsch nach einer roten Blume, taucht man die „weiße" Nelke oder Rose kurzentschlossen in das zweite Becherglas mit konz. Salzsäure und erhält nach dem Abwaschen der Säure mit Leitungswasser eine rote Blume.

Chemie

Anthocyanine (Anthocyane, griech.: anthos = Blüte, kyanos = blau) sind als Derivate der 2-Phenylbenzopyrylium-Salze (Flavylium-Salze) für die blauen, violetten und roten Farben vieler Blumen, Früchte, Fruchtsäfte und Rotweinsorten verantwortlich [1]. Da es sich um Glycoside handelt, läßt sich der Zucker (meist ein Disaccharid) vom eigentlichen Chromophor, dem Anthocyanidin, enzymatisch oder mit verdünnten Säuren abspalten.

Von den vier in wäßrigen Lösungen möglichen Cyaninstrukturen (Flavylium-Kation, Chinoide Base, Carbinol-Pseudobase und Chalkon-Pseudobase) [2] sollte mit Schwefeldioxid nur das rote Flavylium-Kation und die farblose Chalkon-Pseudobase reagieren.

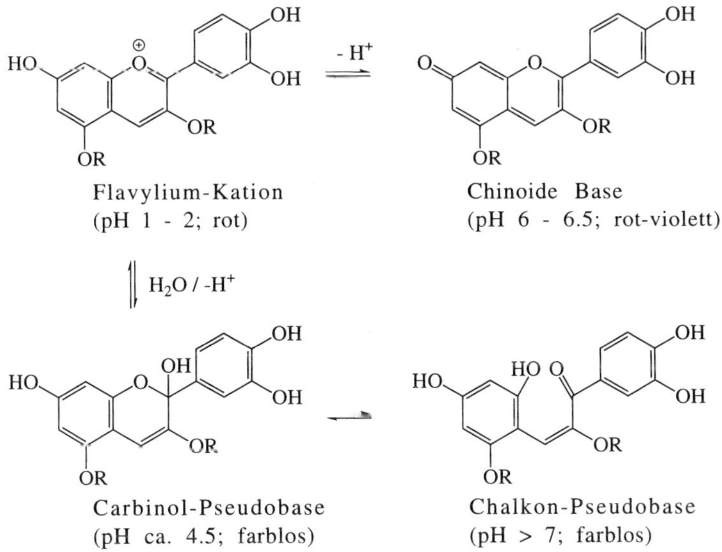

Bei den in der Natur vorkommenden Anthocyaninen liegen die Chinoide Base sowie die Chalkon-Pseudobase unterhalb eines pH-Wertes von 4 nicht mehr vor. Somit spielt bei Umsetzungen mit Schwefeldioxid in einem pH-Bereich von 1 bis 4 lediglich das rote Flavylium-Kation eine Rolle.

Beim Cyanin, dem Farbstoff roter Rosen, beruht der Verlust der Pigmentierung auf der nucleophilen Addition des Hydrogensulfits an das Flavylium-Kation unter Ausbildung eines sehr stabilen Addukts vom Meisenheimer-Typ. Die Reaktion mit Schwefeldioxid stellt sich somit folgendermaßen dar:

$$SO_2 + H_2O \rightleftharpoons HSO_3^- + H^+$$

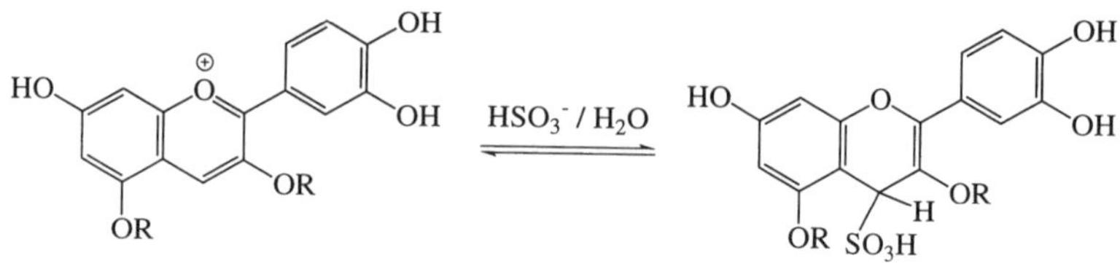

rot farblos

R = ß-D-Glucopyranosyl

Hierbei liegt ein Gleichgewicht zwischen dem farblosen Bisulfit-Addukt und dem roten Anthocyan Cyanin vor, welches bei einem sehr niedrigen pH-Wert auf der Seite des Farbstoffs liegt.

Entsorgung

Die Rückstände können nach gründlichem Waschen mit Wasser zum Hausmüll gegeben werden.

Literatur

[1] C. F. Timberlake, P. Bridle, in: *The Flavonoids*, J. B. Harborne, T. J. Mabry, H. Mabry (eds.), Chapman and Hall, London, 1975, S. 214.
[2] R. Brouillard, J.-M. El Hage Chahine, J. Am. Chem. Soc. 102 (1980) 5375.

20.9 Kerzenschießen

Sicherheitshinweis

Schwefelkohlenstoff (Kohlenstoffdisulfid) weist einen niedrigen Flammpunkt (Zündtemperatur 102 °C) auf und ist sehr toxisch, weißer Phosphor ist an der Luft selbstentzündlich und sehr giftig. Das Tragen einer Schutzbrille und von Handschuhen ist erforderlich, Gehörschutz wird nachhaltig empfohlen. Präparation der Kerzen in einem gut ziehenden Abzug!

Chemikalien

- 1 g weißer Phosphor P_4,
- 10 mL Schwefelkohlenstoff CS_2.

Geräte

- 3 Stative mit Klammer,
- 3–4 Kerzen ca. 15 cm lang,
- 10-mL-Fortunapipette,
- 100-mL-Weithalsflasche mit Schliffstopfen,
- Messer,
- Pinzette,
- Schreckschußpistole Kaliber 9 mm Knall oder 8 × 20 Knall mit zugehöriger Knallmunition,
- Thermometer,
- Isoplanplatte.

Versuch

Mittels Pinzette und Messer trennt man von einer Phosphorstange etwa 1 g und löst es in der 100-mL-Weithalsflasche in 10 mL Schwefelkohlenstoff auf.

Bei den Kerzen entfernt man an der Spitze das Wachs auf einer Länge von rund 2 cm, brennt den freigelegten Docht kurz an und erstickt die Flamme im Stickstoffstrom. Hierdurch wird der Docht weitgehend vom Wachs befreit, bleibt aber saugfähig. Rund 10 Minuten vor der Vorführung taucht man von 3 Kerzen den Docht in die Phosphor/Schwefelkohlenstoff-Lösung und legt die Kerzen dann für nahezu 8 Minuten zum Trocknen auf eine Isoplanplatte (**in der Nähe dürfen sich keine brennbaren Stoffe befinden**). Die Trocknungszeit hängt entscheidend von der Raumtemperatur ab (vorher unbedingt testen, Thermometer!).

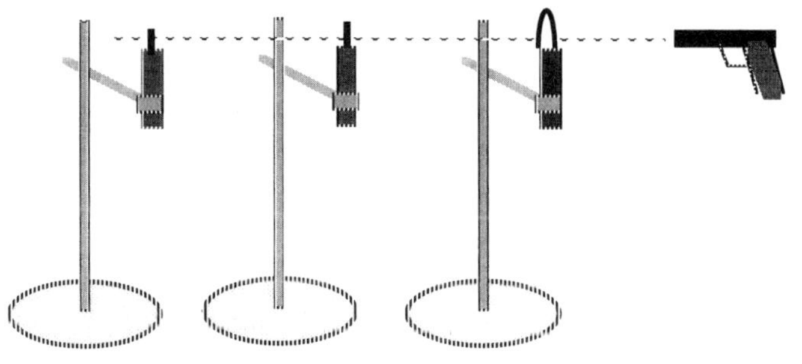

Anschließend spannt man in das erste Stativ eine nichtimprägnierte Kerze und in die restlichen beiden Stative die mit Phosphor getränkten Kerzen ein, wobei der Stativabstand jeweils 20–25 cm betragen sollte. Man zündet die erste Kerze an und schießt mit der Schreckschußpistole die Kerzenflamme von der ersten auf die zweite und anschließend (oder gleichzeitig) auf die dritte Kerze. Die Mündung der Schreckschußpistole soll hierbei ungefähr 25 cm von der erste Kerze entfernt sein und dabei auf alle 3 Kerzen zielen. Während man die Zuschauer ablenkt, läßt man die erste Kerze ohne Aufsehen durch eine weitere mit Phosphor präparierte austauschen und kann dann zum Erstaunen der Zuschauer die Flamme wieder auf die erste Kerze zurückschießen.

Chemie

Die heißen Verbrennungsgase löschen die 1. brennende Kerze und entzünden den Phosphor der präparierten Kerzen.

$$P_4 + 5\ O_2 \rightarrow P_4O_{10}$$

Wie zielt man richtig?

a) Die Ballistik lehrt den Parabelflug, d. h. das Geschoß muß wegen der Gravitation den Lauf mit dem Abgangswinkel α verlassen.
b) Licht- oder Wärmestrahlen gelangen auf dem kürzesten, also geraden Weg von einem Ort zum anderen.

c) Ist möglicherweise aufgrund der Phlogiston-Theorie (griech.: phlogiston = verbrannt) von G. E. Stahl (1660–1734) [1–3] oder wegen der auf der Flammenhitze beruhenden Auftriebskraft nach unten vorzuhalten?

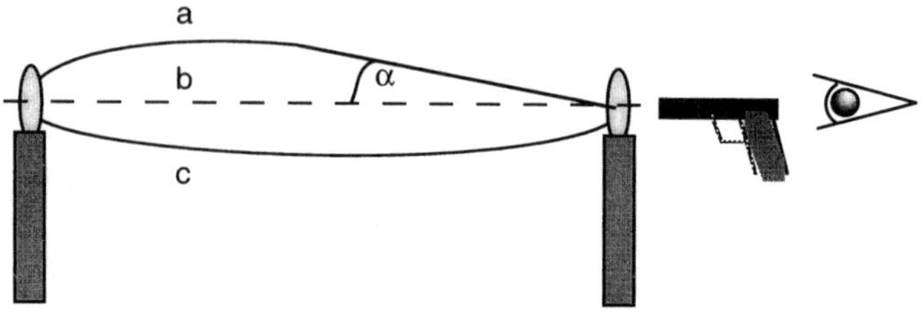

Literatur

[1] Spektrum der Wiss. 3 (1984) 106.
[2] Chemiker Zeitung 108 (1984) 219.
[3] G. Bugge, *Das Buch der großen Chemiker*, Verlag Chemie, Weinheim, 1984, Bd. 1, S. 192.

21
Goldmachen

„Schweiß tropfte von der Stirn des Experimentators. Sein Zuschauer bekreuzigte sich im Schatten."

Alexandre Dumas d. Ä., Cagliostro, 1846

Der betrügerische Goldmacher ist eine in der abendländischen Kulturgeschichte sehr oft dargestellte Figur. Niemandem ist es aber vergönnt, wirklich Gold machen zu können, was nicht heißt, daß angeblich alchimistisch hergestelltes Gold sich nicht tatsächlich vorweisen ließ – nur mußte man es dann schon vorher in der gewünschten Menge heimlich in den Ansatz eingeschmuggelt haben.

Der französische Schriftsteller Alexandre Dumas, der Ältere (1802–1870), schilderte 1846 in seinem Roman „Cagliostro" die Betrügereien des Alchimisten und Geisterbeschwörers Giuseppe Balsamo (1743–1795), der sich Alessandro Graf von Cagliostro nannte, insbesondere dessen Verwicklung in die „Halsbandaffäre". Der Kardinal Louis René Eduard, Prince de Rohan (1734–1803), Fürstbischof von Straßburg und Großalmosenier des Königs, war zusammen mit Cagliostro Jeanne de Valois, Gräfin de la Motte, aufgesessen, als er für ein angeblich für Königin Marie Antoinette bestimmtes Diamant-Halsband in Höhe von 1,6 Millionen Livres bürgte. Die Gräfin verscherbelte die Diamanten aber heimlich einzeln nach London. Es kam zu einem großen Prozeß, in dem Rohan und Cagliostro zwar freigesprochen wurden, das öffentliche Ansehen der französischen Monarchie aber endgültig ruiniert ward.

Im folgenden sei jene Szene aus dem Roman von Dumas zitiert, in der Balsamo, d. h. Graf von Cagliostro, dem Kardinal die glückliche Darstellung von Gold vorgaukelt: „‚Ich glaube, Sie haben mir doch gnädig zugestanden, daß ich Ihnen eine Kostprobe meines Könnens liefern darf … Deshalb kocht der Ofen jetzt, und in zehn Minuten werden Sie Ihr Gold bekommen. … Binden Sie sich diese Asbestmaske mit gläsernen Augen vor Ihr Gesicht, sonst könnte das Feuer Sie noch blenden, weil es so heiß ist.' … Balsamo legte ein kurzes Asbesthemd an, ergriff eine Stahlzange. … Balsamo schlug ein großes Buch auf, sprach, ein Stäbchen in der Hand haltend, eine Beschwörungsformel … ‚Das Gold wird prachtvoll sein, Monseigneur', versprach er, ‚erste Qualität'. Der Alchimist faßte den Tiegel vier Zoll unterhalb des Randes, vergewisserte sich, daß er ihn richtig gepackt hatte, indem er ihn einige Zoll hoch hob, spannte durch eine kräftige Bewegung seine Muskeln und nahm den furchtbaren Topf aus der Glut. Der Griff der Zange lief alsbald rot an, dann sah man über das tönerne Gefäß weißglühende Ströme rinnen, ähnlich Blitzen, die über einer Wolke aufzucken. Die Ränder des Tiegels nahmen eine dunkle rotbraune Farbe an, während sich der konische Grund noch rosenfarben und silbern auf dem Halbschatten des Ofens abzeichnete. Schließlich zischte das bröckelnde Metall, auf dem sich ein violetter, von goldenen Falten gekräuselter Schaum gebildet hatte, durch die Rinne des Tiegels und ergoß sich in das schwarze Gefäß, an dessen Öffnung wütend und brodelnd die goldene Schicht erschien, die des herkömmlichen Metalls spottete, das sie umschloß."

Wie man deutlich erkennen kann, liegt die Dramatik in der geschickten Wahl der Worte. Diese sollte man auch als Experimentator bei dem folgenden Versuch stets im Auge behalten.

21.1 Verwandlung von Kupfer in Silber und Gold

Sicherheitshinweis

Konzentrierte Natronlauge wirkt stark ätzend. Das Tragen einer Schutzbrille und von Gummihandschuhen ist erforderlich.

Chemikalien

- Dicke Kupferscheibe oder Kupfermünze,
- 25 g Zinkpulver (grobkörnig),
- 8 g Natriumhydroxid NaOH,
- Wasser.

Geräte

- 100-mL-Becherglas,
- Glasstab,
- Tiegelzange,
- Bunsenbrenner,
- Dreifuß,
- Eisendrahtnetz mit Keramik,
- Porzellankasserolle,
- Schale.

Versuch

Vor dem Experiment bereitet man im 100-mL-Becherglas eine 4 M Natronlauge durch Lösen von 8 g Natriumhydroxid in 50 mL Wasser.

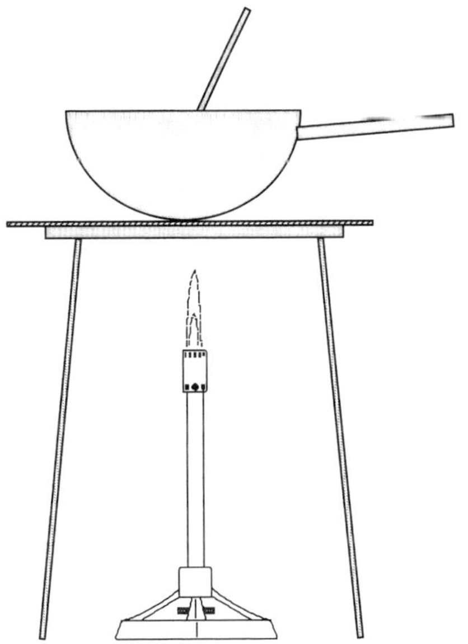

Bei der Vorführung stellt man die Porzellankasserolle auf das Drahtnetz, gibt 25 g Zinkpulver sowie 50 mL der Natronlauge hinein und erhitzt unter Rühren mit dem Glasstab bis zum Sieden (Achtung, Siedeverzug, gut rühren!). Dann legt man mit der Tiegelzange die Kupferscheibe in die Porzellankasserolle auf das Zinkpulver und wartet, bis die Kupferscheibe einen silberfarbenen Überzug erhalten hat (ca. 1/2 Minute). Man nimmt die Scheibe mit der Tiegelzange aus der Kasserolle und spült sie gründlich unter fließendem Wasser oder durch Eintauchen in eine mit Wasser gefüllte Schale ab. Nach dem Trocknen der Scheibe durch Abreiben mit einem saugfähigen Zellstofftuch liegt eine „Silbermünze" vor.

Beim nachfolgenden Erhitzen der „Silbermünze" in der Flamme des Bunsenbrenners nimmt diese einen Goldglanz an. Anschließendes Eintauchen in kaltes Wasser beschleunigt das Abkühlen der „Goldmünze".

Chemie

Im stark alkalischen Medium reagiert Zink zuerst unter Wasserstoffentwicklung zum Tetrahydroxozinkat-Salz.

$$Zn + 2\,H_2O + 2\,NaOH \rightarrow Na_2[Zn(OH)_4] + H_2$$

Im weiteren Verlauf scheidet sich bei einem direkten Kontakt zwischen dem Zinkpulver und der Kupferscheibe elementares Zink auf der Kupferoberfläche ab, welches nach dem Polieren mit einem weichen Tuch einer Silberschicht gleicht. Beim nachfolgenden Erhitzen in der Flamme des Bunsenbrenners bildet sich aus dem Zinküberzug und dem darunter liegenden Kupfer eine dünne Messingschicht aus, welche den Goldüberzug vortäuscht. **Achtung!** Übermäßiges Erwärmen der Metallscheibe führt zur Zerstörung des entstandenen Messingüberzugs [1,2]!

Entsorgung

Stark mit Wasser verdünnt kann die Natronlauge über das Abwasser entsorgt werden.

Historie

Metallurgische Fähigkeiten spielten in der frühen Geschichte der Alchimie eine große Rolle, insbesondere bei Völkern, welche Gerätschaften aus Silber, Gold, Bronze oder Eisen herstellten. Hierzu wird in einem Rezept aus dem Stockholmer Papyrus [3] die Herstellung von Silber aus Kupfer wie folgt beschrieben: „Herstellung von Silber. Kyprisches Kupfer, das für den Gebrauch schon vorbereitet ist und ausgereckt ist, tauche in Färberessig und Alaun und lasse es drei Tage weichen. Zu der Mine Kupfer mische dann Erde von Chios, kappadokisches Salz, schieferigen Alaun, je sechs Drachmen, und gieß es. Gieße aber mit Geschick, dann wird es ordentliches Silber werden. Du sollst gutes, unverfälschtes Silber, das die Probe hält, hinzufügen, aber nicht mehr als 20 Drachmen. Das wird die gesamte Mischung erhalten und unvergänglich machen."

Literatur

[1] Holleman-Wiberg, *Lehrbuch der Anorganischen Chemie*, Walter de Gruyter, Berlin, New York, 1995.

[2] B. Z. Shakhashiri, *Chemical Demonstrations. A Handbook for Teachers of Chemistry*, The University of Wisconsin Press, Madison, 4 (1992) 263.

[3] B. D. Haage, *Alchimie im Mittelalter, Ideen und Bilder – von Zosimos bis Paracelsius*, Artemis & Winkler Verlag Zürich, Düsseldorf, 1966, S. 69.

21.2 Goldmachen – die vornehmste Kunst der Alchimisten

Sicherheitshinweis

Weißer Phosphor ist giftig, reizend und selbstentzündlich, Benzoylperoxid ist reizend und explosionsgefährlich. Das Tragen einer Schutzbrille und von Handschuhen ist erforderlich.

Chemikalien

- Goldstück oder mit Blattgold überzogener Kieselstein,
- Körnchen weißer Phosphor P_4 oder Spatelspitze (10 mg) Benzoylperoxid $(C_6H_5)_2C_2O_4$.

Geräte

- 2 leicht unterschiedlich große Abdampfschalen aus Porzellan,
- 1–2 Tiegelzangen,
- 2 Bunsenbrenner,
- Dreifuß,
- Eisendrahtnetz mit Keramik,
- Kerzenwachs,
- 10-mL-Rollrandglas,
- Pinzette.

Versuch

Vor dem Experiment befestigt man das Goldstück mit ein wenig Wachs (kurz schmelzen) an der Innenseite der größeren Abdampfschale. Diese wird dann mit der Öffnung nach unten auf den Experimentiertisch gelegt. In das Rollrandglas wird ein Körnchen weißer Phosphor in Wasser oder eine Spatelspitze Benzoylperoxid gegeben.

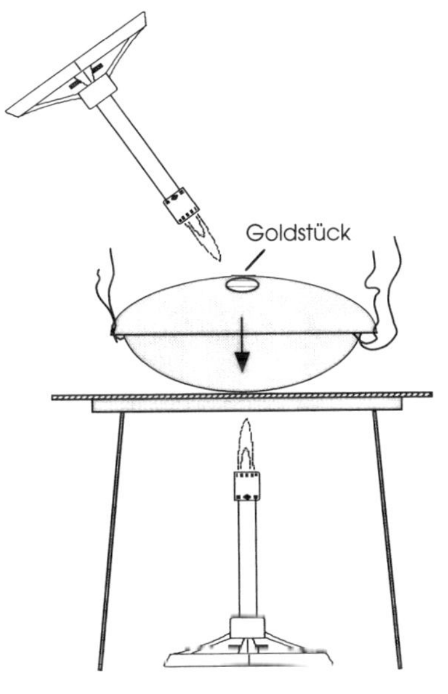

Bei der Vorführung stellt man die leere, kleinere Abdampfschale (vorher dem Publikum zeigen, daß sie wirklich leer ist) auf das Drahtnetz, gibt demonstrativ als Goldpulver ein Körnchen weißen Phosphor (mit der Pinzette) oder eine Spatelspitze Benzoylperoxid hinein und setzt zuletzt die größere Abdampfschale mit der Öffnung nach unten auf die kleinere, ohne daß die Zuschauer dabei das Goldstück sehen können. Dann stellt man einen Bunsenbrenner unter das Drahtnetz und erhitzt gleichzeitig mit dem zweiten Bunsenbrenner die obere Abdampfschale durch Abfächeln. Dieses führt zum Schmelzen des Wachses, worauf das Goldstück – für den Experimentator kurz hörbar – in die untere Abdampfschale fällt.

Das Phosphorkörnchen entzündet sich von selbst, das Benzoylperoxid entwickelt beim Erwärmen unter Verpuffen weiße Nebel – beide Effekte verleihen mit ihrer Rauchentwicklung dem Goldmachen die nötige Dramatik.

Nach dem Entfernen der oberen Abdampfschale mit der Tiegelzange entnimmt man ebenfalls mit der Tiegelzange das Goldstück und kühlt es in einem Wassergefäß kurz ab.

Historie

Über die Kunst des Goldmachers Marco Bragadino schrieb Graf Marcantonio Martinengo, Mitglied im Rat der Zehn der Republik Venedig, in einem Brief vom 30. Oktober 1589 an die Rektoren zu Brescia:

„Herr Marco Bragadino, der als ganz getreuer und vaterlandsliebender Untertan unserer hohen Republik den Wunsch hegte, Eueren Herrlichkeiten den sicheren Beweis zu liefern für die Tatsächlichkeit des ihm von Gottes Majestät geoffenbarten Geheimnisses, Metalle in Gold zu verwandeln, berief mich, seinen treuen und ergebenen Freund, zugleich Lehensmann Seiner Durchlaucht [des Dogen], zum verlässigen Zeugen. Er hieß mich ein Pfund Quecksilber, das einer meiner Diener auf meinen Befehl gekauft hatte, in einen Schmelztiegel legen, stellte diesen auf ein Kohlenfeuer und ließ ihn darauf etwa ein Vaterunser und ein Avemaria lang stehen. Dann hieß er mich von einem orangefarbenen Pulver, das er sehr rühmte, so viel wie ein gemahlenes Hirsekorn nehmen, es in rotes Wachs von der Größe eines Sorgweizenkorns (Sorghum vulgare) einhüllen, damit das außerordentlich feine Pulver nicht verflöge, ließ mich ein anderes Körnchen eines schwärzlich-grünen Stoffes, den er für ganz niedrig im Preise erklärte, ergreifen und warf davon zum Beweis ein Stück aus dem Fenster, setzte aber hinzu, dieser Stoff sei so notwendig zu dieser Verrichtung, daß man ohne ihn keinen Erfolg erzielen könne. Und ich hüllte ihn eigenhändig in gleich viel Wachs, warf dann zwei Kügelchen davon in den Tiegel, wo schon das Quecksilber kochte, und legte frische, sorgfältig angezündete Kohlen darauf, so daß das Ganze ringsherum brannte. So ließen wir es ungefähr eine Viertelstunde lang, nach deren Ablauf ich es nach Öffnung des Tiegels auf sein Geheiß glühend, wie es war, herausnahm und in ein Gefäß mit einer Flüssigkeit stellte, die äußerlich dem Wasser glich, aber bläulich in der Farbe war, so daß ich nicht weiß, was es eigentlich ist. Als der Tiegel erkaltet war, kam daraus ein Klumpen zum Vorschein, der damals genau wie das Quecksilber, das Euere Herrlichkeiten gesehen haben, ein Pfund wog. Ich habe Befehl von dem genannten Herrn Marco, den Klumpen umgießen, daraus ein Stänglein („verzeletta") machen zu lassen und es Ihnen zur Einsendung nach Venedig zu übergeben, damit alle jene Proben damit gemacht werden, denen das vierundzwanzigkarätige Gold gewöhnlich, sei es in der Zecca sei es anderswo, unterworfen wird.

Und zum Zeugnis, daß dies vollkommen wahr sei und keinerlei Verdacht unterliege, habe ich dieses Schriftstück eigenhändig unterschrieben und mit meinem gewöhnlichen Siegel versehen." [1]

Daß aber all seine Goldmacherei nur Betrug und Schwindel gewesen ist, bekennt Marco Bragadino am Tage vor seiner Hinrichtung (26. April 1591) auf dem Münchner Marienplatz in einem eigenhändig schriftlich niedergelegten Schuldbekenntnis. Es lautet in deutscher Übersetzung wie folgt:

„Da ich, Marco Bragadino, morgen vor den Richterstuhl des Höchsten treten soll, so gestehe ich offen vor dem Angesicht Gottes, daß ich nicht verstanden habe, die Seele des Goldes herauszuziehen und auch nicht glaube, daß irgend ein Mensch es könne, sondern alles, was ich getan habe, bloßer Betrug gewesen ist. Das Gleiche sage ich auch von den Projektionen. Und das offenbare ich zur Entlastung meines Gewissens. Und auf solche Weise habe ich fortgesetzt meinen Nächsten betrogen. Doch Gott hatte Mitleid mit mir, Er hat mir die Gnade getan, daß ich entlarvt wurde, damit ich mit dem Leben büße als Warnung für alle Beleidiger seiner unendlichen Güte, der Dank sei in Ewigkeit." [2]

Literatur

[1] Ivo Striedinger, *Der Goldmacher Marco Bragadino*, Theodor Ackermann, München, 1928, S. 37 und S. 232.
[2] Ivo Striedinger, *Der Goldmacher Marco Bragadino*, Theodor Ackermann, München, 1928, S. 131 und S. 227.

22
Zaubereien, alte und neue

„Bei dem Anblick eines fürchterlichen Phantoms stehen sowohl dem ungläubigen als dem gläubigen Hirnschädel die Haare zu Berge."

Gotthold Ephraim Lessing

Wir wissen aus den Schriften Lichtenbergs, wie wichtig ihm in seiner Experimental-Vorlesung in Göttingen die große Elektrisiermaschine war. Aus seinen Tage- und Sudelbüchern erfahren wir aber auch, daß sie häufig versagte. Allzu klein war Lichtenbergs Hörsaal für die manchmal hundert und mehr Hörer. Schnell wurde die Luft zu feucht, und alle elektrischen Versuche mißglückten vor Publikum. Waren aber nur wenige Hörer anwesend, so erzielte Lichtenberg bemerkenswerte Effekte.

Auch führte er in der Vorlesung gern das Leuchten von weißem Phosphor im Dunkeln vor – wie wir oben schon gesehen haben. Ziemlich sicher war der Schriftsteller Carl Grosse, der in Göttingen ab 1786 Medizin studiert und sowohl promoviert als auch sich habilitiert hatte, einer seiner Hörer gewesen, hatte in Lichtenbergs Vorlesung bleibende Eindrücke empfangen und diese 1791/95 bei der Gestaltung seines Romanes „Der Genius" verwendet. Für einen Naturwissenschaftler sind die von Grosse im folgenden verarbeiteten Experimente ja eher schlicht, aber dramatisch arrangiert, erzielen sie doch beachtliche Wirkungen. Auch als Vortragender im Hörsaal sollte man zumindest zuweilen in die dramatische Trickkiste greifen, um den Effekt dargebotener Versuche zu erhöhen.

In der folgenden Szene aus Grosses „Genius" geht es um die Bestrafung eines etwas tölpelhaften Chevaliers, der unter einem fadenscheinigen Vorwand um Mitternacht in ein düsteres Kirchengemäuer gelockt wird: „Eine große Elektrisiermaschine, die der Marquis nicht weit von der Kanzel hatte setzen lassen, tat hierzu vortreffliche Dienste. Es fuhren zuerst große Funken aus dem Konduktor, und endlich aus der Spitze ein ganzer elektrischer Strom. Überdem ließ man einen mit Harz und Schwefel bestrichenen, und so angezündeten Klumpen Werg, auf den in der Mitte befindlichen Kronleuchter hinab (Anm.: Es sei hier an die Zündversuche Lichtenbergs mittels elekrischem Funken erinnert!), der einige Lichter im Augenblick anzündete. Die im Dochte befindlichen Knallkügelchen erhitzten sich aber kaum, als sie auch eins nach dem andern mit einer heftigen Explosion wieder erloschen ... einige Blasebälge bliesen ihm (d. h.: dem Chevalier) einen starken Luftstrom ins Gesicht; in allen Ecken pfiff und zischte es; einige mit Phosphorus bestrichene Tücher, die man hin und her schwang, erleuchteten noch dazu von Zeit zu Zeit den Raum, und da die elektrische Maschine nach und nach stärkere Wirkungen hervorbrachte, so sahen wir (Anm.: die Veranstalter des Zaubers) ganz helle Ströme bei ihm vorbeifahren … Indem erhob sich in der Nähe des Altars ein großer Rauch (Anm.: Weihrauch oder Ammonchlorid), der sich allmählich verdichtete und wie Körper gewann. Hieraus traten Don Joachim F. und Don Romero L., beide wie die Teufel angeputzt … Beide hatten sich über und über mit Phosphorusstreifen gemalt, und Don Joachim F. trug auf seinem Kopfe noch eine lange Laterne, worauf mit roten Buchstaben geschrieben stand: ‚Sünder! bereite Dich zu Deinem herannahenden Ende!'“

Aus dem Vorstehenden kann man zweierlei lernen: So, wie Lichtenberg seinen Carl Grosse fand, so regt man vielleicht selbst bei einer dramatischen Experimentalvorlesung die Phantasie des einen oder anderen Hörers zu einem allzu raumgreifenden literarischen Höhenflug an – gewissermaßen als Zauberlehrling, dem die Geister entwischen.

Das zweite, was man lernen kann: Inszenierung ist alles! Selbst schlichteste Versuche mutieren zu dämonischem Spuk!

22.1 Chemischer Garten

Sicherheitshinweis

Aluminiumchlorid-hexahydrat und Eisen(III)-chlorid-hexahydrat sind gesundheitsschädlich und reizend, Chrom(III)-chlorid-hexahydrat, Cobalt(II)-chlorid-hexahydrat, Cobalt(II)-nitrat-hexahydrat sowie Nickelsulfat-heptahydrat wirken gesundheitsschädlich, Nickelchlorid-hexahydrat ist giftig, Kupfer(II)-chlorid-dihydrat giftig und reizend, Natronwasserglas ist reizend, Chrom(III)-nitrat-nonahydrat wirkt brandfördernd.

Chemikalien

- 50 mL Natronwasserglas Na_2SiO_3,
- Kristalle von Aluminiumchlorid-hexahydrat $AlCl_3 \cdot 6\,H_2O$,
- Cobalt(II)-chlorid-hexahydrat $CoCl_2 \cdot 6\,H_2O$,
- Cobalt(II)-nitrat-hexahydrat $Co(NO_3)_2 \cdot 6\,H_2O$,
- Chrom(III)-chlorid-hexahydrat $CrCl_3 \cdot 6\,H_2O$,
- Chrom(III)-nitrat-nonahydrat $Cr(NO_3)_3 \cdot 9\,H_2O$,
- Kupfer(II)-chlorid-dihydrat $CuCl_2 \cdot 2\,H_2O$,
- Eisen(III)-chlorid-hexahydrat $FeCl_3 \cdot 6\,H_2O$,
- Eisen(II)-sulfat-heptahydrat $FeSO_4 \cdot 7\,H_2O$,
- Nickelchlorid-hexahydrat $NiCl_2 \cdot 6\,H_2O$,
- Nickelsulfat-heptahydrat $NiSO_4 \cdot 7\,H_2O$,
- dest. Wasser.

Geräte

- 100-mL-Becherglas,
- Dia-Projektor mit einem aus Plexiglas gefertigten, in den Projektor passenden schmalen Einsatz oder Kristallisierschale und Overhead-Projektor.

Versuch

Im Becherglas verdünnt man 50 mL Wasserglas mit 50 mL dest. Wasser, füllt mit dieser Lösung den Projektionseinsatz bzw. bedeckt den Boden der Kristallisierschale. Gibt man nun einige der oben zur Auswahl stehenden Kristalle in das Wasserglas, so beobachtet man nach kurzer Zeit ein teilweise stoßweises Wachsen von durchsichtigen, farbigen Schläuchen. Beim Fehlen einer Projektionsmöglichkeit kann man den Versuch auch in einem hohen Becherglas oder Standzylinder durchführen.

Chemie

Die farbigen Salze (Metall-Ionen) bilden zusammen mit den Silicat-Ionen des Natronwasserglases [1,2] (Molverhältnis $Na_2O : SiO_2 = 1 : 3.4$) eine den Kristall umgebende, wasserunlösliche Membranhülle. Innerhalb dieser Hülle liegen eine höhere Salz- sowie eine niedrigere Wasserkonzentration als außerhalb vor. Das somit vorherrschende Konzentrationsgefälle verstärkt folglich die Diffusion von Wasser in die Membranhülle hinein. Der resultierende osmotische Druck bewirkt ein Aufbrechen der farbigen Membranen, worauf die herausdiffundierenden Metall-Ionen mit dem Wasserglas neue Membranen ausbilden und so das Wachstum der „chemischen Pflanzen" herbeiführen.

Entsorgung

Die Entsorgung erfolgt mit dem anorganischen Sondermüll.

Literatur

[1] Holleman-Wiberg, *Lehrbuch der Anorganischen Chemie*, Walter de Gruyter, Berlin, New York, 1995, S. 942.

[2] Römpp *Chemie Lexikon*, Georg Thieme Verlag, Stuttgart, New York, 1995, S. 5003.

22.2 Schwarze Lava: Zersetzung von Zucker durch konzentrierte Schwefelsäure

Sicherheitshinweis

Konz. Schwefelsäure wirkt ätzend und reizend, Natriumhydroxid ist ätzend. Das Tragen einer Schutzbrille und von Handschuhen ist erforderlich.

Chemikalien

- 100 g Kristallzucker,
- 80 mL konz. Schwefelsäure H_2SO_4,
- 15 mL Wasser,
- Natriumhydroxid NaOH.

Geräte

- Hohes 800-mL-Becherglas,
- 250-mL-Erlenmeyerkolben,
- Glasstab.

Versuch

Man füllt 100 g Zucker in das Becherglas, feuchtet ihn mit 15 mL Wasser an und steckt in die Mitte des Zuckers einen Glasstab. Anschließend gießt man vorsichtig, aber zügig 80 mL konz. Schwefelsäure hinzu. Nach einigen Sekunden wächst unter starkem Qualmen und Dunkelfärbung des Zuckers aus dem Becherglas eine schwarze, lavaartige Säule empor.

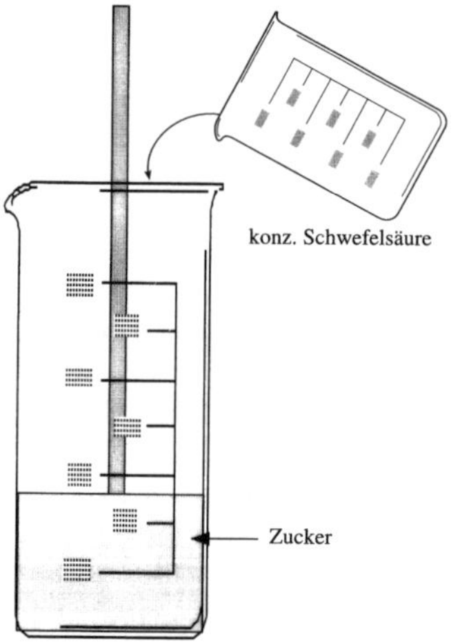

Chemie

Das Mischen von Wasser mit konz. Schwefelsäure erfolgt unter starker Wärmeentwicklung ($\Delta H = -95.4$ kJ/mol). Ursache hierfür ist die ausgeprägt wasserentziehende Wirkung der konzentrierten Schwefelsäure, die bei dieser Umsetzung mit Zucker als treibende Kraft [1] wirkt.

Der Zucker beginnt anfangs zu schmelzen, verwandelt sich dann in eine braune karamelartige Masse, um schließlich zu verkohlen.

Entsorgung

Die sauren Reaktionsprodukte werden durch vorsichtige Zugabe von Natronlauge neutralisiert und dann über das Abwasser entsorgt.

Literatur

[1] Holleman-Wiberg, *Lehrbuch der Anorganischen Chemie*, Walter de Gruyter, Berlin, New York, 1995, S. 586.

22.3 Limonade – Traubensaft

Sicherheitshinweis

Schwefelsäure ist ätzend und reizend, Eisen(III)-chlorid-hexahydrat gesundheitsschädlich und reizend. Das Tragen einer Schutzbrille ist erforderlich.

Chemikalien

- 7 g Tannin,
- 0.135 Eisen(III)-chlorid-hexahydrat $FeCl_3 \cdot 6\,H_2O$,
- 50 %ige Schwefelsäure H_2SO_4

Geräte

- 6 hohe 600-mL-Bechergläser,
- 1 2-L-Becherglas,
- Glasstab.

Versuch

In einem 2-L-Becherglas werden vor der Vorführung 7 g Tannin in 1.5 L Wasser unter öfterem Rühren mit einem Glasstab gelöst (Tannin geht nur sehr langsam in Lösung). Dann stellt man 6 hohe, von 1 bis 6 gekennzeichnete Bechergläser nebeneinander auf, wobei die Gläser 1, 3 und 5 leer bleiben. In das Glas 2 gibt man vor der Vorlesung 1 mL einer 0.1 M $FeCl_3$-Lösung (0.135 g in 5 mL H_2O), in den Gläsern 4 und 6 bedeckt man jeweils den Boden mit halbkonzentrierter Schwefelsäure.

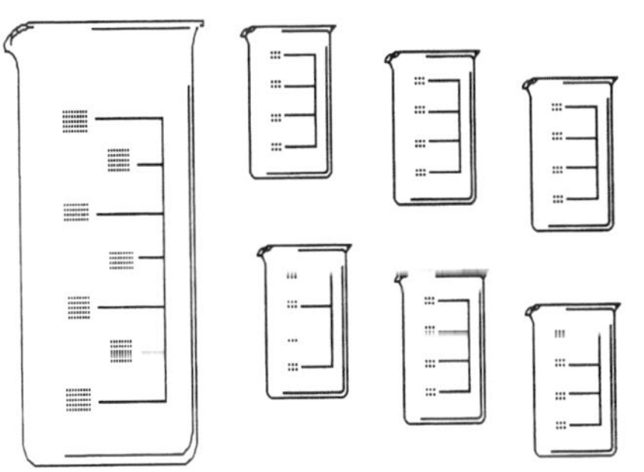

Nun gießt man nacheinander aus dem 2-L-Becherglas die Tannin-Lösung in die Gläser 1, 2 und 3, bis diese nahezu halb gefüllt sind. In den Gläsern 1 und 3 bleibt „Limonade", im Glas 2 entsteht überraschend „Traubensaft".

Anschließend wird der Inhalt der drei Gläser 1–3 wieder in das 2-L-Becherglas zurückgegossen, welches dann „Traubensaft" enthält.

Im weiteren Verlauf der Vorführung füllt man die Bechergläser 4 bis 6 jeweils zur Hälfte mit dem nun im 2-L-Becherglas vorliegenden „Traubensaft", wobei in den Behältern 4 und 6 jedoch „Limonade" entsteht.

Zum Schluß wird der Inhalt der drei Bechergläser wieder in das 2-L-Becherglas zurückgegossen, welches jetzt „Limonade" enthält [1].

Chemie

Die Farbe einer wäßrigen Lösung von Tannin gleicht der einer Limonade, die in den Gläsern 1 und 3 dann scheinbar vorliegt. Im Glas 2 bildet sich aus Eisen(III)-chlorid und der im Tannin enthaltenen Gallussäure, 3,4,5-Trihydroxybenzoesäure $C_6H_2(OH)_3(COOH)$, ein schwarz gefärbter Komplex [2]. Nach erfolgtem Zurückgießen der Gläser 1–3 liegt im 2-L-Becherglas der Eisenkomplex der Gallussäure – also Traubensaft – vor. Beim nachfolgenden Eingießen in die mit Schwefelsäure bedeckten Gläser 4 und 6 wird im sauren pH-Bereich der Gallussäure-Komplex zerstört, lediglich die Farbe des Tannins bleibt erhalten.

Entsorgung

In stark mit Wasser verdünnter Form kann die Lösung über das Abwasser entsorgt werden.

Literatur

[1] Ph. S. Bailey, Ch. A. Bailey, J. Andersen, P. G. Koski, C. Rechsteiner, J. Chem. Educ. 52 (1975) 8.

[2] Gmelin, *Handbuch der Anorganischen Chemie*, Verlag Chemie, Berlin, 1932, Band 59 B.

22.4 Farbspiele in einer Lösung

Sicherheitshinweis

Kaliumhydrogensulfat und Natriumcarbonat wirken reizend, Eisen(III)-chlorid sowie Kaliumthiocyanat sind gesundheitsschädlich, Natriumfluorid ist giftig und reizend, Methanol CH_3OH ist leichtentzündlich und giftig. Das Tragen einer Schutzbrille wird empfohlen.

Chemikalien

- 0.2 g Phenolphthalein $C_{20}H_{14}O_4$,
- 100 mg Natriumcarbonat Na_2CO_3,
- 3 g Eisen(III)-chlorid-hexahydrat $FeCl_3 \cdot 6\,H_2O$,
- 160 mg Kaliumhexacyanoferrat(II) $K_4[Fe(CN)_6]$,
- 2.4 g Kaliumhydrogensulfat $KHSO_4$,
- 1 g Kaliumthiocyanat KSCN,
- 3 g Natriumfluorid NaF,
- Methanol CH_3OH,
- dest. Wasser.

Geräte

- 7 25-mL-Bechergläser,
- 6 2-L-Bechergläser,
- 7 10-mL-Pipetten,
- Glasstäbe.

Versuch

Vor der Vorführung bereitet man folgende Lösungen:
200 mg Phenolphthalein in 20 mL Methanol,
100 mg Natriumcarbonat in 20 mL Wasser,
3 g Eisen(III)chlorid-hexahydrat in 20 mL Wasser,
1 g Kaliumthiocyanat in 20 mL Wasser,
3 g Natriumfluorid in 20 mL Wasser,
2.4 g Kaliumhydrogensulfat in 20 mL Wasser,
160 mg Kaliumhexacyanoferrat(II) in 20 mL Wasser.

Die mit A–F gekennzeichneten 2-L-Bechergläser werden wie folgt gefüllt:
In A 5 mL der Phenolphthalein-Lösung,
in B 10 mL der Natriumcarbonat-Lösung,
in C 10 mL der Eisenchlorid-Lösung,
in D 10 mL der Kaliumthiocyanat-Lösung,
in E 10 mL der Natriumfluorid-Lösung und
10 mL der Kaliumhydrogensulfat-Lösung,
in F 10 mL der Kaliumhexacyanoferrat-Lösung.

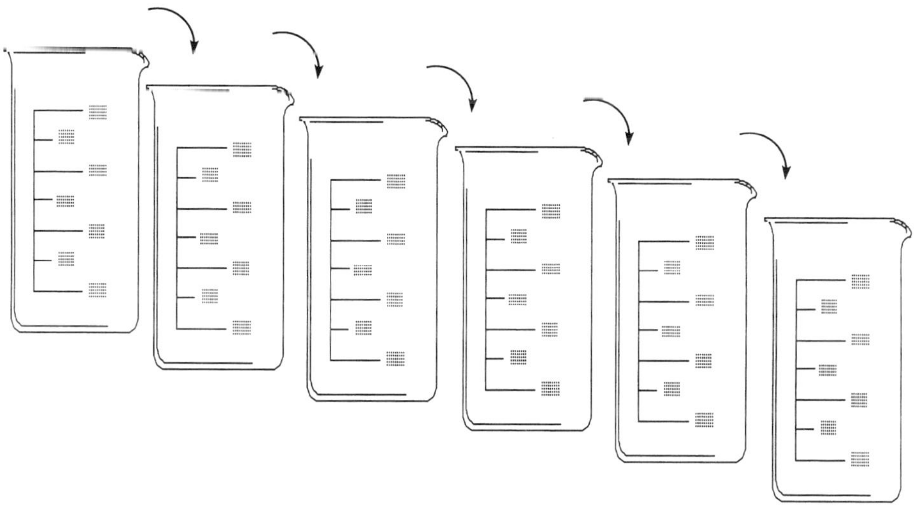

Bei der Vorführung versetzt man die Lösung in A mit ungefähr 1.8 L dest. Wasser und schüttet die anfangs farblose Lösung in das Glas B, wobei sie sich rotviolett färbt. Beim weiteren Umgießen zeigen sich Farbumschläge nach Gelb (C) und nachfolgend Rot (D). Im Becherglas E wird die Lösung nahezu farblos, um abschließend bei F nach Tiefblau umzuschlagen.

Chemie

Der im neutralen Bereich farblose Phenolphthalein-Indikator schlägt in Gegenwart von Natriumcarbonat nach Rotviolett um, da die bei Natriumcarbonat zu beobachtende Hydrolyse (a) ein schwach alkalisches Milieu ergibt. Im nächsten Glas reagiert das Hexaaquoferrat-Ion als Kationsäure (b) zu gelben Pentaaquahydroxo- und Tetraaquadihydroxoferrat-Ionen. Die damit verbundene Senkung des pH-Wertes führt gleichzeitig zum Entfärben des Phenolphthalein-Indikators. Bei der nachfolgenden Zugabe der Kaliumthiocyanat-Lösung entsteht u. a. der intensiv rot gefärbte Thiocyanat-Komplex (c), der sich mit Natriumfluorid entfärben (d) läßt. Der dabei gebildete Hexafluorokomplex ist stabiler, wird aber bei Zugabe von Kaliumhexacyanoferrat unter Bildung von Berliner Blau zerstört [1,2] (e).

a) $CO_3^{2-} + H_2O \rightarrow HCO_3^- + OH^-$
b) $[Fe(H_2O)_6]^{3+} + H_2O \rightarrow [Fe(OH)(H_2O)_5]^{2+} + H^+$
c) $[Fe(OH)(H_2O)_5]^{2+} + 3\ SCN^- \rightarrow [Fe(SCN)_3(H_2O)_3] + 2\ H_2O + OH^-$
d) $[Fe(SCN)_3(H_2O)_3] + 6\ F^- \rightarrow [FeF_6]^{3-} + 3\ H_2O + 3\ SCN^-$
e) $4\ [FeF_6]^{3-} + 3\ [Fe(CN)_6]^{4-} \rightarrow Fe_4[Fe(CN)_6]_3 + 24\ F^-$

Die Menge des benötigten Natriumcarbonats muß bei Verwendung von Leitungswasser in Abhängigkeit von dessen pH-Wert neu ermittelt werden.

Entsorgung

Lösung stark verdünnen und dann ins Abwasser geben.

Literatur

[1] Holleman-Wiberg, *Lehrbuch der Anorganischen Chemie*, Walter de Gruyter, Berlin, New York, 1995.
[2] H. J. Buser, D. Schwarzenbach, W. Petter, A. Ludi, Inorg. Chem. 16 (1973) 2704.

22.5 Bluttest

Sicherheitshinweis

Konzentrierte Wasserstoffperoxid-Lösung (Perhydrol) wirkt oxidierend und ätzend. Das Tragen einer Schutzbrille und von Handschuhen ist erforderlich!

Chemikalien

- 10–15 mL 30%ige Wasserstoffperoxid-Lösung H_2O_2,
- 50 mL Rinder- oder Schweineblut.

Geräte

- 1 250-mL-Kelchglas,
- 10-mL-Pipette,
- 50-mL-Meßzylinder,
- 50-mL-Spritze,
- flache 100-mL-Glasflasche mit Septum.

Versuch

Eine flache 100-mL-Glasflasche wird mit ungefähr 50 mL Rinder- oder Schweineblut gefüllt, mit einem Septum verschlossen und in eine aus einem Stoffband gefertigte Manschette eingelegt.

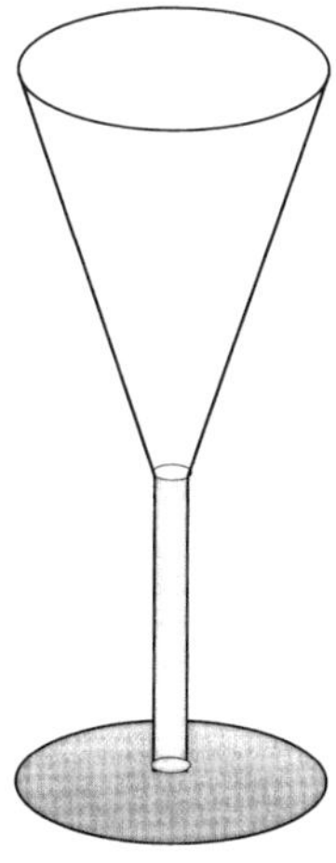

Bei der Vorführung legt man einer (freiwilligen) Versuchsperson die Manschette mit der Vorratsflasche am leicht nach unten gehaltenen Oberarm an. Mittels einer 50-mL-Spritze nimmt man anschließend der Versuchsperson (d. h. der Flasche!) annähernd 35 mL Blut ab und gibt dies in das bereitstehende Kelchglas.

Beim eigentlichen Test fügt man mit der Pipette in einem kräftigen Strahl 10–12 mL der 30%igen Wasserstoffperoxid-Lösung zum Blut, worauf dieses unter weitgehendem Entfärben und einer beachtlichen Volumenzunahme zu einer grauen bis weißen, klebrigen Masse aufschäumt. Da die Vermischung von Blut und Wasserstoffperoxid meist nicht vollständig erfolgt, führen verbleibende, unzersetzte Blutreste zu auflockernden, rötlichen Flecken in der hellen Gerinnungsmasse.

Chemie

Die bei der Atmung erfolgende Vierelektronen-Reduktion von Disauerstoff zu Wasser wird von der Bildung sehr toxischer Nebenprodukte wie dem Hyperoxid-Anion O_2^-, dem Wasserstoffperoxid H_2O_2 sowie dem Hydroxyl-Radikal $OH^\bullet$ begleitet [1–2]. Die äußerst reaktive Hyperoxid- und Hydroxyl-Spezies können in der Zelle im wesentlichen jedes organische Molekül bis hin zum Makromolekül durch Oxidation zerstören. Wasserstoffperoxid hingegen wirkt meist nur schädigend auf Zellbestandteile.

$O_2 + e^- \rightarrow O_2^-$	Hyperoxid-Anion
$O_2^- + e^- + 2\,H^+ \rightarrow H_2O_2$	Wasserstoffperoxid
$H_2O_2 + e^- + H^+ \rightarrow H_2O + OH^\bullet$	Hydroxyl-Radikal
$OH^\bullet + e^- + H^+ \rightarrow H_2O$	Wasser

Der Organismus entledigt sich dieser oxidierenden Schadstoffe mit Hilfe der Enzyme Katalase, Peroxidase und Superoxid Dismutase, welche gezielt diese Sauerstoffverbindungen (O_2^-, H_2O_2, $OH^\bullet$) abbauen. Den Hauptanteil übernimmt dabei das zur Gruppe der Desmolasen gehörende Enzym Katalase, welches die Disproportionierung von Wasserstoffperoxid zu Wasser und Sauerstoff katalysiert.

$$2\ H_2O_2 \rightarrow 2\ H_2O + O_2$$

Auf Wasserstoffperoxid wirkt ferner noch das Enzym Peroxidase unter bevorzugter Mithilfe des Reduktionsmittels NADH (NAD = Nicotinamid-Adenin-Dinucleotid) ein.

$$H_2O_2 + NADH + H^+ \rightarrow 2\ H_2O + NAD^+$$

Die äußerst toxischen Hyperoxid-Ionen schließlich lassen sich durch das Enzym Superoxid-Dismutase (SOD) zerstören.

$$2\ O_2^- + 2\ H^+ \rightarrow H_2O_2 + O_2$$

Das gemeinsame Wirken von Katalase und Superoxid-Dismutase bewirkt letztlich die Umwandlung des Hyperoxids zu Sauerstoff.

$$4\ O_2^- + 4\ H^+ \rightarrow 2\ H_2O_2 + 2\ O_2$$

Die anfangs beschriebene Disproportionierung von Wasserstoffperoxid dient als Nachweis für das Enzym Katalase in Bakterienkulturen [3]. Hierzu werden einige Zellen auf einem Objektträger mit 30 %iger Wasserstoffperoxid-Lösung behandelt – die sofortige Entwicklung von Gasblasen (Sauerstoff) gilt dann als positiver Befund. Enzyme spielen als Biokatalysatoren eine bedeutende Rolle, da sie Reaktionsgeschwindigkeiten um den Faktor 10^8 bis 10^{20} erhöhen können.

Die im Blut vorhandene Katalase bewirkt die augenblickliche, katalytische Zersetzung des 30 %igen Wasserstoffperoxids unter Freisetzung beachtlicher Mengen an aktivem Sauerstoff. Unmittelbare Folgen sind dann u. a. die oxidative Zerstörung des Hämoglobins und das damit verbundene Entfärben des Blutes sowie die Blutgerinnung durch Denaturierung der Proteine Fibrinogen, Albumin, der α_1-, α_2-, β- und γ-Globuline sowie der Proteinanteile der Erythrocyten, Leukocyten und Thrombocyten. Das Aufschäumen und die starke Volumenzunahme beruhen letztlich auf der Treibgaswirkung des freigesetzten gasförmigen Sauerstoffs.

Entsorgung

Die Stoffe können über das Abwasser entsorgt werden.

Literatur

[1] M. T. Madigan, J. M. Martinko, J. Parker, *Brock Biology of Microorganisms*, Prentice Hall International, Upper Saddle River, New Jersey, 1997, S. 118 und S. 174.
[2] D. Lim, *Microbiology*, 2nd. ed., Mac Graw-Hill, Boston 1998, S. 93.
[3] P. Gerhardt, *Methods for General Molecular Biology*, American Society for Microbiology, Washington, 1994, S. 614.

22.6 Blaues Wunder

Sicherheitshinweis

Das Tragen einer Schutzbrille ist erforderlich. Natriumhydroxid wirkt ätzend, Methanol ist leichtentzündlich und giftig. Wegen der ungeklärten toxikologischen Wirkung der Indikatoren Methylenblau, Fluorescein, Phenolphthalein, Indigocarmin sowie Resazurin sind diese Stoffe vorerst als potentiell gesundheitsschädlich einzustufen.

Chemikalien

- 200 g Glucose $C_6H_{12}O_6$,
- 25 g Natriumhydroxid NaOH,
- 0.1 g Methylenblau $[C_{16}H_{18}N_3S]Cl$,
- 0.1 g Phenolphthalein $C_{20}H_{14}O_4$,
- 0.1 g Fluorescein (Natriumsalz) $C_{20}H_{10}O_5Na_2$,
- 50 mg Indigocarmin (Natriumsalz) $C_{16}H_8N_2O_8S_2Na_2$,
- 50 mg Resazurin $C_{12}H_7NO_4$,
- 100 mL Methanol CH_3OH,
- dest. Wasser.

Geräte

- 5 50-mL-Polyethylen-Flaschen mit Schraubverschluß,
- 100-mL-Meßzylinder,
- 5 500-mL-Schüttelzylinder mit PVC-Stopfen,
- 5 10-mL-Pipetten.

Versuch

Man bereitet folgende Indikator-Lösungen:

A 50-mL-PE-Flasche mit 100 mg Methylenblau in 50 mL Wasser,
B 50-mL-PE-Flasche mit 100 mg Phenolphthalein in 50 mL Methanol,
C 50-mL-PE-Flasche mit 100 mg Fluorescein in 50 mL Methanol,
D 50-mL-PE-Flasche mit 50 mg Resazurin in 50 mL Wasser,
E 50-mL-PE-Flasche mit 50 mg Indigocarmin in 50 mL Wasser.

Die Lösung E ist nur einige Stunden lang haltbar.

In den fünf mit 400 mL Wasser gefüllten Schüttelzylindern (A–E) werden je 5 g NaOH und 40 g Glucose gelöst. Zusätzlich versetzt man den Schüttelzylinder B mit 10 mL der Phenolphthalein-Lösung und den Schüttelzylinder C mit 10 mL der Fluorescein-Lösung.

Zum Versuchsbeginn gibt man je 10 mL der Methylenblau-Lösung in die Schüttelzylinder A, B und C, 10 mL der Resazurin-Lösung in den Schüttelzylinder D und 20 mL der Indigocarmin-Lösung in den Schüttelzylinder E. Dann verschließt man die Gefäße A bis E und schüttelt sie kräftig. Beim Stehenlassen stellen sich folgende Farbwechsel ein:

A) blau → farblos,
B) blau → rot,
C) gelb-fluoreszierend → grün,
D) violett-fluoreszierend → rot-fluoreszierend → farblos und
E) grün → blau → orange → gelb.

Erneutes Schütteln bringt in allen Zylindern die ursprünglichen Farben zurück. [1]

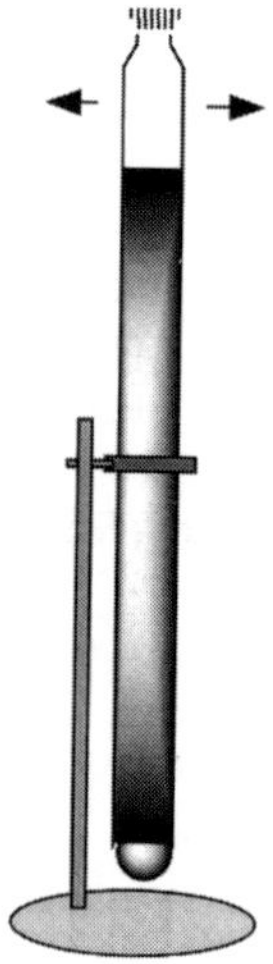

Mit Indigocarmin allein erzielt man einen eindrucksvolleren Effekt, wenn man den Versuch mit dem fünffachen Ansatz in einem großen Glasrohr (Ø ca. 8 cm, Länge ca. 60 cm) durchführt, welches an einem Ende eine Hülse (NS 29) aufweist und am anderen Ende rundgeschmolzen ist. Das Rohr soll hierbei nicht geschüttelt sondern nur behutsam gekippt werden. Die Farbzonen (grün, blau, orange und gelb) verteilen sich dann über das ganze Glasrohr.

Chemie

Methylenblau katalysiert die Oxidation der Glucose ($C_6H_{12}O_6$) zu einem Gemisch von Gluconolacton, Gluconsäure und Glucuronsäure [2,3], wobei im ersten Schritt Methylenblau durch Glucose zu farblosem Leukomethylenblau reduziert wird.

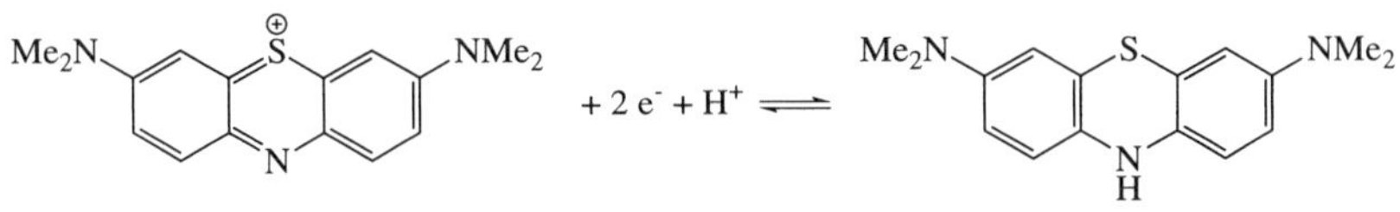

blau — farblos

Beim anschließenden Schütteln des Standzylinders (eventuell kurzzeitiges Öffnen des PVC-Stopfens) oxidiert der im Wasser gelöste Sauerstoff das entstandene farblose Leukomethylenblau wieder zu Methylenblau. Der Zyklus „Entfärben – Schütteln – Blaufärben" kann öfters wiederholt werden.

Die Farbindikatoren Fluorescein bzw. Phenolphthalein führen im Verlauf der Redoxprozesse zu willkommenen Farbnuancen.

Resazurin wird in einer vorgeschalteten, irreversiblen Reaktion durch Glucose zu Resorufin reduziert. Dieser Farbstoff kann dann zwischen seiner oxidierten, violetten (Resorufin) und seiner reduzierten, farblosen Form (Dihydroresorufin) hin- und herwechseln und dabei die Oxidation der Glucose durch Sauerstoff katalysieren.

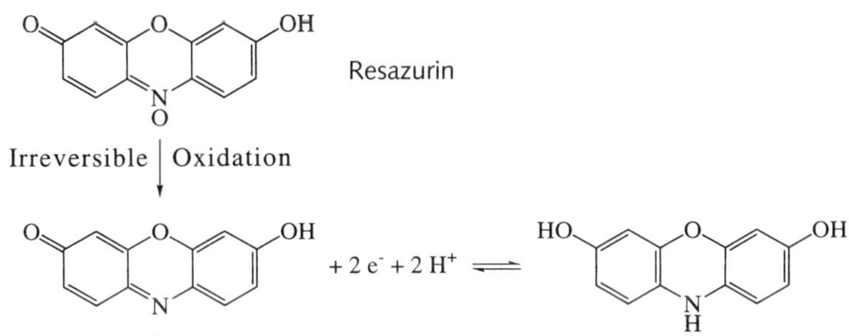

Resorufin violett — Dihydroresofurin farblos

Indigocarmin zeigt wie Methylenblau ein reversibles Redoxverhalten mit einer grünlichen, oxidierten sowie der gelben, reduzierten Form des Dihydroindigocarmins.

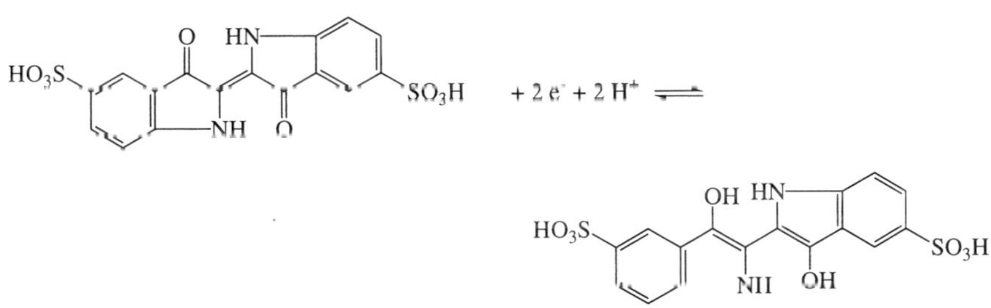

Entsorgung

Die neutralisierten, stark verdünnten Lösungen können über das Abwasser entsorgt werden.

Literatur

[1] P. S. Chen, *Entertaining and Educational Chemical Demonstrations*, Chemical Elements Publishing Co., Camarillo, 1974.
[2] J. A. Campbell, J. Chem. Educ. 40 (1963) 578.
[3] P. Karlson, *Kurzes Lehrbuch der Biochemie*, Georg Thieme Verlag, Stuttgart, 1970.

22.7 Trockeneis mit Indikatoren

Sicherheitshinweis

Ethanol ist leichtentzündlich, Natriumhydroxid wirkt ätzend, Trockeneis kann auf der Haut zu Erfrierungen führen. Wenn auch die toxikologische Wirkung der Indikatoren Alizarin, Alizaringelb, Bromkresolgrün, Bromkresolpurpur, Bromthymolblau, o-Kresolphthalein, Kresolrot, Methylrot, α-Naphtholbenzein, 3-Nitrophenol, 4-Nitrophenol, Phenolrot, Phenolphthalein, Thymolblau sowie von Thymolphthalein nicht bekannt ist, sind sie vorerst als gesundheitsschädlich einzustufen.

Chemikalien

- Ethanol C_2H_5OH,
- Trockeneis,
- Natriumhydroxid NaOH,
- dest. Wasser,
- Indikatoren nach Wahl:
- Alizarin $C_{14}H_8O_4$,
- Alizaringelb $C_{13}H_9N_3O_5$,
- Bromkresolgrün $C_{21}H_{14}Br_4O_5S$,
- Bromkresolpurpur $C_{21}H_{16}Br_2O_5S$,
- Bromthymolblau $C_{27}H_{28}Br_2O_5S$,
- o-Kresolphthalein $C_{22}H_{18}O_4$,
- Kresolrot $C_{21}H_{18}O_5S$,
- Methylrot $C_{15}H_{15}N_3O_2$,
- α-Naphtholbenzein $C_{27}H_{18}O_2$,
- 3-Nitrophenol $C_6H_5NO_3$,
- 4-Nitrophenol $C_6H_5NO_3$,
- Phenolrot $C_{19}H_{14}O_5S$,
- Phenolphthalein $C_{20}H_{14}O_4$,
- Thymolblau $C_{27}H_{30}O_5S$,
- Thymolphthalein $C_{28}H_{30}O_4$.

Geräte

- 250-mL-Becherglas,
- jeweils dieselbe Anzahl an 100-mL-Bechergläsern,
- Glasstäbe,
- 3-L-Bechergläser (hohe Form) oder 3-L-Standzylinder und 5-mL-Meßzylinder.

Versuch

Vor der Vorführung bereitet man im 250-mL-Becherglas eine 0.1 M Natronlauge durch Lösen von 1 g Natriumhydroxid in 250 mL dest. Wasser (Rühren mit einem Glasstab). In den 100-mL-Bechergläsern setzt man einige der nachfolgenden Indikator-Lösungen (siehe Liste) durch Eintragen der betreffenden Menge Indikator in 100 mL verd. Ethanol an.

Vor der Vorführung stellt man die 3-L-Bechergläser (Anzahl nach Wunsch und Platzmöglichkeit) nebeneinander und füllt sie mit jeweils 2.5 L dest. Wasser, 20 mL der oben beschriebenen Indikatoren sowie 20 mL der 0.1 M Natronlauge.

Vorführung

Bei der Vorführung gibt man ausreichend Trockeneisstücke in die 3-L-Bechergläser, worauf sich unter starker Gasentwicklung (Kohlenstoffdioxid) und Bildung von Nebelschwaden die Farben der Lösungen langsam ändern.

Indikator-Lösungen

Indikator	Menge/Lösungsmittel	Farbwechsel
Alizarin	100 mg/20 %iges Ethanol	rot–gelb
Alizaringelb	10 mg/20 %iges Ethanol	orange–rot
Bromkresolgrün	20 mg/20 %iges Ethanol	blau–gelb
Bromkresolpurpur	40 mg/20 %iges Ethanol	purpur–gelb
Bromthymolblau	40 mg/20 %iges Ethanol	blau–gelb
o-Kresolphthalein	40 mg/50 %iges Ethanol	rotviolett–farblos
Kresolrot	40 mg/20 %iges Ethanol	gelb–rotviolett
Methylrot	20 mg/20 %iges Ethanol	gelb–rot
α-Naphtholbenzein	40 mg/50 %iges Ethanol	blaugrün–farblos
3-Nitrophenol	30 mg/20 %iges Ethanol	gelb–farblos
4-Nitrophenol	30 mg/20 %iges Ethanol	gelb–farblos
Phenolrot	40 mg/20 %iges Ethanol	rot–gelb
Phenolphthalein	50 mg/50 %iges Ethanol	violett–farblos
Thymolblau	40 mg/20 %iges Ethanol	blau–gelb
Thymolphthalein	40 mg/50 %iges Ethanol	blau–farblos

Chemie

pH-Indikatoren sind schwache organische Säuren, bei denen die protonierte Form der Säure (HA) eine andere Farbe als die konjugierte Base (A^-) aufweist.

$$HA \rightleftharpoons H^+ + A^-$$

Der selten scharfe Umschlagsbereich hängt dabei vom pK_S-Wert des Indikators ab [1,2].

Säure-Base-Indikatoren

Alizarin
Umschlagsbereich: pH = 5.8–7. 2
gelb–rotviolett

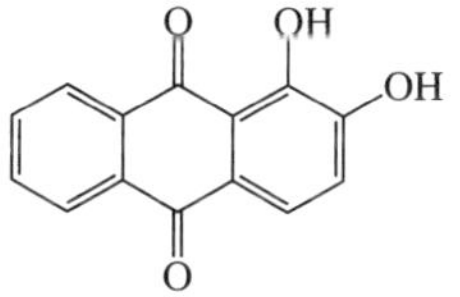

Alizaringelb
Umschlagsbereich: pH = 10.0–12.0
hellgelb–orange

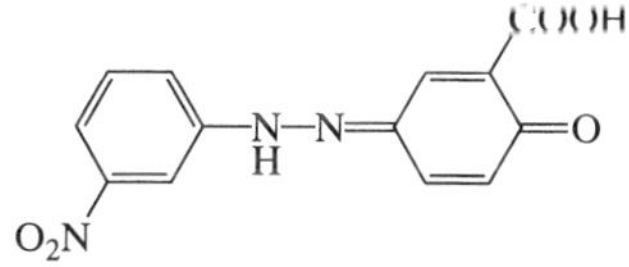

Bromkresolgrün
Umschlagsbereich: pH = 3.8–5.4
gelb–blau

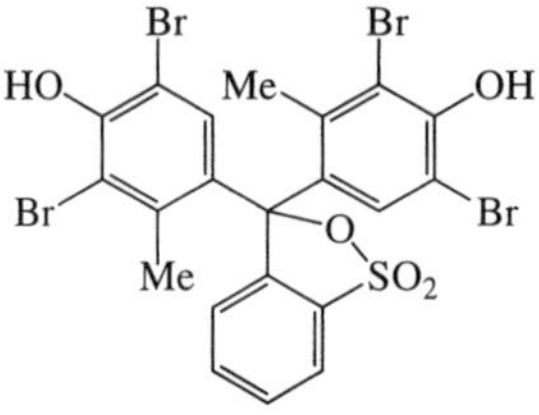

Bromkresolpurpur
Umschlagsbereich: pH = 5.2–6.8
gelb–violett

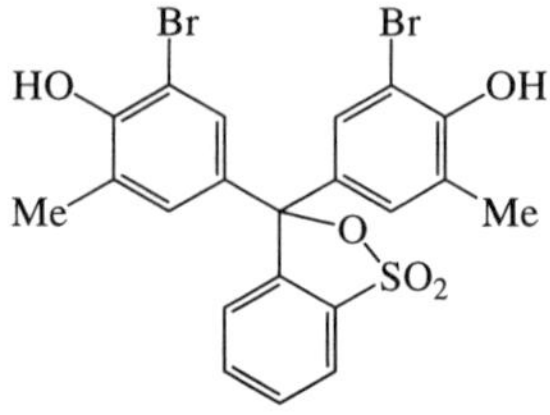

Bromthymolblau
Umschlagsbereich: pH = 6.0–7.5
gelb–blau

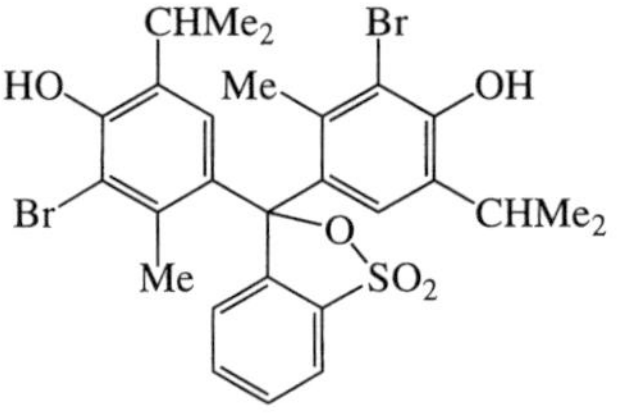

o-Kresolphthalein
Umschlagsbereich: pH = 8.2–9.8
farblos–rotviolett

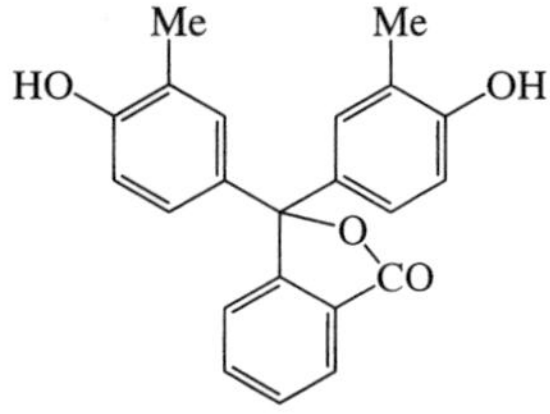

Kresolrot
Umschlagsbereich: pH = 7.0–8.8
gelb–rotviolett

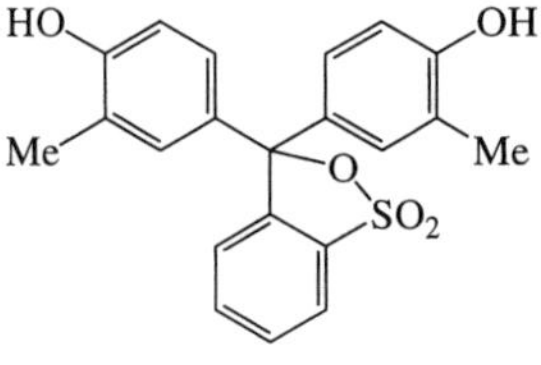

Methylrot
Umschlagsbereich: pH = 4.4–6.2
rot–gelb

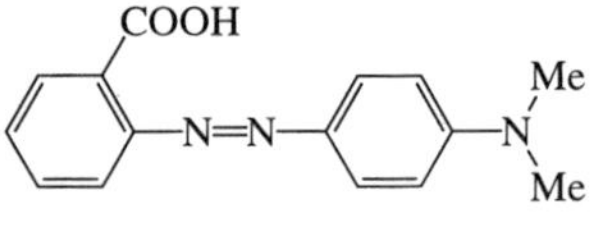

α–Naphtholbenzein
Umschlagsbereich: pH = 8.8–11.0
farblos–blaugrün

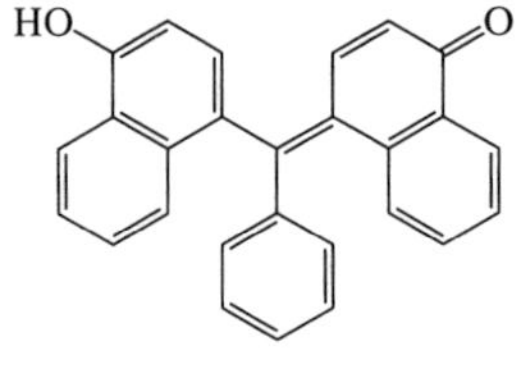

3–Nitrophenol
Umschlagsbereich: pH = 6.6–8.6
farblos–gelb

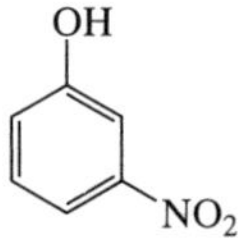

4-Nitrophenol
Umschlagsbereich: pH = 5.6–7.6
farblos–gelb

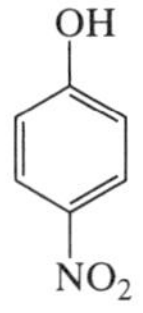

Phenolrot
Umschlagsbereich: pH = 6.4–8.2
gelb–rot

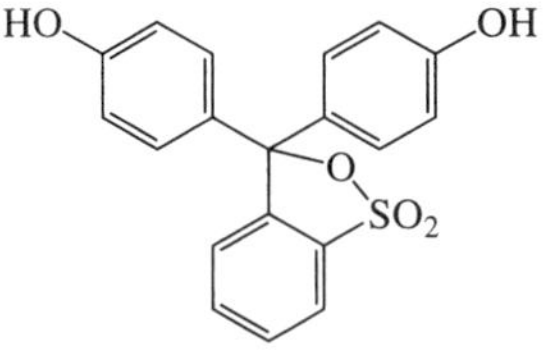

Phenolphthalein
Umschlagsbereich: pH = 8.4–10.0
farblos–purpur

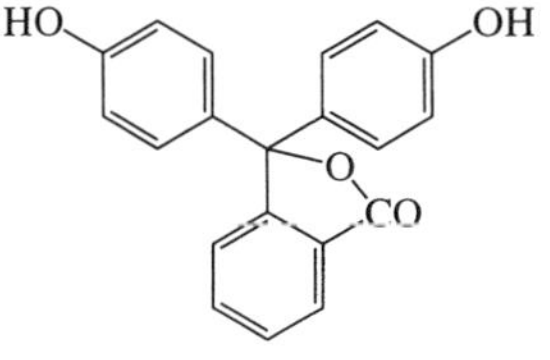

Thymolblau
Umschlagsbereich: pH = 8.0–9.6
gelb–blau

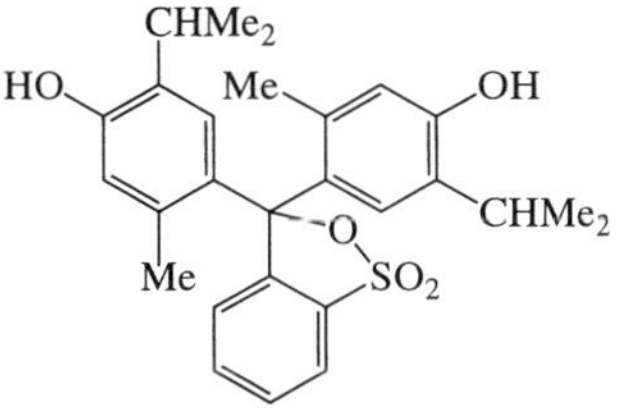

Thymolphthalein
Umschlagsbereich: pH = 9.3–10.5
farblos–blau

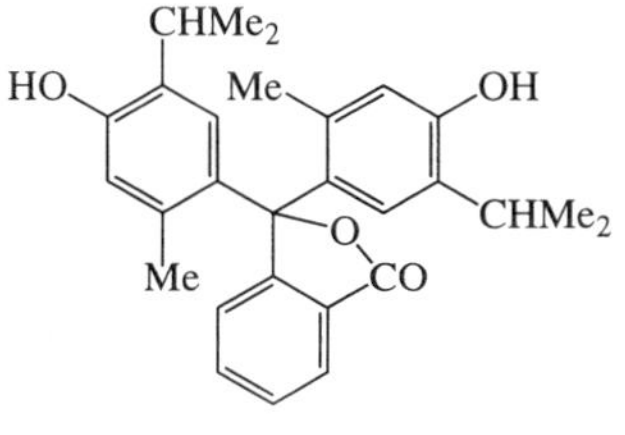

Entsorgung

Mit Wasser verdünnt können die Lösungen über das Abwasser entsorgt werden.

Literatur

[1] Römpp *Chemie Lexikon*, Georg Thieme Verlag, Stuttgart, New York, 1995.
[2] D. A. Skoog, D. M. West, *Fundamentals of Analytical Chemistry*, CBS College Publishing, New York, 1982.

22.8 Regenbogenfarben

Sicherheitshinweis

Ethanol ist leichtentzündlich, Schwefelsäure ist ätzend und reizend, Natriumhydroxid wirkt ätzend.

Chemikalien

- 200 mL Ethanol C_2H_5OH,
- 20 mL konz. Schwefelsäure H_2SO_4,
- 30 mL Glycerin $C_3H_5(OH)_3$,
- 16.5 g Natriumhydroxid NaOH,
- 2 g 3-Nitrophenol $C_6H_5NO_3$,
- Natriumhydroxid NaOH,
- 0.3 g Phenolphthalein $C_{20}H_{14}O_4$,
- 0.2 g Thymolphthalein $C_{28}H_{30}O_4$,
- dest. Wasser.

Geräte

- 2 50-mL-Pipettenflaschen,
- 6 50-mL-Bechergläser,
- 2 100-mL-Bechergläser,
- 1 500-mL-Becherglas,
- 6 2-L-Standzylinder oder 2-L-Bechergläser,
- 6 Glasstäbe oder Magnetrührer mit Rührstäben,
- 10-mL-Meßzylinder,
- 50-mL-Meßzylinder.

Versuch

Vor der Vorführung bereitet man folgende Lösungen:

Viskose Schwefelsäure: In einem 100-mL-Becherglas gibt man unter Rühren langsam 15 mL konz. Schwefelsäure zu 30 mL Glycerin, wobei sich die Mischung stark erwärmt. Nach dem Abkühlen füllt man diese viskose Schwefelsäure in eine mit „Viskose H_2SO_4" gekennzeichnete 50-mL-Pipettenflasche.

Konzentrierte Natronlauge: Im zweiten 100-mL-Becherglas trägt man unter Rühren langsam 16.5 g Natriumhydroxid in 30 mL dest. Wasser ein. Man läßt abkühlen und gibt die entstandene Natronlauge in eine mit „konz. NaOH" gekennzeichnete 50-mL-Pipetten-flasche.

Verdünnte Schwefelsäure: Im 500-mL-Becherglas gibt man zu 370 mL Wasser vorsichtig 1 mL konz. Schwefelsäure.

In den 50-mL-Bechergläsern setzt man folgende Indikator-Lösungen durch Eintragen der betreffenden Menge Indikator in 20 mL Ethanol an:

	Farbe	Indikatormischung
A	violett	70 mg Phenolphthalein + 30 mg Thymolphthalein
B	blau	60 mg Thymolphthalein
C	grün	30 mg Thymolphthalein + 320 mg 3-Nitrophenol
D	gelb	600 mg 3-Nitrophenol
E	orange	45 mg Phenolphthalein + 600 mg 3-Nitrophenol
F	rot	150 mg Phenolphthalein + 300 mg 3-Nitrophenol

Vorführung

Zur Vorführung stellt man die 2-L-Standzylinder nebeneinander auf, füllt sie mit jeweils 1800 mL dest. Wasser, gibt sodann 50–60 Tropfen der verd. Schwefelsäure (die Größe und damit auch die Anzahl der benötigten Tropfen hängt stark von der verwendeten Pipette ab) und hinterher der Reihe nach (A bis F) die jeweilige Indikator-Lösung hinzu. Die Mischungen bleiben farblos. Nun versetzt man jeden Standzylinder so lange tropfenweise mit konz. NaOH (50-mL-Pipettenflasche), bis sich beim Rühren in den Zylindern die Regenbogenfarben Violett – Blau – Grün – Gelb – Orange – Rot einstellen. Nach der Zugabe von 5–10 Tropfen der viskosen Schwefelsäure (Rühren) verschwinden die Regenbogenfarben, um nach Zusatz einiger Tropfen konz. Natronlauge wieder hervorzutreten.

Werden Magnetrührer verwendet, soll durch eine möglichst hohe Drehzahl eine von unten bis oben reichende Wirbelbildung angestrebt werden. Bei der abwechselnden Zugabe von viskoser Schwefelsäure bzw. konz. Natronlauge zeigen sich infolge auftretender Schlieren interessante Farbspiele.

Chemie

Sämtliche verwendeten pH-Indikatoren sind schwache organische Säuren, bei denen die protonierte Form der Säure (HA) farblos und die konjugierte Base (A^-) farbig ist.

$$HA \rightleftharpoons H^+ + A^-$$

Aus den Grundfarben der drei Indikatoren 3-Nitrophenol (gelb, $pK_S = 8.3$), Phenolphthalein (purpur, $pK_S = 9.2$) und Thymolphthalein (blau, $pK_S = 10.0$) lassen sich durch Mischen die Regenbogenfarben einstellen, wobei sich die in einem engen Bereich liegenden pK_S-Werte der Indikatoren für eine weitgehend synchrone Farbänderung als günstig erweisen [1–3].

Entsorgung

Mit Wasser verdünnt können die Lösungen über das Abwasser entsorgt werden.

Literatur

[1] B. Hutton, J. Chem. Educ. 61 (1984) 172.

[2] Römpp *Chemie Lexikon*, Georg Thieme Verlag, Stuttgart, New York, 1995.

[3] D. A. Skoog, D. M. West, *Fundamentals of Analytical Chemistry*, CBS College Publishing, New York, 1982.

22.9 Thermochromie

Sicherheitshinweis

Kupfer(I)-chlorid und Kupfer(II)-sulfat-pentahydrat sind gesundheitsschädlich und reizend, Quecksilber(II)-chlorid ist sehr giftig und ätzend, Schwefeldioxid ist giftig und reizend, Silbernitrat wirkt ätzend, Ethanol ist leichtentzündlich. Das Tragen einer Schutzbrille ist erforderlich.

Chemikalien

- 6.6 g Kaliumiodid KI,
- 2.7 g Quecksilber(II)-chlorid $HgCl_2$,
- 3.4 g Silbernitrat $AgNO_3$,
- Ethanol C_2H_5OH,
- 2.0 g Kupfer(I)-chlorid CuCl oder 2.0 g Kupfer(II)-sulfat-pentahydrat $CuSO_4 \cdot 5\,H_2O$ und
- Schwefeldioxid-Druckgaszylinder,
- dest. Wasser,
- Salzsäure HCl.

Geräte

- 3 250-mL-Bechergläser,
- 2 100-mL-Bechergläser,
- kleine Porzellanfilternutsche mit Filterpapier,
- Saugflasche,
- Wasserstrahlpumpe,
- Spatel,
- Bunsenbrenner,
- 2 große Reagenzgläser mit Gummistopfen.

Versuch

Silber- und Kupfer(I)-tetraiodomercurat werden wie folgt dargestellt:

In einem 250-mL-Becherglas gibt man zu einer Lösung von 2.7 g Quecksilber(II)-chlorid in 200 mL dest. Wasser eine Lösung von 6.6 g Kaliumiodid in 30 mL Wasser. Kurzzeitig ausfallendes rotes Quecksilber(II)-iodid löst sich rasch wieder unter Bildung von farblosem Kaliumtetraiodomercurat. Die entstandene Lösung wird filtriert und auf zwei 150-mL-Bechergläser gleichmäßig aufgeteilt.

$Ag_2[HgI_4]$: Versetzt man das erste 250-mL-Becherglas mit einer Lösung von 3.4 g Silbernitrat in 50 mL Wasser, fällt augenblicklich ein gelber Niederschlag an Silbertetraiodomercurat aus. Dieser wird auf die Porzellanfilternutsche gegeben, zweimal mit Ethanol sowie mit Wasser gewaschen, abgesaugt und anschließend bei 35 °C getrocknet. Silbertetraiodomercurat fällt als gelbes Pulver an, das in einem großen Reagenzglas aufbewahrt wird.

$Cu_2[HgI_4]$: Zum zweiten 250-mL-Becherglas gibt man eine Lösung von 2.0 g Kupfer(I)-chlorid in 20 mL verd. Salzsäure (1:1). Der ausgefallene rote Niederschlag wird ebenfalls auf die Porzellanfilternutsche gegeben, zuerst mit verd. Salzsäure, dann mit Wasser gewaschen. Nach dem Trocknen bei 35 °C erhält man ein rotes Pulver, welches ebenfalls in einem großen Reagenzglas aufbewahrt wird. – Alternativ: Zum zweiten 250-mL-Becherglas gibt man eine Lösung von 2.0 g Kupfer(II)-sulfat-pentahydrat in 20 mL dest. Wasser und leitet 25 Minuten lang

Schwefeldioxid zur Reduktion ($Cu^{2+} + e^- \rightarrow Cu^+$) aus einem Druckgaszylinder ein. Hierbei fällt hellrotes Kupfer(I)-tetraiodomercurat aus. Dieses wird auf ein Filter gegeben, mit dest. Wasser gewaschen und anschließend bei 105 °C im Trockenschrank getrocknet.

Erwärmt man bei der Vorführung die Tetraiodomercurate vorsichtig in der Flamme eines Bunsenbrenners, so erfolgt bei Silbertetraiodomercurat [1] bei 35 °C ein Farbumschlag von Gelb nach Rot, während für Kupfer(I)-tetraiodomercurat [2] bei 71 °C ein Wechsel von Rot nach Schwarz zu beobachten ist. Kühlt man anschließend die Proben wieder ab, stellen sich erneut die ursprünglichen Farben ein.

Chemie

Kaliumiodid reagiert mit Quecksilberchlorid zuerst zu unlöslichem, dunkelrotem Quecksilberiodid, welches mit überschüssigen Iodid-Ionen in das farblose, wasserlösliche Kaliumtetraiodomercurat übergeht.

$$2\ KI + HgCl_2 \rightarrow HgI_2 + 2\ KCl$$
$$2\ KI + HgI_2 \rightarrow K_2[HgI_4]$$

Setzt man anschließend $K_2[HgI_4]$ mit einwertigen Silber- oder Kupfer-Verbindungen um, so bildet sich durch Umsalzen wasserunlösliches, gelbes Silber- bzw. intensiv rotes Kupfer(I)-tetraiodomercurat.

$$K_2[HgI_4] + 2\ M^+ \rightarrow M_2[HgI_4] + 2\ K^+ \qquad M = Ag, Cu$$

Die in nahezu quantitativen Ausbeuten anfallenden Tetraiodomercurate zeigen reversibel thermochrome Eigenschaften. So deutet beim Silbertetraiodomercurat der plötzliche Farbumschlag beim Erwärmen auf einen zum großen Teil diskontinuierlich verlaufenden Wechsel zwischen der gelben β-Modifikation und der orangeroten α-Modifikation hin. Der diskontinuierlichen Umwandlung geht in sehr geringem Umfang eine allmähliche, homogene Umwandlung voraus, die annähernd 10 °C unterhalb der für den diskontinuierlichen Prozeß geltenden Umwandlungstemperatur beginnt. Ein Farbumschlag wie beim Erwärmen tritt auch beim Kaltwalzen der pulverförmigen Substanz auf und bleibt nach der Bearbeitung erhalten. Anlassen auf 100 bis 150 °C hebt die Wirkung der mechanischen Behandlung wieder auf.

Entsorgung

Lösungsreste und Niederschläge gehören zum quecksilberhaltigen Sondermüll.

Literatur

[1] Gmelin, *Handbuch der Anorganischen Chemie*, Verlag Chemie, Weinheim, 1965, Band 61 B1, S. 164.
[2] Gmelin, *Handbuch der Anorganischen Chemie*, Springer Verlag, Berlin, 1974, Band 60 B, S. 1159.

22.10 Ammoniak-Springbrunnen

Sicherheitshinweis

Das Tragen einer Schutzbrille ist dringend erforderlich, der verwendete Rundkolben darf keine Beschädigungen aufweisen, die Umhüllung mit einem Drahtnetz als Splitterschutz wird empfohlen.

Ammoniak ist ein farbloses, stechend riechendes, reizendes, giftiges Gas. Das Füllen des Rundkolbens muß in einem gut ziehenden Abzug erfolgen.

Chemikalien

- Ammoniak-Druckgaszylinder,
- Indikator (z. B. Phenolphthalein, Kresolrot oder Thymolblau).

Geräte

- 4-L-Rundkolben mit langem Hals,
- gut passender Gummistopfen mit einem sehr weit in den Kolben reichenden nicht zu engen Glasrohr,
- kleiner Gummistopfen,
- Stativ,
- Muffe,
- Stativklammer,
- Gummischlauch,
- Glaswanne,
- Gasventil,
- Bunsenbrenner.

Versuch

Vor dem Versuch wird der Rundkolben umgekehrt in das Stativ eingespannt und im Abzug mit Ammoniak gefüllt, worauf der Gummistopfen mit Glasrohr fest in den Kolbenhals eingesetzt wird. Das aus dem Kolben herausführende Glasrohr wird mit einem kleinen Gummistopfen verschlossen.

Kurz vor Versuchsbeginn entfernt man den kleinen Gummistopfen, fächelt den Kolben leicht mit einem Bunsenbrenner ab und verschließt das Glasrohr wieder. Nun spannt man den Kolben umgekehrt, mit dem Glasrohr nach unten in das Stativ ein. Das Ende des Glasrohrs muß hierbei weit in die mit Wasser und Indikator gefüllte Glaswanne eintauchen. Man entfernt den kleinen Stopfen und streicht mehrmals mit einem sehr kalten Lappen über den Kolben. Infolge des sich hierdurch ausbildenden leichten Unterdrucks wird Wasser durch das Glasrohr in den Kolben gesaugt. Nach kurzer Zeit stellt sich ein zunehmender Springbrunnen-Effekt ein.

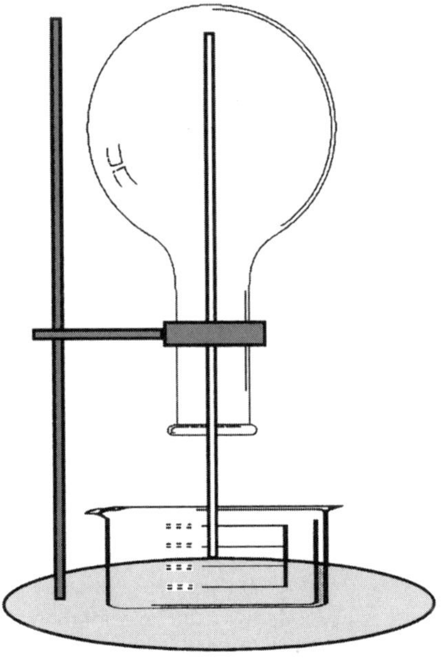

Chemie

In Wasser löst sich Ammoniak außerordentlich gut [1] (1142 L bei 0 °C, 520 L bei 20 °C). Die fortlaufende Aufnahme von Ammoniak verstärkt den Unterdruck im Kolben. Folglich steigt Wasser immer rascher durch das Glasrohr nach oben und bildet einen Springbrunnen aus. Ammoniak-Lösungen reagieren nach

$$NH_3 + H_2O \rightleftharpoons NH_4^+ + OH^-$$

alkalisch. Der zugesetzte Indikators zeigt durch seinen Farbumschlag die Ausbildung eines alkalischen Milieus im Kolben an.

Da während des Versuchs im Kolben ein durchaus beachtlicher Unterdruck entsteht, darf der Kolben keine Beschädigungen aufweisen. Zusätzliche Sicherung durch Ummantelung mit einem Drahtnetz wird ausdrücklich empfohlen.

Entsorgung

Mit verdünnter Salzsäure neutralisieren und dann über das Abwasser entsorgen.

Literatur

[1] Römpp *Chemie Lexikon*, Georg Thieme Verlag, Stuttgart, New York, 1995.

22.11 Chlorwasserstoff-Springbrunnen

Sicherheitshinweis

Das Tragen einer Schutzbrille ist dringend erforderlich, der verwendete Rundkolben darf keine Beschädigungen aufweisen, die Umhüllung mit einem Drahtnetz als Splitterschutz wird empfohlen.

Chlorwasserstoff ist ein farbloses, stechend riechendes, reizendes, giftiges Gas. Das Füllen des Rundkolbens muß in einem gut ziehenden Abzug erfolgen.

Chemikalien

- Chlorwasserstoff-Druckgaszylinder,
- Indikator (z. B. Lackmus oder Methylrot).

Geräte

- 4-L-Rundkolben mit langem Hals,
- passender Gummistopfen mit einem sehr weit in den Kolben reichenden, nicht zu engen Glasrohr,
- kleiner Gummistopfen,
- Stativ,
- Muffe,
- Stativklammer,
- Gummischlauch,
- Glaswanne,
- Gasventil,
- Bunsenbrenner.

Versuch

Vor dem Versuch spannt man den Rundkolben aufrecht in das Stativ ein, füllt ihn im Abzug mit Chlorwasserstoff und setzt den Gummistopfen mit dem Glasrohr fest in den Kolbenhals ein. Das aus dem Kolben herausführende Glasrohr wird mit einem kleinen Gummistopfen verschlossen.

Kurz vor Versuchsbeginn entfernt man den kleinen Gummistopfen, fächelt den Kolben leicht mit einem Bunsenbrenner ab und verschließt das Glasrohr wieder.

Nun spannt man den Kolben umgekehrt, mit dem Glasrohr nach unten, in das Stativ ein. Das Ende des Glasrohrs muß hierbei weit in die mit Wasser und Indikator gefüllte Glaswanne eintauchen. Man entfernt den kleinen Stopfen und streicht mehrmals mit einem sehr kalten Lappen über den Kolben. Hierdurch entsteht im Kolben ein leichter Unterdruck, worauf Wasser durch das Glasrohr in den Kolben gesaugt wird. Man beobachtet einen zunehmenden Springbrunnen-Effekt.

Chemie

Chlorwasserstoff löst sich in Wasser sehr gut [1] (525 L bei 0 °C), die fortlaufende Aufnahme von Chlorwasserstoff verstärkt laufend den Unterdruck im Kolben. Als Folge steigt Wasser immer rascher durch das Glasrohr nach oben und bildet einen Springbrunnen aus. Chlorwasserstoff reagiert mit Wasser zu Salzsäure; bei Zusatz eines geeigneten Indikators (z. B. Methylrot: gelb $\rightarrow$ rot) kann die gleichzeitig eintretende pH-Änderung auch farbig angezeigt werden.

Da während des Versuchs im Kolben ein durchaus beachtlicher Unterdruck entsteht, darf der Kolben keine Beschädigungen aufweisen. Zusätzliche Sicherung durch Ummantelung mit einem Drahtnetz wird empfohlen.

Entsorgung

Mit verdünnter Natronlauge neutralisieren und dann über das Abwasser entsorgen.

Literatur

[1] Römpp *Chemie Lexikon*, Georg Thieme Verlag, Stuttgart, New York, 1995.

23
Abgesang: Eine „papierfressende Fledermaus“ in Liebigs Laboratorium

„Ich finde das Leben glorios und bin selbst eine besonders glückliche Diabolessa.“

George Eliot über sich

Nicht nur in London, sondern auch in anderen Städten des Vereinigten Königreichs wurden in den vierziger Jahren des vorigen Jahrhunderts erfolgreich chemische Experimentalvorlesungen für Hörer aller Stände abgehalten, so auch in Coventry. Wir wissen dies, weil sie 1841 von der großen, scharfzüngigen englischen Schriftstellerin Mary Ann Evans alias George Eliot (1819–1880) besucht wurden. Später in London hörte sie an der Royal Institution eine Vorlesung Faradays über „Die Anziehungskraft des Sauerstoffs“. Zusätzlich studierte sie experimentelle Physik.

Deutsche Professoren fand George Eliot, die die deutsche Sprache gut beherrschte, eher komisch. In jungen Jahren hatte sie eine kleine Erzählung über einen deutschen Professor namens „Bücherworm“ von der „Modrig-Universität“ verfaßt, „dessen Zähne so schwarz waren, wie sein Hemdkragen“ – schwarz und ungepflegt schienen ihr besondere Merkmale deutscher Hochschullehrer zu sein. Prof. Dr. Bücherworm war nach England gekommen, um sich von ihr einen seiner unsäglichen Wälzer übersetzen zu lassen.

Der Besuch chemischer Vorlesungen kann auch für eine Schriftstellerin sehr von Nutzen sein, so, wenn sie einem Kollegen mitteilen möchte, wie wenig sie von seinem Geschreibsel hält, und sie für diesen literarischen Angriff eindrucksvolle Metaphern benötigt: „Das ist wäßriger Unfug, der durch Verdampfen eingeengt werden sollte.“

1857 reiste sie zusammen mit ihrem Lebensgefährten, dem Literaten, Goethe-Biographen und Biologen George Henry Lewes (1817–1878), nach München zu Justus Liebig, der Lewes gestattete, unter seiner Anleitung physiologische Experimente auszuführen. Mehrfach begegnete George Eliot dem großen Chemiker in seinem Laboratorium. Die Schriftstellerin war beeindruckt. Sie war so fasziniert, daß Spuren experimenteller Mißgeschicke an Liebigs Händen – wiewohl sie diese sehr an „Prof. Dr. Bücherworm“ von der „Modrig-Universität“ erinnerten haben dürften – nicht störten, im Gegenteil, sie empfand sie als Teil von Liebigs Persönlichkeit: „Es ist anrührend, seine Hände zu sehen, die beschmierte Haut und die Nägel, die bis zu den Wurzeln schwarz sind. Am besten sieht er in seinem Laboratorium aus, wenn er seine Samtkappe trägt, kleine Phiolen in der Hand hält und von Kreatin und Kreatinin in der gleichen leichten Weise spricht, in der wohlerzogene Damen sich über andere Leute erregen."

Fazit:

Kleine Niederlagen vermögen die Wirkung experimentierender Chemiker auf das jeweils andere Geschlecht nicht allzusehr zu mindern! Geneigte Leser! Sollte die eine oder andere Vorschrift aus der Kollektion nicht gleich gelingen, so verzagen Sie bitte nicht – und denken Sie an Liebigs Hände!

Literatur zu den Zwischentexten in Teil 2

[1] Wolfgang Baier, *Quellendarstellungen zur Geschicht der Photographie.* Schirmer/Mosel, München, Leipzig, 1977.

[2] Gaetano Donizetti und Felice Romani, *L'Elisir d'Amore (Libretto).* Royal Opera House, Covent Garden, 1984.

[3] Faujas de Saint-Fond, *Beschreibung der Versuche mit der Luftkugel welche sowohl die HH. von Montgolfier, als andere aus Gelegenheit dieser Erfindung gemacht haben.* Wien 1783. Nachdruck als Bd. 1 in der Reihe „Dokumente zur Geschichte der Naturwissenschaft, Medizin und Technik", herausgegeben von Ernst H. Berninger, Gerd Giesler und Otto Krätz. Physik Verlag, Weinheim, 1983.

[4] Gustave Flaubert, *Wörterbuch der Gemeinplätze. Die Albumblätter der Marquise. Katalog der schicken Ideen.* debatte 12, Matthes & Seitz Verlag, München, 1985.

[5] Goethes Werke, *Faust, Erster Theil.* Herausgegeben im Auftrage der Großherzogin Sophie von Sachsen. Hermann Böhlau, Weimar, 1887.

[6] Johann Conrad Gütle, *Vorstellung und Beschreibung des großen elektrischen universal Zauber-Spiegels.* Verlag der Raw'schen Buchhandlung, Nürnberg, 1792.

[7] Günther Harsch und Heinz H. Bussemas, *Bilder, die sich selber malen. Der Chemiker Runge und seine „Musterbilder für Freunde des Schönen". Anregung zu einem Spiel mit Farben.* Du Mont Buchverlag, Köln, 1985.

[8] Ricky Jay, *Sauschlau und feuerfest. Menschen, Tiere, Sensationen des Showbusiness. Steinfresser, Feuerkönige, Gedankenleser, Entfesselungskünstler und andere Teufelskerle.* Edition Volker Huber, Offenbach am Main, 1988.

[9] Georg Kohler und Alice Villon-Lechner, *Die schöne Kunst der Verschwendung. Fest und Feuerwerk in der europäischen Geschichte.* Artemis Verlag, Zürich und München, 1988.

[10] Otto Krätz, *Goethe und die Naturwissenschaften.* 2. Auflage. Callwey, München, 1998.

[11] Elsemarie Maletzke, *George Eliot. Eine Biographie.* insel taschenbuch 1973. Insel Verlag, Frankfurt/Main und Leipzig, 1993.

[12] H. Keith Melton, *Der perfekte Spion. Die Welt der Geheimdienste.* Mit einem Vorwort von William Colby (ehemaliger CIA-Chef) und Oleg Kalugin (ehemaliger KGB-General). 2. Auflage. Wilhelm Heyne Verlag, München, 1996.

[13] Mins Minssen (Hrsg.), Till Popp und Wobbe de Vos, *Strukturbildende Prozesse bei chemischen Reaktionen und natürlichen Vorgängen.* Institut für die Pädagogik der Naturwissenschaften an der Universität Kiel, ohne Jahr.

[14] Elske Neidhart-Jensen und Ernst Berninger, *Fluglust. Fluges Beginnen. Fluges Fortgang. Katalog der Ballonhistorischen Sammlung Oberst von Brug in der Bibliothek des Deutschen Museums.* Darmstadt, 1985.

[15] Sieghard Neufeldt, *Chronologie Chemie, 1800–1980.* 2. Auflage. Weinheim, 1987.

[16] Uwe Niedersen (Hrsg.), *Komplexität. Zeit. Methode (III). Physikalische Chemie-Historie: Muster und Oszillation.* Martin-Luther-Universität Halle-Wittenberg, Wissenschaftliche Beiträge 1988/56 (A 110), Halle/Saale, 1988.

[17] Novalis, *Werke.* Herausgegeben und kommentiert von Gerhard Schultz. 3. Auflage. Verlag C. H. Beck, München, 1987.

[18] Friedlieb Ferdinand Runge, *Hauswirthschaftliche Briefe.* Berlin, 1866. Mit einem Nachwort von Heinz H. Bussemas und Günther Harsch. Nachdruck als Band 14 der Reihe „Dokumente zur Geschichte der Naturwissenschaft, Medizin und Technik", herausgegeben von Ernst H. Berninger, Gerd Giesler und Otto Krätz. Physik Verlag, Weinheim, 1986.

[19] David Brewster, *Briefe über die natürliche Magie an Sir Walter Scott.* Aus dem Englischen übersetzt und mit Anmerkungen begleitet von Friedrich Wolff. Berlin 1833. Nachdruck als Band 7 der Reihe „Dokumente zur Geschichte der Naturwissenschaft, Medizin und Technik", herausgegeben von Ernst H. Berninger, Gerd Giesler und Otto Krätz. Physik Verlag, Weinheim.

[20] William H. Brock, *Justus von Liebig. The Chemical Gatekeeper.* University Press, Cambridge UK, 1997.

[21] Edmond und Jules de Goncourt, *Tagebücher. Aufzeichnungen aus den Jahren 1851–1870.* Übertragen und herausgegeben von Justus Franz Wittkop. insel taschenbuch 692. Insel Verlag, Frankfurt/Main, 1983.

[22] Hans Magnus Enzensberger, *Mausoleum. Siebenunddreißig Balladen aus der Geschichte des Fortschritts.* Suhrkamp Verlag, Frankfurt/Main, 1975.

[23] Johann Samuel Traugott Gehler, *Physikalisches Wörterbuch.* 5. Band, Leipzig, 1829.

[24] Carl Grosse, *Der Genius. Aus den Papieren des Marquis C. von G...* Halle, 1791–1795. Nachdruck, 2. Auflage. zweitausendeins, Frankfurt/Main, 1984.

[25] Oscar Wilde, *Extravagante Gedanken.* Eine Auswahl. Herausgegeben und mit einem Vorwort versehen von Wolfgang Kraus. Auswahl und Übersetzung von Candida Kraus. detebe Klassiker 21648, Diogenes, Zürich, 1988.

[26] Oscar Wilde, *Aphorismen.* Herausgegeben von Frank Thissen. insel taschenbuch 1020, Insel Verlag, Frankfurt/Main, 1987.

Personenregister

E

F

G

H

I

J

K

L

M

N

O

P

R

S

T

V

W

Y

Z

Stichwortverzeichnis

D

E

F

G

H

I

J

K

L

M

N

O

P

Q

R

S

T

V

W

Z